大型工程机械设备安全操作

李　震　主编　曹兴举　阿哈提·居努斯汉　副主编　王德进　主审

化学工业出版社

·北京·

内容提要

《大型工程机械设备安全操作（基础知识篇）》以装载机、挖掘机、推土机、铲运机为载体，以基本知识—使用与维护—故障诊断为主线，将理论知识和实际应用紧密结合。具体内容包括典型大型工程机械概述、发动机基本知识、底盘基本知识、电气设备基本知识、液压系统基本知识、大型工程机械设备的工作装置、大型工程机械设备的使用与维护、大型工程机械设备常见故障诊断与排除。书中内容以培养工程机械类专业人士安全操作典型工程机械设备为目的，具有规范性、职业性和实践性。

本书可作为工程机械培训用书，也可以用于工程机械类专业教学，并可作为工程单位技术人员的参考资料。

图书在版编目（CIP）数据

大型工程机械设备安全操作. 基础知识篇/李震主编. —北京：化学工业出版社，2020.8

ISBN 978-7-122-37265-9

Ⅰ.①大… Ⅱ.①李… Ⅲ.①工程设备-机械设备-安全培训 Ⅳ.①TB4

中国版本图书馆 CIP 数据核字（2020）第 106849 号

责任编辑：韩庆利　　文字编辑：宋　旋　陈小滔
责任校对：王鹏飞　　装帧设计：刘丽华

出版发行：化学工业出版社（北京市东城区青年湖南街 13 号　邮政编码 100011）
印　　装：大厂聚鑫印刷有限责任公司
787mm×1092mm　1/16　印张 15¼　字数 394 千字　2020 年 11 月北京第 1 版第 1 次印刷

购书咨询：010-64518888　　售后服务：010-64518899
网　　址：http://www.cip.com.cn
凡购买本书，如有缺损质量问题，本社销售中心负责调换。

定　　价：49.80 元

前言

随着国家经济的发展，基础设施建设迅速增加，大型工程机械的使用领域越来越广泛。因此，市场对大型工程机械使用人员的思想素质教育、职业素质教育和技术水平教育有了更高的要求。大型工程机械使用人员整体水平的提高迫在眉睫。

本书全面贯彻素质教育思想，以安全为导向，以能力为本位，面向市场、面向社会，体现职业教育的特色。本书在编写过程中结合工程机械类专业就业岗位群及其综合素质提升的要求，遵循技术人员的认知规律，以培养专业核心能力为主线，以模块教学为主体，系统介绍了典型大型工程机械的基本知识和技能要求。

本书主要内容包括典型大型工程机械概述、发动机基本知识、底盘基本知识、电气设备基本知识、液压系统基本知识、大型工程机械设备的工作装置、大型工程机械设备的使用与维护、大型工程机械设备常见故障诊断与排除八个部分的内容。

本书可作为工程机械培训用书，也可以用于工程机械类专业教学，并可作为工程单位技术人员的参考资料。

本书全书由新疆交通职业技术学院李震主编（编写第 1 章、第 2 章、第 4 章、第 6～8 章），新疆交通职业技术学院曹兴举（编写第 5 章）和新疆乌苏市农业农村局农机校阿哈提·居努斯汉副主编（编写第 3 章），新疆交通职业技术学院王世敏参与编写（编写第 7 章 7.6），新疆交通职业技术学院王德进主审。

新疆维吾尔自治区农机局裴新民对全书编写进行了指导审阅，提出了建设性意见。在编写过程中得到企业人士与多位老师的大力支持，在此表示诚挚的感谢！

本书配套电子课件，用本书的机构和院校可发邮件与主编联系，联系邮箱 405037909@qq.com。

由于编者水平有限，书中难免存在疏漏和不当之处，敬请读者批评指正。

编者

2020 年 7 月

目录

第1章　典型大型工程机械概述 / 1

1.1　工程机械基本知识概述 …… 1
1.2　装载机 …… 34
1.3　挖掘机 …… 36
1.4　推土机 …… 38
1.5　铲运机 …… 40

第2章　发动机基本知识 / 43

2.1　柴油机概述 …… 43
2.2　曲柄连杆机构 …… 51
2.3　配气机构 …… 67
2.4　燃油供给系 …… 75
2.5　润滑系 …… 86
2.6　冷却系 …… 94
2.7　起动系 …… 98

第3章　底盘基本知识 / 101

3.1　概述 …… 101
3.2　传动系 …… 101
3.3　转向系 …… 110
3.4　制动系 …… 112
3.5　行驶系 …… 114

第4章　电气设备基本知识 / 120

4.1　电源系统 …… 120
4.2　照明系统 …… 129

第5章　液压系统基本知识 / 133

5.1　液压系统的工作原理及组成 …… 133
5.2　工程机械液压元件的结构 …… 145
5.3　液压基本回路分析 …… 162
5.4　液压系统的维护 …… 164

第6章　大型工程机械设备的工作装置 / 169

6.1　装载机的工作装置 …… 169

6.2 挖掘机的工作装置 …… 173
6.3 推土机的工作装置 …… 176
6.4 铲运机的工作装置 …… 180

第7章 大型工程机械设备的使用与维护 / 182

7.1 使用与维护概述 …… 182
7.2 装载机的使用与维护 …… 195
7.3 挖掘机的使用与维护 …… 202
7.4 推土机的使用维护 …… 217
7.5 铲运机的使用维护 …… 222
7.6 工程机械驾驶注意事项 …… 225

第8章 大型工程机械设备常见故障诊断与排除 / 228

8.1 装载机常见故障诊断与排除 …… 228
8.2 挖掘机常见故障诊断与排除 …… 230
8.3 推土机常见故障诊断与排除 …… 231
8.4 铲运机常见故障诊断与排除 …… 233

参考文献 / 235

第1章 典型大型工程机械概述

1.1 工程机械基本知识概述

1.1.1 工程机械的基本概念

工程机械是用于工程建设的施工机械的总称，广泛用于建筑、水利、电力、道路、矿山、港口和国防等工程领域，种类繁多。

工程机械是中国装备工业的重要组成部分。概括地说，凡土石方施工工程、路面建设与养护、流动式起重装卸作业和各种建筑工程所需的综合性机械化施工工程所必需的机械装备，都称为工程机械。它主要用于国防建设工程、交通运输建设，能源工业建设和生产、矿山等原材料工业建设和生产、农林水利建设、工业与民用建筑、城市建设、环境保护等领域。

1.1.2 工程机械类组划分（表1-1-1～表1-1-20）

表1-1-1 挖掘机械

类	组	型	产　品
挖掘机械	间歇式挖掘机	机械式挖掘机	履带式机械挖掘机
			轮胎式机械挖掘机
			固定式(船用)机械挖掘机
			矿用电铲
		液压式挖掘机	履带式液压挖掘机
			轮胎式液压挖掘机
			水陆两用式液压挖掘机
			湿地液压挖掘机
			步履式液压挖掘机
			固定式(船用)液压挖掘机
		挖掘装载机	侧移式挖掘装载机
			中置式挖掘装载机

续表

类	组	型	产品
挖掘机械	连续式挖掘机	斗轮挖掘机	履带式斗轮挖掘机
			轮胎式斗轮挖掘机
			特殊行走装置斗轮挖掘机
		滚切式挖掘机	滚切式挖掘机
		铣切式挖掘机	铣切式挖掘机
		多斗挖沟机	成型断面挖沟机
			轮斗挖沟机
			链斗挖沟机
		链斗挖掘机	履带式链斗挖掘机
			轮胎式链斗挖掘机
			轨道式链斗挖掘机
	其它挖掘机械		

表 1-1-2 铲土运输机械

类	组	型	产品
铲土运输机械	装载机	履带式装载机	机械装载机
			液力机械装载机
			全液压装载机
		轮胎式装载机	机械装载机
			液力机械装载机
			全液压装载机
		滑移转向式装载机	滑移转向装载机
		特殊用途装载机	履带湿地式装载机
			侧卸式装载机
			井下装载机
			木材装载机
	铲运机	自行铲运机	自行轮胎式铲运机
			轮胎式双发动机铲运机
			自行履带式铲运机
		拖式铲运机	机械铲运机
			液压铲运机
	推土机	履带式推土机	机械推土机
			液力机械推土机
			全液压推土机
			履带湿地式推土机
		轮胎式推土机	液力机械推土机
			全液压推土机
		通井机	通井机
		推耙机	推耙机

续表

类	组	型	产品
铲土运输机械	叉装机	叉装机	叉装机
	平地机	自行式平地机	机械式平地机
			液力机械平地机
			全液压平地机
		拖式平地机	拖式平地机
	非公路自卸车	刚性自卸车	机械传动自卸车
			液力机械传动自卸车
			静液压传动自卸车
			电传动自卸车
		铰接式自卸车	机械传动自卸车
			液力机械传动自卸车
			静液压传动自卸车
			电传动自卸车
		地下刚性自卸车	液力机械传动自卸车
		地下铰接式自卸车	液力机械传动自卸车
			静液压传动自卸车
			电传动自卸车
		回转式自卸车	静液压传动自卸车
		重力翻斗车	重力翻斗车
	作业准备机械	除荆机	除荆机
		除根机	除根机
	其它铲土运输机械		

表 1-1-3　起重机械

类	组	型	产品
起重机械	流动式起重机	轮胎式起重机	汽车起重机
			全地面起重机
			轮胎起重机
			越野轮胎起重机
			随车起重机
		履带式起重机	桁架臂履带起重机
			伸缩臂履带起重机
		专用流动式起重机	正面吊运起重机
			侧面吊运起重机
			履带式吊管机
		清障车	清障车
			清障抢救车
	建筑起重机械	轨道塔式起重机	轨道上回转塔式起重机

续表

类	组	型	产品
起重机械	建筑起重机械	轨道塔式起重机	轨道上回转自升塔式起重机
			轨道下回转塔式起重机
			轨道快装式塔式起重机
			轨道动臂式塔式起重机
			轨道平头式塔式起重机
		固定塔式起重机	固定上回转塔式起重机
			固定上回转自升塔式起重机
			固定下回转塔式起重机
			固定快装式塔式起重机
			固定动臂式塔式起重机
			固定平头式塔式起重机
			固定内爬升式塔式起重机
		施工升降机	齿轮齿条式施工升降机
			钢丝绳式施工升降机
			混合式施工升降机
		建筑卷扬机	单筒式卷扬机
			双筒式卷扬机
			三筒式卷扬机
	其它起重机械		

表 1-1-4 工业车辆

类	组	型	产品
工业车辆	机动工业车辆（内燃、蓄电池、双动力）	固定平台搬运车	固定平台搬运车
		牵引车和推顶车	牵引车
			推顶车
		堆垛用（高起升）车辆	平衡重式叉车
			前移式叉车
			插腿式叉车
			托盘堆垛车
			平台堆垛车
			操作台可升降车辆
			侧面式叉车（单侧）
			越野叉车
			侧面堆垛式叉车（两侧）
			三向堆垛式叉车
			堆垛用高起升跨车
			平衡重式集装箱堆高机

续表

类	组	型	产品
工业车辆	机动工业车辆（内燃、蓄电池、双动力）	非堆垛用（低起升）车辆	托盘搬运车
			平台搬运车
			非堆垛用低起升车
		伸缩臂式叉车	伸缩臂式叉车
			越野伸缩臂式叉车
		拣选车	拣选车
		无人驾驶车辆	无人驾驶车辆
	非机动工业车辆	步行式堆垛车	步行式堆垛车
		步行式托盘堆垛车	步行式托盘堆垛车
		步行式托盘搬运车	步行式托盘搬运车
		步行剪叉式升降托盘搬运车	步行剪叉式升降托盘搬运车
		其它工业车辆	

表 1-1-5　压实机械

类	组	型	产品
压实机械	静作用压路机	拖式压路机	拖式光轮压路机
		自行式压路机	两轮光轮压路机
			两轮铰接光轮压路机
			三轮光轮压路机
			三轮铰接光轮压路机
	振动压路机	光轮式压路机	两轮串联振动压路机
			两轮铰接振动压路机
			四轮振动压路机
		轮胎驱动式压路机	轮胎驱动光轮振动压路机
			轮胎驱动凸块振动压路机
		拖式压路机	拖式振动压路机
			拖式凸块振动压路机
		手扶式压路机	手扶光轮振动压路机
			手扶凸块振动压路机
			手扶带转向机构振动压路机
	振荡压路机	光轮式压路机	两轮串联振荡压路机
			两轮铰接振荡压路机
		轮胎驱动式压路机	轮胎驱动式光轮振荡压路机
	轮胎压路机	自行式压路机	轮胎压路机
			铰接式轮胎压路机
	冲击压路机	拖式压路机	拖式冲击压路机
		自行式压路机	自行式冲击压路机
	组合式压路机	振动轮胎组合式压路机	振动轮胎组合式压路机

续表

类	组	型	产　品
压实机械	组合式压路机	振动振荡式压路机	振动振荡式压路机
	振动平板夯	电动式平板夯	电动振动平板夯
		内燃式平板夯	内燃振动平板夯
	振动冲击夯	电动式冲击夯	电动振动冲击夯
		内燃式冲击夯	内燃振动冲击夯
	爆炸式夯实机	爆炸式夯实机	爆炸式夯实机
	蛙式夯实机	蛙式夯实机	蛙式夯实机
	垃圾填埋压实机	静碾式压实机	静碾式垃圾填埋压实机
		振动式压实机	振动式垃圾填埋压实机
	其它压实机械		

表 1-1-6　路面施工与养护机械

类	组	型	产　品
路面施工与养护机械	沥青路面施工机械	沥青混合掣搅拌设备	强制间歇式沥青搅拌设备
			强制连续式沥青搅拌设备
			滚筒连续式沥青搅拌设备
			双滚筒连续式沥青搅拌设备
			双滚筒间歇式沥青搅拌设备
			移动式沥青搅拌设备
			集装箱式沥青搅拌设备
			环保型沥青搅拌设备
		沥青混合料摊铺机	机械传动履带式沥青摊铺机
			全液压履带式沥青摊铺机
			机械传动轮胎式沥青摊铺机
			全液压轮胎式沥青摊铺机
			双层沥青摊铺机
			带喷洒装置沥青摊铺机
			路沿摊铺机
		沥青混合料转运机	直传式沥青转运料机
			带料仓式沥青转运料机
		沥青洒布机(车)	机械传动沥青洒布机(车)
			液压传动沥青洒布机(车)
			气压沥青洒布机
		碎石撒布机(车)	单输送带石屑撒布机
			双输送带石屑撒布机
			悬挂式简易石屑撒布机
			黑色碎石撒布机
		液态沥青运输车	保温沥青运输罐车

续表

类	组	型	产　品
路面施工与养护机械	沥青路面施工机械	液态沥青运输车	半拖挂保温沥青运输罐车
			简易车载式沥青罐车
		沥青泵	齿轮式沥青泵
			柱塞式沥青泵
			螺杆式沥青泵
		沥青阀	保温三通沥青阀(分手动、电动、气动)
			保温二通沥青阀(分手动、电动、气动)
			保温二通沥青球阀
		沥青贮罐	立式沥青贮罐
			卧式沥青贮罐
			沥青库(站)
		沥青加热熔化设备	火焰加热固定式沥青熔化设备
			火焰加热移动式沥青熔化设备
			蒸汽加热固定式沥青熔化设备
			蒸汽加热移动式沥青熔化设备
			导热油加热固定式沥青熔化设备
			电加热固定式沥青熔化设备
			电加热移动式沥青熔化设备
			红外线加热固定式沥青熔化设备
			红外线加热移动式沥青熔化设备
			太阳能加热固定式沥青熔化设备
			太阳能加热移动式沥青熔化设备
		沥青灌装设备	筒装沥青灌装设备
			袋装沥青灌装设备
		沥青脱桶装置	固定式沥青脱桶装置
			移动式沥青脱桶装置
		沥青改性设备	搅拌式沥青改性设备
			胶体磨式沥青改性设备
		沥青乳化设备	移动式沥青乳化设备
			固定式沥青乳化设备
	水泥路面施工机械	水泥混凝土摊铺机	滑模式水泥混凝土摊铺机
			轨道式水泥混凝土摊铺机
		多功能路缘石铺筑机	履带式水泥混凝土路缘铺筑机
			轨道式水泥混凝土路缘铺筑机
			轮胎式水泥混凝土路缘铺筑机
		切缝机	手扶式水泥混凝土路面切缝机
			轨道式水泥混凝土路面切缝机
			轮胎式水泥混凝土路面切缝机

续表

类	组	型	产品
路面施工与养护机械	水泥路面施工机械	水泥混凝土路面振动梁	单梁式水泥混凝土路面振动梁
			双梁式水泥混凝土路面振动梁
		水泥混凝土路面抹光机	电动式水泥混凝土路面抹光机
			内燃式水泥混凝土路面抹光机
		水泥混凝土路面脱水装置	真空式水泥混凝土路面脱水装置
			气垫膜式水泥混凝土路面脱水装置
		水泥混凝土路面脱水装置	履带式水泥混凝土边沟铺筑机
			轨道式水泥混凝土边沟铺筑机
			轮胎式水泥混凝土边沟铺筑机
		路面灌缝机	拖式路面灌缝机
			自行式路面灌缝机
	路面基层施工机械	稳定土拌和机	履带式稳定土拌和机
			轮胎式稳定土拌和机
		稳定土拌和设备	强制式稳定土拌和设备
			自落式稳定土拌和设备
		稳定土摊铺机	履带式稳定土摊铺机
			轮胎式稳定土摊铺机
	路面附属设施施工机械	护栏施工机械	打桩、拔桩机
			钻孔吊桩机
		标线标志施工机械	常温漆标线喷涂机
			热熔漆标线画线机
			标线清除机
		边沟、护坡施工机械	开沟机
			边沟摊铺机
			护坡摊铺机
	路面养护机械	多功能养护机	多功能养护机
		沥青路面坑槽修补机	沥青路面坑槽修补机
		沥青路面加热修补机	沥青路面加热修补机
		喷射式坑槽修补机	喷射式坑槽修补机
		再生修补机	再生修补机
		扩缝机	扩缝机
		坑槽切边机	坑槽切边机
		小型罩面机	小型罩面机
		路面切割机	路面切割机
		洒水车	洒水车
		路面铣刨机	履带式路面铣刨机
			轮胎式路面铣刨机

续表

类	组	型	产　品
路面施工与养护机械	路面养护机械	沥青路面养护车	自行式沥青路面养护车
			拖式沥青路面养护车
		水泥混凝土路面养护车	自行式水泥混凝土路面养护车
			拖式水泥混凝土路面养护车
		水泥混凝土路面破碎机	自行式水泥混凝土路面破碎机
			拖式水泥混凝土路面破碎机
		稀浆封层机	自行式稀浆封层机
			拖式稀浆封层机
		回砂机	刮板式回砂机
			转子式回砂机
		路面开槽机	手扶式路面开槽机
			自行式路面开槽机
		路面灌缝机	拖式路面灌缝机
			自行式路面灌缝机
		沥青路面加热机	自行式沥青路面加热机
			拖式沥青路面加热机
			悬挂式沥青路面加热机
		沥青路面热再生机	自行式沥青路面热再生机
			拖式沥青路面热再生机
			悬挂式沥青路面热再生机
		沥青路面冷再生机	自行式沥青路面冷再生机
			拖式沥青路面冷再生机
			悬挂式沥青路面冷再生机
		乳化沥青再生设备	固定式乳化沥青再生设备
			移动式乳化沥青再生设备
		泡沫沥青再生设备	固定式泡沫沥青再生设备
			移动式泡沫沥青再生设备
		碎石封层机	碎石封层机
		就地再生搅拌列车	就地再生搅拌列车
		路面加热机	路面加热机
		路面加热复拌机	路面加热复拌机
		割草机	割草机
		树木修剪机	树木修剪机
		路面清扫机	路面清扫机
		护栏清洗机	护栏清洗机
		施工安全指示牌车	施工安全指示牌车
		边沟修理机	边沟修理机

续表

类	组	型	产　品
路面施工与养护机械	路面养护机械	夜间照明设备	夜间照明设备
		透水路面恢复机	透水路面恢复机
		除冰雪机械	转子式除雪机
			犁式除雪机
			螺旋式除雪机
			联合式除雪机
			除雪卡车
			融雪剂撒布机
			融雪液喷洒机
			喷射式除冰雪机
	其它路面施工与养护机械		

表 1-1-7　混凝土机械

类	组	型	产　品
混凝土机械	搅拌机	锥形反转出料式搅拌机	齿圈锥形反转出料混凝土搅拌机
			摩擦锥形反转出料混凝土搅拌机
			内燃机驱动锥形反转出料混凝土搅拌机
		锥形倾翻式出料搅拌机	齿圈锥形倾翻出料混凝土搅拌机
			摩擦锥形倾翻出料混凝土搅拌机
		涡桨式搅拌机	涡桨式混凝土搅拌机
		行星式搅拌机	行星式混凝土搅拌机
		单卧轴式搅拌机	单卧轴式机械上料混凝土搅拌机
			单卧轴式液压上料混凝土搅拌机
		双卧轴式搅拌机	双卧轴式机械上料混凝土搅拌机
			双卧轴式液压上料混凝土搅拌机
		连续式搅拌机	连续式混凝土搅拌机
	混凝土搅拌楼	锥形反转出料式搅拌楼	双主机锥形反转出料混凝土搅拌楼
		锥形倾翻出料式搅拌楼	双主机锥形倾翻出料混凝土搅拌楼
			三主机锥形倾翻出料混凝土搅拌楼
			四主机锥形倾翻出料混凝土搅拌楼
		涡桨式搅拌楼	单主机涡桨式混凝土搅拌楼
			双主机涡桨式混凝土搅拌楼
		行星式搅拌楼	单主机行星式混凝土搅拌楼
			双主机行星式混凝土搅拌楼
		单卧轴式搅拌楼	单主机单卧轴式混凝土搅拌楼
			双主机单卧轴式混凝土搅拌楼

续表

类	组	型	产　品
混凝土机械	混凝土搅拌楼	双卧轴式搅拌楼	单主机双卧轴式混凝土搅拌楼
			双主机双卧轴式混凝土搅拌楼
	混凝土搅拌站	连续式搅拌楼	连续式混凝土搅拌楼
		锥形反转出料式搅拌站	锥形反转出料式混凝土搅拌站
		锥形倾翻出料式搅拌站	锥形倾翻出料式混凝土搅拌站
		涡桨式搅拌站	涡桨式混凝土搅拌站
		行星式搅拌站	行星式混凝土搅拌站
		单卧轴式搅拌站	单卧轴式混凝土搅拌站
		双卧轴式搅拌站	双卧轴式混凝土搅拌站
		连续式搅拌站	连续式混凝土搅拌站
	混凝土搅拌运输车	自行式搅拌运输车	飞轮取力混凝土搅拌运输车
			前端取力混凝土搅拌运输车
			单独驱动混凝土搅拌运输车
			前端卸料混凝土搅拌运输车
			带皮带输送机混凝土搅拌运输车
			带上料装置混凝土搅拌运输车
			带臂架混凝土泵混凝土搅拌运输车
			带倾翻机构混凝土搅拌运输车
	混凝土泵	固定式泵	固定式混凝土泵
		拖式泵	拖式混凝土泵
		车载式泵	车载式混凝土泵
	混凝土布料杆	卷折式布料杆	卷折式混凝土布料杆
		“Z”形折叠式布料杆	“Z”形折叠式混凝土布料杆
		伸缩式布料杆	伸缩式混凝土布料杆
		组合式布料杆	卷折“Z”形折叠组合式混凝土布料杆
			“Z”形折叠伸缩组合式混凝土布料杆
			卷折伸缩组合式混凝土布料杆
	臂架式混凝土泵车	整体式泵车	整体式臂架式混凝土泵车
		半挂式泵车	半挂式臂架式混凝土泵车
		全挂式泵车	全挂式臂架式混凝土泵车
	混凝土喷射机	缸罐式喷射机	缸罐式混凝土喷射机
		螺旋式喷射机	螺旋式混凝土喷射机
		转子式喷射机	转子式混凝土喷射机
	混凝土喷射机械手	混凝土喷射机械手	混凝土喷射机械手
	混凝土喷射台车	混凝土喷射台车	混凝土喷射台车
	混凝土浇筑机	轨道式浇筑机	轨道式混凝土浇筑机
		轮胎式浇筑机	轮胎式混凝土浇筑机
		固定式浇筑机	固定式混凝土浇筑机

续表

类	组	型	产　品
混凝土机械	混凝土振动器	内部振动式振动器	电动软轴行星插入式混凝土振动器
			电动软轴偏心插入式混凝土振动器
			内燃软轴行星插入式混凝土振动器
			电机内装插入式混凝土振动器
		外部振动式振动器	平板式混凝土振动器
			附着式混凝土振动器
			单向振动附着式混凝土振动器
	混凝土振动	混凝土振动台	混凝土振动台
	气卸散装水泥运输车	气卸散装水泥运输车	气卸散装水泥运输车
	混凝土清洗回收站	混凝土清洗回收站	混凝土清洗回收站
	混凝土配料站	混凝土配料站	混凝土配料站
	其它混凝土机械		

表 1-1-8　掘进机械

类	组	型	产　品
掘进机械	全断面隧道掘进机	盾构机	土压平衡式盾构机
			泥水平衡式盾构机
			泥浆式盾构机
			泥水式盾构机
			异型盾构机
		硬岩掘进机(TBM)	硬岩掘进机
		组合式掘进机	组合式掘进机
	非开挖设备	水平定向钻	水平定向钻
		顶管机	土压平衡式顶管机
			泥水平衡式顶管机
			泥水输送式顶管机
	巷道掘进机	悬臂式岩巷掘进机	悬臂式岩巷掘进机
	其它掘进机械		

表 1-1-9　桩工机械

类	组	型	产　品
桩工机械	柴油打桩锤	筒式打桩锤	水冷筒式柴油打桩锤
			风冷筒式柴油打桩锤
		导杆式打桩锤	导杆式柴油打桩锤
	液压锤	液压锤	液压打桩锤
	振动桩锤	机械式桩锤	普通振动桩锤
			变矩振动桩锤
			变频振动桩锤
			变矩变频振动桩锤

续表

类	组	型	产　品
桩工机械	振动桩锤	液压马达式桩锤	液压马达式振动桩锤
		液压式桩锤	液压振动锤
	桩架	走管式桩架	击管式柴油锤打桩架
		轨道式桩架	轨道式柴油锤打桩架
		履带式桩架	履带三支点式柴油锤打桩架
		步履式桩架	步履式桩架
		悬挂式桩架	履带悬挂式柴油锤桩架
	压桩机	机械式压桩机	机械式压桩机
		液压式压桩机	液压式压桩机
	钻孔机	螺旋式钻孔机	长螺旋钻孔机
			挤压式长螺旋钻孔机
			套管式长螺旋钻孔机
			短螺旋钻孔机
		潜水式钻孔机	潜水钻孔机
		正反回转式钻孔机	转盘式钻孔机
			动力头式钻孔机
		冲抓式钻孔机	冲抓成孔机
		全套管式钻孔机	全套管钻孔机
		锚杆式钻孔机	锚杆钻孔机
		步履式钻孔机	步履式旋挖钻孔机
		履带式钻孔机	履带式旋挖钻孔机
		车载式钻孔机	车载式旋挖钻孔机
		多轴式钻孔机	多轴钻孔机
	地下连续墙成槽机	钢丝绳式成槽机	机械式连续墙抓斗成槽机
		导杆式成槽机	液压式连续墙抓斗成槽机
		半导杆式成槽机	液压式连续墙抓斗成槽机
		铣削式成槽机	双轮铣成槽机
		搅拌式成槽机	双轮搅拌机
		潜水式成槽机	潜水式垂直多轴成槽机
	落锤打桩机	机械式打桩机	机械式落锤打桩机
		法兰克式打桩机	法兰克式打桩机
	软地基加固机械	振冲式加固机械	水冲式振冲器
			干式振冲器
		插板式加固机械	插板桩机
		强夯式加固机械	强夯机
		振动式加固机械	砂桩机
		旋喷式加固机械	旋喷式软地基加固机

续表

类	组	型	产　品
桩工机械	软地基加固机械	注浆深层搅拌式加固机械	单轴注浆式深层搅拌机
			多轴注浆式深层搅拌机
		粉体喷射深层搅拌式加固机械	单轴粉体喷射式探层搅拌机
			多轴粉体喷射式深层搅拌机
	取土器	厚壁式取土器	厚壁取土器
		敞口薄壁式取土器	敞口薄壁取土器
		自由活塞薄壁取土器	自由活塞薄壁取土器
		固定活塞薄壁取土器	固定活塞薄壁取土器
		水压固定活塞取土器	水压固定活塞取土器
		束节式取土器	束节式取土器
		黄土取土器	黄土取土器
		三重管回转式取土器	三重管单动回转取土器
			三重管双动回转取土器
		取沙器	原状取沙器
	其它桩工机械		

表 1-1-10　市政与环卫机械

类	组	型	产　品
市政与环卫机械	环卫机械	扫路车(机)	扫路车
			扫路机
		吸尘车	吸尘车
		洗扫车	洗扫车
		清洗车	清洗车
			护栏清洗车
			洗墙车
		洒水车	洒水车
			清洗洒水车
			绿化喷洒车
		吸粪车	吸粪车
		厕所车	厕所车
		垃圾车	压缩式垃圾车
			自卸式垃圾车
			垃圾收集车
			自卸式垃圾收集车
			三轮垃圾收集车
			自装卸式垃圾车
			摆臂式垃圾车
			车厢可卸式垃圾车

续表

类	组	型	产　品
市政与环卫机械	环卫机械	垃圾车	分类垃圾车
			压缩式分类垃圾车
			垃圾转运车
			桶装垃圾运输车
			餐厨垃圾车
			医疗垃圾车
		垃圾处理设备	垃圾压缩机
			履带式垃圾推土机
			履带式垃圾挖掘机
			垃圾渗滤液处理车
			垃圾中转站设备
			垃圾分选机
			垃圾焚烧炉
			垃圾破碎机
			垃圾堆肥设备
			垃圾填埋设备
	市政机械	管道疏通机械	下水道综合养护车
			下水道疏通车
			下水道疏通清洗车
			掏挖机
			下水道检查修补设备
			污泥运输车
		电杆埋架机械	电杆埋架机械
		管道铺设机械	铺管机
		管道疏通机械	吸污车
			清洗吸污车
	停车洗车设备	垂直循环式停车设备	垂直循环式下部出入式停车设备
			垂直循环式中部出入式停车设备
			垂直循环式上部出入式停车设备
		多层循环式停车设备	多层圆形循环式停车设备
			多层矩形循环式停车设备
		水平循环式停车设备	水平圆形循环式停车设备
			水平矩形循环式停车设备
		升降机式停车设备	升降机纵置式停车设备
			升降机横置式停车设备
			升降机圆置式停车设备
		升降移动式停车设备	升降移动纵置式停车设备
			升降移动横置式停车设备

续表

类	组	型	产品
市政与环卫机械	停车洗车设备	平面往复式停车设备	平面往复搬运式停车设备
			平面往复搬运收容式停车设备
		两层式停车设备	两层升降式停车设备
			两层升降横移式停车设备
		多层式停车设备	多层升降式停车设备
			多层升降横移式停车设备
		汽车用回转盘停车设备	旋转式汽车用回转盘停车设备
			旋转移动式汽车用回转盘停车设备
		汽车用升降机停车设备	升降式汽车用升降机停车设备
			升降回转式汽车用升降机停车设备
			升降横移式汽车用升降机停车设备
		旋转平台停车设备	旋转平台停车设备
		洗车场机械设备	洗车场机械设备
	园林机械	植树挖穴机	自行式植树挖穴机
			手扶式植树挖穴机
		树木移植机	自行式树木移植机
			牵引式树木移植机
		剪草机	手推式旋刀剪草机
			拖挂式滚刀剪草机
			乘坐式滚刀剪草机
			自行式滚刀剪草机
			手推式滚刀剪草机
			自行式往复剪草机
			手推式往复剪草机
			甩刀式剪草机
			气垫式剪草机
		运树机	多斗拖挂式运树机
		绿化喷洒多用车	液力喷雾式绿化喷洒多用车
	娱乐设备	车式娱乐设备	小赛车
			碰碰车
			观览车
			电瓶车
			观光车
		水上娱乐设备	电瓶船
			脚踏船
			碰碰船
			激流勇进船
			水上游艇

续表

类	组	型	产品
市政与环卫机械	娱乐设备	地面娱乐设备	游艺机
			蹦床
			转马
			风驰电掣
		腾空娱乐设备	旋转自控飞机
			登月火箭
			空中转椅
			宇宙旅行
		其它娱乐设备	其它娱乐设备
	其它市政与环卫机械		

表 1-1-11 混凝土制品机械

类	组	型	产品
混凝土制品机械	混凝土砌块成型机	移动式	移动式液压脱模混凝土砌块成型机
			移动式机械脱模混凝土砌块成型机
			移动式人工脱模混凝土砌块成型机
		固定式模振	固定式模振液压脱模混凝土砌块成型机
			固定式模振机械脱模混凝土砌块成型机
			固定式模振人工脱模混凝土砌块成型机
		固定式台振	固定式台振液压脱模混凝土砌块成型机
			固定式台振机械脱模混凝土砌块成型机
			固定式台振人工脱模混凝土砌块成型机
		叠层式	叠层式混凝土砌块成型机
		分层布料式	分层布料式混凝土砌块成型机
	混凝土砌块生产成套设备	全自动	全自动台振混凝土砌块生产线
			全自动模振混凝土砌块生产线
		半自动	半自动台振混凝土砌块生产线
			半自动模振混凝土砌块生产线
		简易式	简易台振混凝土砌块生产线
			简易模振混凝土砌块生产线
	加气混凝土砌块成套设备	加气混凝土砌块设备	加气混凝土砌块生产线
	泡沫混凝土砌块成套设备	泡沫混凝土砌块设备	泡沫混凝土砌块成型机
	混凝土空心板成型机	挤压式	外振式单块混凝土空心板挤压成型机
			外振式双块混凝土空心板挤压成型机
			内振式单块混凝土空心板挤压成型机
			内振式双块混凝土空心板挤压成型机

续表

类	组	型	产　品
混凝土制品机械	混凝土空心板成型机	推压式	外振式单块混凝土空心板推压成型机
			外振式双块混凝土空心板推压成型机
			内振式单块混凝土空心板推压成型机
			内振式双块混凝土空心板推压成型机
		拉模式	自行式外振混凝土空心板拉模成型机
			牵引式外振混凝土空心板拉模成型机
			自行式内振混凝土空心板拉模成型机
			牵引式内振混凝土空心板拉模成型机
	混凝土构件成型机	振动台式成型机	电动振动台式混凝土构件成型机
			气动振动台式混凝土构件成型机
			无台架振动台式混凝土构件成型机
			水平定向振动台式混凝土构件成型机
			冲击振动台式混凝土构件成型机
			滚轮脉冲振动台式混凝土构件成型机
			分段组合振动台式混凝土构件成型机
		盘转压制式成型机	混凝土构件盘转压制成型机
		杠杆压制式成型机	混凝土构件杠杆压制成型机
		长线台座式	长线台座式混凝土构件生产成套设备
		平模联动式	平模联动式混凝土构件生产成套设备
		机组联动式	机组联动式混凝土构件生产成套设备
	混凝土管成型机	离心式	滚轮离心式混凝土管成型机
			车床离心式混凝土管成型机
		挤压式	悬辊式挤压混凝土管成型机
			立式挤压混凝土管成型机
			立式振动挤压混凝土管成型机
	水泥瓦成型机	水泥瓦成型机	水泥瓦成型机
	墙板成型设备	墙板成型机	墙板成型机
	混凝土构件整修机	真空吸水装置	混凝土真空吸水装置
		切割机	手扶式混凝土切割机
			自行式混凝土切割机
		表面抹光机	手扶式混凝土表面抹光机
			自行式混凝土表面抹光机
		磨口机	混凝土管件磨口机
	模板及配件机械	钢模板轧机	钢模板连轧机
			钢模板凸棱轧机
		钢模板清理机	钢模板清理机
		钢模板校形机	钢模板多功能校形机

续表

类	组	型	产　品
混凝土制品机械	模板及配件机械	钢模板配件	钢模板 U 形卡成型机
			钢模板钢管校直机
	其它混凝土制品机械		

表 1-1-12　高空作业机械

类	组	型	产　品
高空作业机械	高空作业车	普通型高空作业车	伸缩臂式高空作业车
			折叠式高空作业车
			垂直升降式高空作业车
			混合式高空作业车
		高树剪枝车	高树剪枝车
			拖式高树剪枝车
		高空绝缘车	高空绝缘斗臂车
			拖式高空绝缘车
		桥梁检修设备	桥梁检修车
			拖式桥梁检修平台
		高空摄影车	高空摄影车
		航空地面支持车	航空地面支持用升降车
		飞机除冰防冰车	飞机除冰防冰车
		消防救援车	高空消防救援车
	高空作业平台	剪叉式高空作业平台	固定剪叉式高空作业平台
			移动剪叉式高空作业平台
			自行剪叉式高空作业平台
		臂架式高空作业平台	固定臂架式高空作业平台
			移动臂架式高空作业平台
			自行臂架式高空作业平台
		套筒油缸式高空作业平台	固定套筒油缸式高空作业平台
			移动套筒油缸式高空作业平台
			自行套筒油缸式高空作业平台
		桅柱式高空作业平台	固定桅柱式高空作业平台
			移动桅柱式高空作业平台
			自行桅柱式高空作业平台
		导架式高空作业平台	固定导架式高空作业平台
			移动导架式高空作业平台
			自行导架式高空作业平台
	其它高空作业机械		

表 1-1-13 装修机械

类	组	型	产品
装修机械	砂浆制备及喷涂机械	筛砂机	电动式筛砂机
		砂浆搅拌机	卧轴式灰浆搅拌机
			立轴式灰浆搅拌机
			筒转式灰浆搅拌机
		砂浆输送泵	柱塞式单缸灰浆泵
			柱塞式双缸灰浆泵
			隔膜式灰浆泵
			气动式灰浆泵
			挤压式灰浆泵
			螺杆式灰浆泵
		砂浆联合机	灰浆联合机
		淋灰机	淋灰机
		麻刀灰拌和机	麻刀灰拌和机
	涂料喷刷机械	喷浆泵	喷浆泵
		无气喷涂机	气动式无气喷涂机
			电动式无气喷涂机
			内燃式无气喷涂机
			高压无气喷涂机
	油漆制备及喷涂机械	油漆喷涂机	油漆喷涂机
		油漆搅拌机	油漆搅拌机
	地面修整机械	有气喷涂机	抽气式有气喷涂机
			自落式有气喷涂机
		喷塑机	喷塑机
		石膏喷涂机	石膏喷涂机
		地面抹光机	地面抹光机
		地板磨光机	地板磨光机
		踢脚线磨光机	踢脚线磨光机
		地面水磨石机	单盘水磨石机
			双盘水磨石机
			金刚石地面水磨石机
		地板刨平机	地板刨平机
		打蜡机	打蜡机
		地面清除机	地面清除机
		地板砖切割机	地板砖切割机
	屋面装修机械	涂沥青机	屋面涂沥青机
		铺毡机	屋面铺毡机
	高处作业吊篮	手动式高处作业吊篮	手动高处作业吊篮

续表

类	组	型	产品
装修机械	高处作业吊篮	气动式高处作业吊篮	气动高处作业吊篮
		电动式高处作业吊篮	电动爬绳式高处作业吊篮
			电动卷扬式高处作业吊篮
	擦窗机	轮载式擦窗机	轮载式伸缩变幅擦窗机
			轮载式小车变幅擦窗机
			轮载式动臂变幅擦窗机
		屋面轨道式擦窗机	屋面轨道式伸缩臂变幅擦窗机
			屋面轨道式小车变幅擦窗机
			屋面轨道式动臂变幅擦窗机
		悬挂轨道式擦窗机	悬挂轨道式擦窗机
		插杆式擦窗机	插杆式擦窗机
		滑梯式擦窗机	滑梯式擦窗机
	建筑装修机具	射钉机	射钉机
		铲刮机	电动铲刮机
		开槽机	混凝土开槽机
		石材切割机	石材切割机
		型材切割机	型材切割机
		剥离机	剥离机
		角向磨光机	角向磨光机
		混凝土切割机	混凝土切割机
		混凝土切缝机	混凝土切缝机
		混凝土钻孔机	混凝土钻孔机
		水磨石磨光机	水磨石磨光机
		电镐	电镐
	其它装修机械	贴墙纸机	贴墙纸机
		螺旋洁石机	单螺旋洁石机
		穿孔机	穿孔机
		孔道压浆机	孔道压浆机
		弯管机	弯管机
		管子套丝切断机	管子套丝切断机
		管材弯曲套丝机	管材弯曲套丝机
		坡口机	电动坡口机
		弹涂机	电动弹涂机
		滚涂机	电动滚涂机

表 1-1-14 钢筋及预应力机械

类	组	型	产品
钢筋及预应力机械	钢筋强化机械	钢筋冷拉机	卷扬机式钢筋冷拉机
			液压式钢筋冷拉机
			滚轮式钢筋冷拉机

续表

类	组	型	产　　品
钢筋及预应力机械	钢筋强化机械	钢筋冷拔机	立式冷拔机
			卧式冷拔机
			串联式冷拔机
		冷轧带肋钢筋成型机	主动冷轧带肋钢筋成型机
			被动冷轧带肋钢筋成型机
		冷轧扭钢筋成型机	长方形冷轧扭钢筋成型机
			正方形冷轧扭钢筋成型机
		冷拔螺旋钢筋成型机	方形冷拔螺旋钢筋成型机
			圆形冷拔螺旋钢筋成型机
	单件钢筋成型机械	钢筋切断机	手持式钢筋切断机
			卧式钢筋切断机
			立式钢筋切断机
			鄂剪式钢筋切断机
		钢筋切断生产线	钢筋剪切生产线
			钢筋锯切生产线
		钢筋调直切断机	机械式钢筋调直切断机
			液压式钢筋调直切断机
			气动式钢筋调直切断机
		钢筋弯曲机	机械式钢筋弯曲机
			液压式钢筋弯曲机
		钢筋弯曲生产线	立式钢筋弯曲生产线
			卧式钢筋弯曲生产线
		钢筋弯弧机	机械式钢筋弯弧机
			液压式钢筋弯弧机
		钢筋弯箍机	数控钢筋弯箍机
		钢筋螺纹成型机	钢筋锥螺纹成型机
			钢筋直螺纹成型机
		钢筋螺纹生产线	钢筋螺纹生产线
		钢筋镦头机	钢筋镦头机
	组合钢筋成型机械	钢筋网成型机	钢筋网焊接成型机
		钢筋笼成型机	手动焊接钢筋笼成型机
			自动焊接钢筋笼成型机
		钢筋桁架成型机	机械式钢筋桁架成型机
			液压式钢筋桁架成型机
	钢筋连接机械	钢筋对焊机	机械式钢筋对焊机
			液压式钢筋对焊机
		钢筋电渣压力焊机	钢筋电渣压力焊机

续表

类	组	型	产　　品
钢筋及预应力机械	钢筋连接机械	钢筋气压焊机	闭合式气压焊机
			敞开式气压焊机
		钢筋套筒挤压机	径向钢筋套筒挤压机
			轴向钢筋套筒挤压机
	预应力机械	预应力钢筋镦头器	电动冷镦机
			液压冷镦机
		预应力钢筋张拉机	机械式张拉机
			液压式张拉机
		预应力钢筋穿束机	预应力钢筋穿束机
			预应力钢筋灌浆机
		预应力千斤顶	前卡式预应力千斤顶
			连续式预应力千斤顶
	预应力机具	预应力筋用锚具	前卡式预应力锚具
			穿心式预应力锚具
		预应力筋用夹具	预应力筋用夹具
		预应力筋用连接器	预应力筋用连接器
	其它钢筋及预应力机械		

表 1-1-15　凿岩机械

类	组	型	产　　品
凿岩机械	凿岩机	气动手持式凿岩机	手持式凿岩机
		气动凿岩机	手持气腿两用凿岩机
			支腿式凿岩机
			支腿式高频凿岩机
			气动向上式凿岩机
			气动导轨式凿岩机
			气动导轨式独立回转凿岩机
		内燃手持式凿岩机	手持式内燃凿岩机
		液压凿岩机	手持式液压凿岩机
			支腿式液压凿岩机
			导轨式液压凿岩机
		电动凿岩机	手持式电动凿岩机
			支腿式电动凿岩机
			导轨式电动凿岩机
	露天钻车钻机	气动、半液压履带式露天钻机	履带式露天钻机
			履带式潜孔露天潜孔钻机
			履带式潜孔露天中压/高压潜孔钻机

续表

类	组	型	产品
凿岩机械	露天钻车钻机	气动、半液压轨轮式露天钻车	轮胎式露天钻车
			轨轮式露天钻车
		液压履带式钻机	履带式露天液压钻机
			履带式露天液压潜孔钻机
		液压钻车	轮胎式露天液压钻车
			轨轮式露天液压钻车
	井下钻车钻机	气动、半液压履带式钻机	履带式采矿钻机
			履带式掘进钻机
			履带式锚杆钻机
		气动、半液压式钻车	轮胎式采矿/掘进/锚杆钻车
			轨轮式采矿/掘进/锚杆钻车
		全液压履带式钻机	履带式液压采矿/掘进/锚杆钻机
		全液压钻车	轮胎式液压采矿/掘进/锚杆钻车
			轨轮式液压采矿/掘进/锚杆钻车
	气动潜孔冲击器	低气压潜孔冲击器	潜孔冲击器
		中、高气压潜孔冲击器	中压/高压潜孔冲击器
	凿岩辅助设备	支腿	气腿/水腿/油腿/手摇式支腿
		柱式钻架	单柱式/双柱式钻架
		圆盘式钻架	圆盘式/伞式/环形钻架
		其它	集尘器、注油器、磨钎机
	其它凿岩机械		

表 1-1-16 气动工具

类	组	型	产品
气动工具	回转式气动工具	雕刻笔	气动雕刻笔
		气钻	直柄式/枪柄式/侧柄式/组合用气钻/气动开颧钻/气动牙钻
		攻丝机	直柄式/枪柄式/组合用气动攻丝机
		砂轮机	直柄式/角向/端面式/组合气动砂轮机
		抛光机	端面/圆周/角向抛光机
		磨光机	端面/圆周/往复式/砂带式/滑板式/三角式气动磨光机
		铣刀	气铣刀/角式气铣刀
		气锯	带式/带式摆动/圆盘式/链式气锯
		剪刀	气动剪切机/气动冲剪机
		气螺刀	直柄式/枪柄式/角式失速型气螺刀
		气扳机	枪柄式失速型/离合型/自动关闭型纯扭气扳机
			角式失速型/离合型纯扭气扳机
			棘轮式/双速型/组合式纯扭气扳机
			开口爪型套筒/闭口爪型套筒纯扭气扳机

续表

类	组	型	产　品
气动工具	回转式气动工具	气扳机	气动螺丝气扳机
			直柄式/直柄式定扭矩气扳机
			储能型气扳机
			直柄式高速气扳机
			枪柄式/枪柄式定扭矩/枪柄式高速气扳机
			角式/角式定扭矩/角式高速气扳机
			组合式气扳机
			直柄式/枪柄式/角式/电控型脉冲气扳机
		振动器	回转式气动振动器
	冲击式气动工具	铆钉机	直柄式/弯柄式/枪柄式气动铆钉机
			气动拉铆钉机/压铆钉机
		打钉机	气动打钉机/条形钉/U形钉气动打钉机
		订合机	气动订合机
		折弯机	折弯机
		打印器	打印器
		钳	气动钳/液压钳
		劈裂机	气动/液压劈裂机
		扩张器	液压扩张器
		液压剪	液压剪
		搅拌机	气动搅拌机
		捆扎机	气动捆扎机
		封口机	气动封口机
		破碎锤	气动破碎锤
		镐	气镐、液压镐、内燃镐、电动镐
		气铲	直柄式/弯柄式/环柄式气铲/铲石机
		捣固机	气动捣固机/枕木捣固机/夯土捣固机
		锉刀	旋转式/往复式/旋转往复式/旋转摆动式气锉刀
		刮刀	气动刮刀/气动摆动式刮刀
		雕刻机	回转式气动雕刻机
		凿毛机	气动凿毛机
		振动器	气动振动棒
			冲击式振动器
	其它气动机械	气动马达	叶片式气动马达
			活塞式/轴向活塞式气动马达
			齿轮式气动马达
			透平式气动马达
		气动泵	气动泵
			气动隔膜泵

续表

类	组	型	产　　品
气动工具	其它气动机械	气动吊	环链式/钢绳式气动吊
		气动绞车/绞盘	气动绞车/气动绞盘
		气动桩机	气动打桩机/拔桩机
	其它气动工具		

表 1-1-17　军用工程机械

类	组	型	产　　品
军用工程机械	道路机械	装甲工程车	履带式装甲工程车
			轮式装甲工程车
		多用工程车	履带式多用工程车
			轮式多用工程车
		推土机	履带式推土机
			轮式推土机
		装载机	轮式装载机
			滑移装载机
		平地机	自行式平地机
		压路机	振动式压路机
			静作用式压路机
		除雪机	转子式除雪机
			犁式除雪机
	野战筑城机械	挖壕机	履带式挖壕机
			轮式挖壕机
		挖坑机	履带式挖坑机
			轮式挖坑机
		挖掘机	履带式挖掘机
			轮式挖掘机
			山地挖掘机
		野战工事作业机械	野战工事作业车
			山地丛林作业机
		钻孔机具	土钻
			快速成孔钻机
		冻土作业机械	机爆式挖壕机
			冻土钻井机
	永备筑城机械	凿岩机	凿岩机
			凿岩台车
		空压机	电动机式空压机
			内燃机式空压机

续表

类	组	型	产　　品
军用工程机械	永备筑城机械	坑道通风机	坑道通风机
		坑道联合掘进机	坑道联合掘进机
		坑道装岩机	轨道式装岩机
			轮胎式装岩机
		坑道被覆机械	钢模台车
			混凝土浇筑机
			混凝土喷射机
		碎石机	颚式碎石机
			圆锥式碎石机
			辊式碎石机
			锤式碎石机
		筛分机	滚筒式筛分机
		混凝土搅拌机	倒翻式凝土搅拌机
			倾斜式凝土搅拌机
			回转式凝土搅拌机
		钢筋加工机械	直筋切筋机
			弯筋机
		木材加工机械	摩托锯
			圆锯机
	布、探、扫雷机械	布雷机械	履带式布雷车
			轮胎式布雷车
		探雷机械	道路探雷车
		扫雷机械	机械式扫雷车
			综合式扫雷车
	架桥机械	架桥作业机械	架桥作业车
		机械化桥	履带式机械化桥
			轮胎式机械化桥
		打桩机械	打桩机
	野战给水机械	水源侦察车	水源侦察车
		钻井机	回转式钻井机
			冲击式钻井机
		汲水机械	内燃抽水机
			电动抽水机
		净水机械	自行式净水车
			拖式净水车
	伪装机械	伪装勘测车	伪装勘测车
		伪装作业车	迷彩作业车
			假目标制作车
			遮障(高空)作业车

续表

类	组	型	产品
军用工程机械	保障作业车辆	移动式电站	自行式移动式电站
			拖式移动式电站
		金木工程作业车	金木工程作业车
		起重机械	汽车起重机
			轮胎式起重机
		液压检修车	液压检修车
		工程机械修理车	工程机械修理车
		专用牵引车	专用牵引车
		电源车	电源车
		气源车	气源车
	其它军用工程机械		

⊡ **表 1-1-18 电梯及扶梯**

类	组	型	产品
电梯及扶梯	电梯	乘客电梯	交流乘客电梯
			直流乘客电梯
			液压乘客电梯
		载货电梯	交流载货电梯
			液压载货电梯
		客货电梯	交流客货电梯
			直流客货电梯
			液压客货电梯
		病床电梯	交流病床电梯
			液压病床电梯
		住宅电梯	交流住宅电梯
		杂物电梯	交流杂物电梯
		观光电梯	交流观光电梯
			直流观光电梯
			液压观光电梯
		船用电梯	交流船用电梯
			液压船用电梯
		车辆用电梯	交流车辆用电梯
			液压车辆用电梯
		防爆电梯	防爆电梯
	自动扶梯	普通型自动扶梯	普通型链条式自动扶梯
			普通型齿条式自动扶梯
		公共交通型自动扶梯	公共交通型链条式自动扶梯
			公共交通型齿条式自动扶梯

续表

类	组	型	产　　品
电梯及扶梯	自动扶梯	螺旋型自动扶梯	螺旋型自动扶梯
	自动人行道	普通型自动人行道	普通型踏板式自动人行道
			普通型胶带滚筒式自动人行道
		公共交通型自动人行道	公共交通型踏板式自动人行道
			公共交通型胶带滚筒式自动人行道
	其它电梯及扶梯		

表 1-1-19　工程机械配套件

类	组	型	产　　品
工程机械配套件	动力系统	内燃机	柴油发动机
			汽油发动机
			燃气发动机
			双动力发动机
		动力蓄电池	动力蓄电池组
		附属装置	水散热器(水箱)
			机油冷却器
			冷却风扇
			燃油箱
			涡轮增压器
			空气滤清器
			机油滤清器
			柴油滤清器
			排气管(消声器)总成
			空气压缩机
			发电机
			启动马达
	传动系统	离合器	干式离合器
			湿式离合器
		变矩器	液力变矩器
			液力耦合器
		变速器	机械式变速器
			动力换挡变速器
			电液换挡变速器
		驱动电机	直流电机
			交流电机
		传动轴装置	传动轴
			联轴器
		驱动桥	驱动桥

续表

类	组	型	产　　品
工程机械配套件	传动系统	减速器	最终传动
			轮边减速
	液压密封装置	油缸	中低压油缸
			高压油缸
			超高压油缸
		液压泵	齿轮泵
			叶片泵
			柱塞泵
		液压马达	齿轮马达(驱动马达、工作装置马达)
			叶片马达(驱动马达、工作装置马达)
			柱塞马达(驱动马达、工作装置马达)
		液压阀	液压多路换向阀
			压力控制阀
			流量控制阀
			液压先导阀
		液压减速机	行走减速机
			回转减速机
		蓄能器	蓄能器
		中央回转体	中央回转体
		液压管件	高压软管
			低压软管
			高温低压软管
			液压金属连接管
		液压系统附件	液压管接头
			液压油滤油器
			液压油散热器
			液压油箱
		密封装置	动油封件
			固定密封件
	制动系统	贮气筒	贮气筒
		气动阀	气动换向阀
			气动压力控制阀
		加力泵总成	加力泵总成
		气制动管件	气动软管
			气动金属管
			气动管接头
		油水分离器	油水分离器

续表

<table>
<tr><th>类</th><th>组</th><th>型</th><th>产品</th></tr>
<tr><td rowspan="36">工程机械配套件</td><td rowspan="5">制动系统</td><td>制动泵</td><td>制动泵</td></tr>
<tr><td rowspan="4">制动器</td><td>驻车制动器</td></tr>
<tr><td>盘式制动器</td></tr>
<tr><td>带式制动器</td></tr>
<tr><td>湿式盘式制动器</td></tr>
<tr><td rowspan="13">行走装置</td><td rowspan="2">轮胎总成</td><td>实心轮胎</td></tr>
<tr><td>充气轮胎</td></tr>
<tr><td>轮辋总成</td><td>轮辋总成</td></tr>
<tr><td>轮胎防滑链</td><td>轮胎防滑链</td></tr>
<tr><td rowspan="4">履带总成</td><td>普通履带总成</td></tr>
<tr><td>湿式履带总成</td></tr>
<tr><td>橡胶履带总成</td></tr>
<tr><td>三联履带总成</td></tr>
<tr><td rowspan="4">四轮</td><td>支重轮总成</td></tr>
<tr><td>托链轮总成</td></tr>
<tr><td>引导轮总成</td></tr>
<tr><td>驱动轮总成</td></tr>
<tr><td>履带张紧装置总成</td><td>履带张紧装置总成</td></tr>
<tr><td rowspan="3">转向系统</td><td>转向器总成</td><td>转向器总成</td></tr>
<tr><td>转向桥</td><td>转向桥</td></tr>
<tr><td>转向操作装置</td><td>转向装置</td></tr>
<tr><td rowspan="16">车架及工作装置</td><td rowspan="4">车架</td><td>车架</td></tr>
<tr><td>回转支承</td></tr>
<tr><td>驾驶室</td></tr>
<tr><td>司机座椅总成</td></tr>
<tr><td rowspan="5">工作装置</td><td>动臂</td></tr>
<tr><td>斗杆</td></tr>
<tr><td>铲/挖斗</td></tr>
<tr><td>斗齿</td></tr>
<tr><td>刀片</td></tr>
<tr><td>配重</td><td>配重</td></tr>
<tr><td rowspan="3">门架系统</td><td>门架</td></tr>
<tr><td>链条</td></tr>
<tr><td>货叉</td></tr>
<tr><td rowspan="2">吊装装置</td><td>吊钩</td></tr>
<tr><td>臂架</td></tr>
<tr><td>振动装置</td><td>振动装置</td></tr>
</table>

续表

类	组	型	产品
工程机械配套件	电器装置	电控系统总成	电控系统总成
		组合仪表总成	组合仪表总成
		监控器总成	监控器总成
		仪表	计时表
			速度表
			温度表
			油压表
			气压表
			油位表
			电流表
			电压表
		报警器	行车报警器
			倒车报警器
		车灯	照明灯
			转向指示灯
			刹车指示灯
			雾灯
			司机室项灯
		空调器	空调器
		暖风机	暖风机
		电风扇	电风扇
		刮水器	刮水器
		蓄电池	蓄电池
	专用属具	液压锤	液压锤
		液压剪	液压剪
		液压钳	液压钳
		松土器	松土器
		夹木叉	夹木叉
		叉车专用属具	叉车专用属具
		其它属具	其它属具
	其它配套件		

表 1-1-20 其它专用工程机械

类	组	型	产品
其它专用工程机械	电站专用工程机械	扳起式塔式起重机	电站专用扳起式塔式起重机
		自升式塔式起重机	电站专用自升塔式起重机
		锅炉炉顶起重机	电站专用锅炉炉顶起重机
		门座起重机	电站专用门座起重机

续表

类	组	型	产　品
其它专用工程机械	电站专用工程机械	履带式起重机	电站专用履带式起重机
		龙门式起重机	电站专用龙门式起重机
		缆索起重机	电站专用平移式高架缆索起重机
		提升装置	电站专用钢索液压提升装置
		施工升降机	电站专用施工升降机
			曲线施工电梯
		混凝土搅拌楼	电站专用混凝土搅拌楼
		混凝土搅拌站	电站专用混凝土搅拌站
		塔带机	塔式皮带布料机
	轨道交通施工与养护工程机械	架桥机	高速客运专线混凝土箱梁架桥机
			高速客运专线无导梁式混凝土箱梁架桥机
			高速客运专线导梁式混凝土箱梁架桥机
			高速客运专线下导梁式混凝土箱梁架桥机
			高速客运专线轮轨走行移位式混凝土箱梁架桥机
			实胶轮走行移位式混凝土箱梁架桥机
			混合走行移位式混凝土箱梁架桥机
			高速客运专线双线箱梁过隧道架桥机
			普通铁路T梁架桥机
			普通铁路公铁两用T梁架桥机
		运梁车	高速客运专线混凝土箱梁双线箱梁轮胎式运梁车
			高速客运专线过隧道双线箱梁轮胎式运梁车
			高速客运专线单线箱梁轮胎式运梁车
			普通铁路轨行式T梁运梁车
		梁场用提梁机	轮胎式提梁机
			轮轨式提梁机
		轨道上部结构制运铺设备	有砟线路长轨单枕法运铺设备
			无砟轨道系统制运铺设备
			无砟板式轨道系统制运铺设备
			无砟轨道系统直运铺设备
			无砟板式轨道系统制运铺设备
		道砟设备养护用设备系列	专用运道砟车
			配砟整形机
			道砟捣固机
			道砟清筛机
		电气化线路施工与养护用设备	接触网立柱挖坑机
			接触网立柱竖立设备
			接触网架线车

续表

类	组	型	产　品
其它专用工程机械	水利专用工程机械	水利专用工程机械	水利专用工程机械
	矿山用工程机械	矿山用工程机械	矿山用工程机械
	其它工程机械		

1.2 装载机

1.2.1 装载机的概念

装载机（图 1-2-1）是一种广泛用于公路、铁路、矿山、建筑、水电、港口等工程的土方施工机械，它主要用来铲、装、卸、运散装物料（土、砂、石、煤、矿料等），也可对岩石、硬土进行轻度铲掘作业。

图 1-2-1 装载机

1.2.2 用途

① 在较长距离的物料转运工作中，与运输车辆配合可以提高工作效率；

② 更换不同的工作装置，可扩大使用范围，完成推土、起重、装卸其他物料或货物；

③ 在公路特别是高等级公路施工中，它主要用于路基工程的填挖，沥青和水泥混凝土料场的集料、装料等作业；

④ 可对岩石、硬土进行轻度铲掘作业，短距离转运工作。

1.2.3 特点

① 作业速度快；

② 效率高；

③ 机动性好；

④ 操作轻便。

1.2.4 装载机的型号编制

① 我国装载机的产品分类和型号编制如表 1-2-1 所示。

② 我国主要装载机制造企业个性化编号（表 1-2-2）。

1.2.5 装载机的结构

装载机是由动力装置、传动系统、转向系统、制动系统、行走装置、工作装置、操纵系统等部分组成，如图 1-2-2 所示。

表 1-2-1　装载机产品分类和型号编制方法

类	组		型		特性	产品		主参数	
名称	名称	代号	名称	代号	代号	名称	代号	名称	单位表示法
铲土运输机械	装载机	Z(装)	履带式	—	—	履带式机械装载机	Z	额定载重量	t＊10
					Y(液)	履带式液力机械装载机	ZY		
					Q(全)	履带式全液压装载机	ZQ		
			履带湿地式	—	—	机械湿地式装载机	ZS		
					Y(液)	液力机械湿地式装载机	ZSY		
					Q(全)	全液压湿地式装载机	ZSQ		
			轮胎式	L(轮)	—	轮胎式液力机械式装载机	ZL		
					Q(全)	轮胎式全液压装载机	ZLQ		
			特殊用途	—	LD(轮井)	轮胎式井下装载机	ZLD		
					LM(轮木)	轮胎式木材装载机	ZLM		

比如：ZL50——额定装载质量为 5t 的第一代轮式装载机。

表 1-2-2　我国主要装载机制造企业个性化编号

序号	企业名称	产品代号	举例
1	广西柳工机械股份有限公司(柳工)	CLG	CLG816
2	厦门厦工机械股份有限公司(厦工)	XG	XG916
3	中国龙工控股有限公司(龙工)	LG	LG330
4	临工工程机械有限公司(临工)	LG	LG916-1
5	(徐工)铲运	LW	LW168G
6	福田重工	FL	FL935E
7	宇通重工	—	931A
8	常州常松	CSZ	CSZ300F
9	厦门市装载机有限公司(夏装)	XZ	XZ655
10	朝阳朝工机械有限公司(朝工)	LW	LW350
11	福建晋工机械有限公司(晋工)	JGM	JGM755

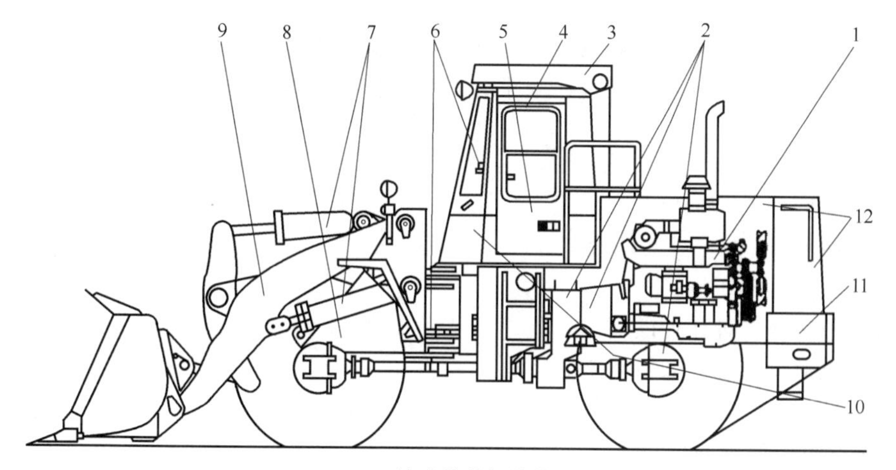

图 1-2-2　轮式装载机结构简图

1—柴油机；2—传动系统；3—防滚翻与落物保护装置；4—驾驶室；5—空调系统；6—转向系统；7—液压系统；8—车架；9—工作装置；10—制动系统；11—电子仪表系统；12—覆盖件

履带式装载机是以专用底盘或工业履带式拖拉机为基础车，机械传动采用液压助力湿式离合器，湿式双向液压操纵转向离合器和正转连杆工作装置。轮胎式装载机为特制的轮胎式基础车，大多采用铰接车架折腰转向方式，也有采用整体式车架，轮距宽、轴距短、偏转后轮或偏转全轮转向方式以实现转弯半径小和提高横向稳定性的目的。

动力装置大多采用水冷却多缸四冲程柴油机。轮胎式装载机普遍采用液力变矩器与动力换挡变速器组合而成的液力机械传动系统。轮胎式装载机的制动系统一般有行车制动和停车制动两套。行车制动系统有气压、液压或气液混合方式进行控制，制动器则多采用盘式，履带式装载机一般只采用一套制动系统。轮胎式装载机转向一般采用液压随动助力转向器。

1.3 挖掘机

1.3.1 挖掘机的概念

挖掘机是用来进行土方开挖的一种施工机械，一般与自卸汽车配合使用。挖掘机的作业过程是用铲斗的切削刃切土并把土装入斗内，多斗挖掘机进行不间断的挖、装、卸，其过程连续进行；对于单斗挖掘机则在装满土后提升铲斗并回转到卸土点卸土，然后回转转台到铲装点重复上述过程。

图 1-3-1 挖掘机

下面以单斗挖掘机进行讲解。挖掘机如图 1-3-1 所示。

1.3.2 用途

① 在建筑工程中开挖建筑物基础坑，拆除旧建筑物等；

② 在筑路工程中开挖路堑、填筑路堤、开挖桥梁基坑及城市道路两侧的各种管道沟（下水管道沟、煤气、天然气、通信、电力管道沟等）的开挖作业；

③ 在水利工程中开挖沟渠、河道；

④ 在露天采矿工程中进行剥离表面土和矿物的挖掘作业；

⑤ 更换工作装置后可进行浇筑、起重、安装、打桩、夯土和拔桩等工作。

1.3.3 特点

（1）轮胎式挖掘机的特点

① 行走速度快；

② 能远距离自行转场；

③ 可快速更换多种作业装置；

④ 具备机动灵活和高效的优势；

⑤ 稳定性相对较差。

（2）履带式挖掘机的特点

① 重心低；

② 接地比压小；

③ 通过性强；

④ 行驶速度较慢。

1.3.4　挖掘机的型号编制

单斗挖掘机产品型号编制方法见表 1-3-1。

表 1-3-1　单斗挖掘机产品型号编制方法

类	组		型		特性	产品		主参数	
名称	名称	代号	名称	代号	代号	名称	代号	名称	单位表示法
挖掘机	单斗挖掘机	W(挖)	履带式	—	—	履带式机械挖掘机	W	整机质量级	t
					Y(液)	履带式液压挖掘机	WY		
					D(电)	履带式电动挖掘机	WD		
			轮胎式	L(轮)	—	轮胎式机械挖掘机	WL		
					Y(液)	轮胎式液压挖掘机	WLY		
					D(电)	轮胎式电动挖掘机	WLD		
			汽车式	Q(汽)	—	汽车式机械挖掘机	WQ		
					Y(液)	汽车式液压挖掘机	WQY		
			步履式	B(步)	—	步履式机械挖掘机	WB		
					Y(液)	步履式液压挖掘机	WBY		
					D(电)	步履式电动挖掘机	WBD		

如：WL160——轮式挖掘机，整机重量 16t。

大多数挖掘机的编号依厂家而定。如小松——PC200；日立——EX420；加腾——HD820。

1.3.5　挖掘机的结构

无论哪一种挖掘机，只要是单斗挖掘机，其总体构造都是相同的，主要由动力装置、工作装置、回转装置、行走装置、传动系统、操纵系统、机棚、机架等组成。单斗挖掘机的结构如图 1-3-2 所示。

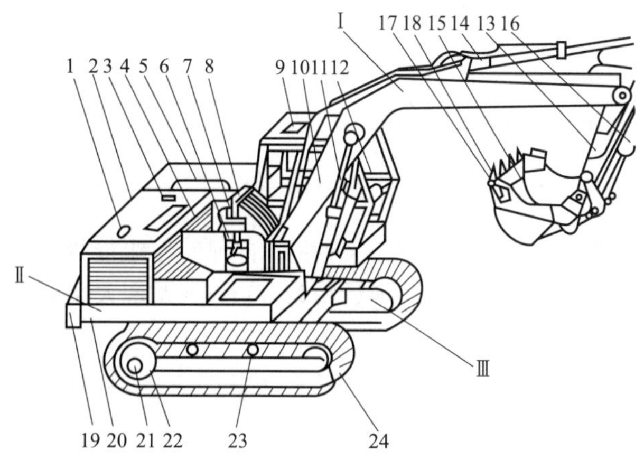

图 1-3-2　单斗挖掘机的结构

1—柴油机；2—机棚；3—液压泵；4—液压多路阀；5—液压油箱；6—回转减速器；7—液压马达；8—回转接头；9—驾驶室；10—动臂；11—油缸；12—操纵台；13—斗杆；14—油缸；15,16—铲斗及油缸；17—边齿；18—斗齿；19—平衡重；20—转台；21—行走减速器与液压马达；22—支重轮；23—拖链轮；24—履带；Ⅰ—工作装置；Ⅱ—上部转台；Ⅲ—行走装置

① 动力装置：是整机的动力源，大多采用水冷却多缸柴油机。

② 工作装置：它包括动臂、铲斗和斗柄，是用来直接完成挖掘任务。

③ 回转装置：是将转台以上的工作装置连同发动机、驾驶室等进行回转，实现挖掘、卸料任务。

④ 行走装置：用来支承整机重量，执行行驶任务。

⑤ 传动系统：把动力传给工作装置、回转装置和行走装置。

⑥ 操纵系统：用来操纵工作装置、回转装置和行走装置的动作。

⑦ 机棚：用来盖住发动机、传动系统和操纵系统，其中有一部分作为驾驶室。

⑧ 机架：是整机的装配基础，除了行走装置以外，其它部分都装在机架下面。

1.4 推土机

1.4.1 推土机概念

推土机是一种自行式的、适于短距离推土运土的工程机械。由于它的结构简单、操纵机动灵活、能适应多种作业以及生产率高等特点，在基本建设各部门中得到非常广泛的应用。因此，它是一种用途最广的工程机械。

1.4.2 用途

① 在筑路工程中，可填筑路堤、开挖路堑、推平路线上的小丘、开挖桥基和回填土方等；

② 在筑港和运河工程中可填筑堤坝、围堰、护岸以及开挖河床等；

③ 在市政工程中可清除场地、回填基坑和管道土等；

④ 在其他工作方面，可用来推集松散砂石料，清除小树和积雪；

⑤ 土质太硬时，利用推土机的松土作业装置疏松硬土，直接利用其铲刀顶推铲运机，为铲运机助铲；

⑥ 路基施工中，完成路基基底的处理；

⑦ 路侧取土横向填筑不高于 1.5m 的路堤；

⑧ 沿公路中心移挖作填；

⑨ 傍山取土修筑半堤半堑的路基。

1.4.3 运距

运距在一定程度上决定了推土机的生产效率。合理的运距能提高推土机的生产效率。

① 合理运距。中小型的推土机的合理运距为 30～100m，大型的推土机的合理运距一般不超过 150m。

② 经济运距。推土机的经济运距一般为 50～80m，这与推土机的机型、功率、施工条件等有关。

1.4.4 履带式和轮胎式推土机的特点

推土机按不同的方式有不同的分类方法。

按行走装置不同分为：履带式推土机和轮胎式推土机两种。

（1）履带式推土机的特点

① 附着力性能好；

② 接地比压小，牵引力大，适宜在松软、湿地作业；

③ 重心低；

④ 通过性好，能在恶劣条件下作业，例如碎石地、不平整地等；

⑤ 爬坡能力强，宜在山区作业；

⑥ 履带耐磨性比轮胎好；

⑦ 行驶速度低。

（2）轮胎式推土机的特点

① 机动灵活，转移工地方便、迅速且不损坏路面，特别适合在城市建设和道路维修工程中使用；

② 行驶速度快、运距长，一般为履带式推土机的 2 倍，作业循环时间短；

③ 制造成本低，维修方便，生产率高；

④ 行走装置轻巧，摩擦件少，消耗金属量小，在一般作业条件下的使用寿命比履带式长；

⑤ 附着性差，牵引力小，通过性能差，适用于在经常变换工地和良好土壤时作业；

⑥ 接地比压大，不利于作业。在松软潮湿的场地上施工时，容易引起驱动轮打滑和空转，降低生产效率，严重时还会造成车辆沉陷。

1.4.5 推土机的型号编制

（1）国产推土机的传统型号

根据《工程机械产品型号编制方法》（JB/T 9725—1999），国产推土机的型号编制如表 1-4-1 所示：

表 1-4-1 国产推土机型号编制方法

类	组		型		特性	产品		主参数	
名称	名称	代号	名称	代号	代号	名称	代号	名称	单位
铲土运输机械	推土机	T(推)	履带式	—	—	履带式机械推土机	T	功率	马力
					Y(液)	履带式液力机械推土机	TY		
					D(电)	履带式全液压推土机	TQ		
			履带湿地式	S(湿)	—	机械湿地推土机	TS		
					Y(液)	液力机械湿地推土机	TSY		
					Q(全)	全液压湿地推土机	TSQ		
			轮胎式	L(轮)	—	轮胎式液力机械推土机	TL		
					(全)	轮胎式全液压推土机	TLQ		
			特殊用途	—	J(井)	通井机	TJ	最大额定吊起质量	t
				DG(吊管)	B(扒)	推扒机	TB		
					—	履带式机械吊管机	DG		
					Y(液)	履带式液压吊管机	DGY		

例如：TY220——表示履带式液力机械推土机，发动机功率为 220 马力（161.81kW）。

TL210——表示轮胎式液力机械推土机，发动机功率为 210 马力（154.455kW）。

TY220E——表示履带式液力机械推土机，发动机功率为 220 马力（161.81kW），结构改进代号为 E。

（2）推土机新型号含义

近年来，我国引进了多种推土机机型，比如：山推工程机械股份有限公司生产的SD22S型推土机，其中SD为体现厂家特色的新命名方式，字头S表示山东，D表示推土机，后缀为英文缩写，S表示湿地，R表示环卫，L表示超湿地，D表示沙漠，E表示履带加长。

1.4.6　推土机的结构

推土机根据行走方式的不同可分为履带式推土机和轮胎式推土机。三一重工全液压推土机TQ220整机外形如图1-4-1所示。

图1-4-1　三一重工全液压推土机TQ220整机外形
1—推土铲；2—液压系统；3—动力系统；
4—台车架总成；5—仪表台；6—驾驶室；
7—防翻架；8—终减速器；9—空调系统；10—牵引架

推土机由动力装置、底盘装置（传动系统、行走系统与机架、制动系统、转向系统）、工作装置组成。

（1）动力装置

① 作用——将发动机产生的动力经过传动系统传给行驶系、制动系、转向系及工作装置，使机械行驶、制动、转向及实施各种动作。

② 组成——发动机。

（2）底盘装置

① 作用——接收由发动机传来的动力，使机械行驶或进行作业。

② 组成——传动系、行驶系、转向系、制动系。

传动系的作用——将发动机的动力减速增扭后传递给履带或车轮，使推土机具有足够的牵引力和合适的工作速度。

行驶系的作用——支承整机重量，并使推土机运行。

转向系的作用——使机械保持直线行驶及灵活准确地改变其行驶速度。

制动系的作用——使机械减速或停车，并使机械可靠地停车。

（3）工作装置

推土机的工作装置包括推土装置和松土装置，有的推土机没有松土装置。

① 组成。任何形式的推土机其工作装置由推架和铲刀两大部分组成。因形式不同，其具体结构也有所差异。

② 使用过程。推土机处于运输工况时，推土装置被提升油缸提起，悬挂在推土机前方；推土机处于作业工况时，降下推土装置，将铲刀放置在地面，向前可以推土，后退可以平地；推土机牵引或拖挂其他机具作业时，可将工作装置拆除。

1.5　铲运机

1.5.1　铲运机基本概念

铲运机是一种利用装载前后轮轴或左右履带之间的带有铲刃的铲斗，在行进中顺序完成铲削、装载、运输和卸铺的铲土运输机械。

1.5.2 用途

主要用于中距离（100～2000m）大规模土方转移工程。它能综合地完成铲土、装土、运土和卸铺四个工序，并有控制填土铺层厚度、进行平土作业和对卸下的土进行局部碾压等作用。

铲运机广泛用于公路、铁路、港口及大规模的建筑施工等工程中的土方作业。如在公路施工中，用来开挖路堑、填筑路堤、搬运土方等。在水利工程中，可开挖河道、渠道，填筑土坝、土堤等。在农田基本建设中，进行土地整平、铲除土丘、填平洼地等。在机场、矿山建设施工中，进行土方铲削作业，在适宜的条件下可用于石方破碎的软石工程施工。此外，铲运机在井下采掘、石油开发、军事工程等场合，也得到了广泛的应用。

1.5.3 特点

（1）工作特点

我们常见的铲运机是一种能完成铲取物料、运输物料和卸料的综合性机构设备，它的基本动作循环是：将铲斗插入物料堆铲取物料，向后翻转铲斗，保持载荷提升物料到一定的高度，将载荷运送到目的地，倾卸物料，然后再返回，如此循环工作。因此，铲运机要求液压系统工作机构能有效地完成物料的提升和铲斗的翻转，同时要求工作时保持平稳。

（2）主要特点

① 多功能；

② 高速；

③ 长距离；

④ 大容量运土能力。

1.5.4 铲运机的型号编制规则（表1-5-1）

表1-5-1　铲运机的型号编制规则

<table>
<tr><th>类</th><th colspan="2">组</th><th colspan="2">型</th><th>特性</th><th colspan="2">产品</th><th colspan="2">主参数</th></tr>
<tr><th>名称</th><th>名称</th><th>代号</th><th>名称</th><th>代号</th><th>代号</th><th>名称</th><th>代号</th><th>名称</th><th>单位</th></tr>
<tr><td rowspan="5">铲土运输机械</td><td rowspan="5">铲运机</td><td rowspan="5">C(铲)</td><td rowspan="2">自行轮胎式</td><td rowspan="2">L(轮)</td><td>—</td><td>轮胎式铲运机</td><td>CL</td><td rowspan="5">斗的几何容积</td><td rowspan="5">m^3</td></tr>
<tr><td>S(双)</td><td>轮胎式双发动机铲运机</td><td>CLS</td></tr>
<tr><td>自行履带式</td><td>U(履)</td><td>—</td><td>履带式铲运机</td><td>CU</td></tr>
<tr><td rowspan="2">拖式</td><td rowspan="2">T(拖)</td><td>—</td><td>机械拖式铲运机</td><td>CT</td></tr>
<tr><td>Y(液)</td><td>液压拖式铲运机</td><td>CTY</td></tr>
</table>

例如：CTY9表示拖式液压铲运机，铲斗几何容积$9m^3$。

1.5.5 铲运机的结构（图1-5-1、图1-5-2）

铲运机的结构主要有车轮、牵引梁、车架、液压装置、带铲土机构的铲斗。工作时主要机构是液压装置和铲斗，操作人员通过控制液压装置来控制铲斗完成铲土和卸土动作。

铲运机包括车轮、牵引梁、车架、液压装置、带铲土机构的铲斗、支架机构和车架升降调整机构，其特征在于所述的带铲土机构的铲斗，由斗体、滑动挡板、转动挡板、铲刃和破土刀组成；在斗体的两侧壁上各有1个支杆轴和斗体转动支承轴孔，在斗体的两侧壁的前端

图 1-5-1　铲运机

内侧有滑道，铲刃焊固在斗体底的前端，破土刀焊固在铲刃上；滑动挡板和转动挡板设置在斗体的开口处，滑动挡板和转动挡板通过 2 个合页联结，2 个合页的两端出轴，分别插入斗体的两侧壁的前端内侧的滑道内；所述的支架机构，由挡板支杆、2 个侧支杆和前支杆组成，前支杆的前端由固定在车架前端的前支杆支承轴予以支承，前支杆的后端轴孔，套入挡板支杆，且位于挡板支杆的中部，挡板支杆固定在滑动挡板的上端，两端留有出轴，2 个侧支杆的前端有轴孔，其后端有滑槽，2 个侧支杆的前端轴孔分别套装在挡板支杆的两端出轴上，2 个侧支杆的后端滑槽，分别套装在斗体上的 2 个支杆轴上；2 个斗体支轴分别穿过斗体两侧壁上的 2 个斗体转动支承轴孔和车架两侧壁上的轴孔，液压装置的升降杆与固定在斗体后端的横轴联结；所述的车架升降调整机构，由丝杠、丝母盘和转盘组成，转盘固定在丝杠的顶端，丝母盘与车架连成一整体结构，丝杠旋进丝母盘，下端插入牵引梁上的丝杠端孔内。

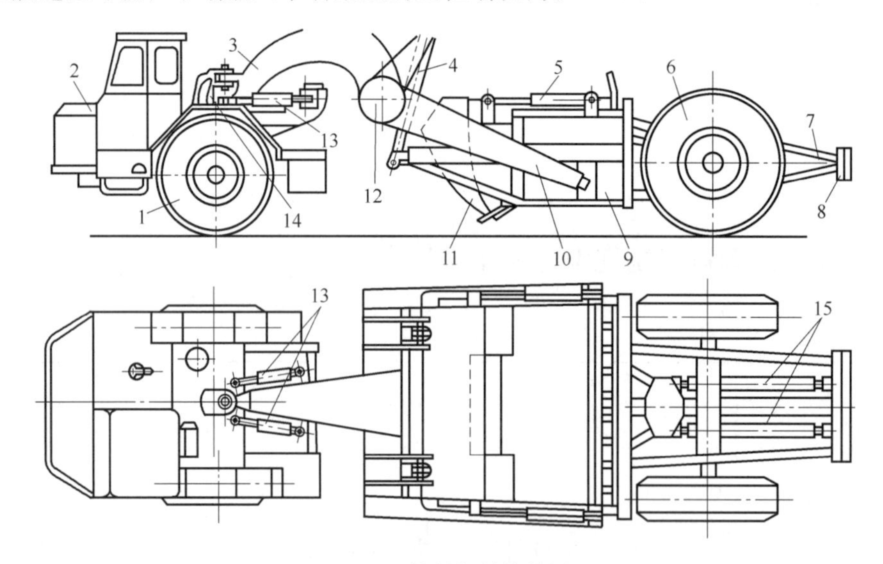

图 1-5-2　铲运机结构简图

1—前轮（驱动轮）；2—牵引车；3—猿架象鼻梁；4—提升油缸；5—斗门油缸；6—后轮；7—尾架；8—顶推板；9—铲斗体；10—猿架侧臂；11—斗门；12—猿架横梁；13—转向油缸；14—中央枢架；15—卸土板油缸

第2章

发动机基本知识

2.1 柴油机概述

2.1.1 柴油机的概念

柴油机是热机的一种，是将柴油这种燃料的化学能经过燃烧释放的热能转变为机械能的机器。

2.1.2 热机的概念

热机即热力发动机，借助工质的变化将燃料燃烧所产生的热能转变为机械能。

热机按照燃烧部位不同，可分为内燃机和外燃机。内燃机是指燃料在气缸内燃烧，产生热量，并将热能转变为机械能的发动机。外燃机是指燃料在气缸外燃烧，产生热量，并将热能转变为机械能的发动机。

2.1.3 内燃机的分类

内燃机种类繁多，根据不同特点有不同分类（表 2-1-1）。

表 2-1-1 内燃机的分类

分类方法	类别	含义
按冲程数分	二冲程内燃机	活塞经过两个行程完成一个工作循环的内燃机
	四冲程内燃机	活塞经过四个行程完成一个工作循环的内燃机
按着火方式分	点燃式内燃机	压缩气缸内的可燃混合气，并用外源点火燃烧的内燃机
	压燃式内燃机	压缩气缸内的空气或可燃混合气，产生高温，引起燃料着火的内燃机
按使用燃料种类分	液体燃料内燃机	燃烧液体燃料（汽油、柴油、醇类等）的内燃机
	气体燃料内燃机	燃烧气体燃料（液化石油气、天然气等）的内燃机
	多种燃料内燃机	能够使用着火性能差异较大的两种或两种以上燃料的内燃机
按进气状态分	非增压内燃机	进入气缸前的空气或可燃混合气未经压缩的内燃机。对于四冲程内燃机亦称自吸式内燃机
	增压内燃机	进入气缸前的空气或可燃混合气先经过压气机压缩，由此来增大充量密度的内燃机

续表

分类方法	类　别	含　　义
按冷却方式分	水冷式内燃机	用水冷却气缸和气缸盖等零件的内燃机
	风冷式内燃机	用空气冷却气缸和气缸盖等零件的内燃机
按气缸数分	单缸内燃机	只有一个气缸的内燃机
	多缸内燃机	具有两个或两个以上气缸的内燃机
按气缸的排列形式分	立式内燃机	气缸布置于曲轴上方且气缸中心线垂直于水平面的内燃机
	卧式内燃机	气缸中心线平行于水平面的内燃机
	直列式内燃机	具有两个或两个以上直立气缸，并呈一列布置的内燃机
	V形内燃机	具有两个或两列气缸，其中心线夹角呈V形，并共用一根曲轴输出功率的内燃机
	对置气缸式内燃机	两个或两列气缸分别排列在同一曲轴的两边呈180°夹角的内燃机
	斜置式内燃机	气缸中心线与水平面呈一定角度（不是直角）的内燃机
按用途分类		有机车用、拖拉机用、船用、坦克用、摩托车用、发电用、农用、工程机械用等内燃机

2.1.4 内燃机的基本术语

（1）上止点

上止点的理解如图2-1-1所示。

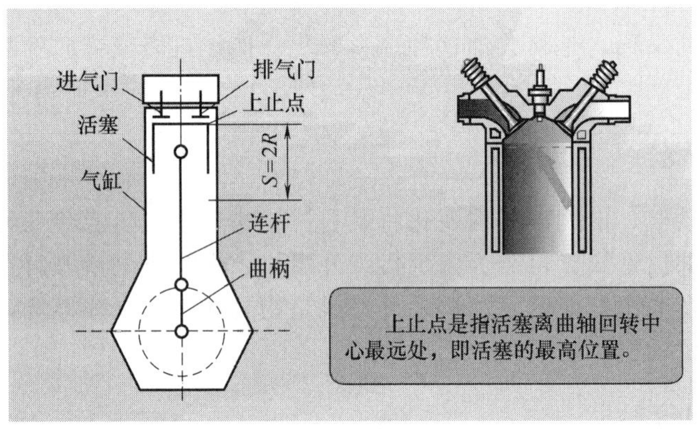

图2-1-1　上止点

（2）下止点

下止点的理解如图2-1-2所示。

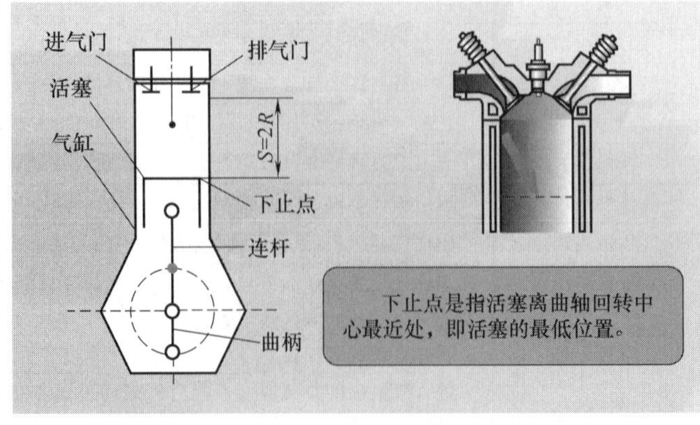

图2-1-2　下止点

(3) 活塞行程

活塞行程的理解如图 2-1-3 所示。

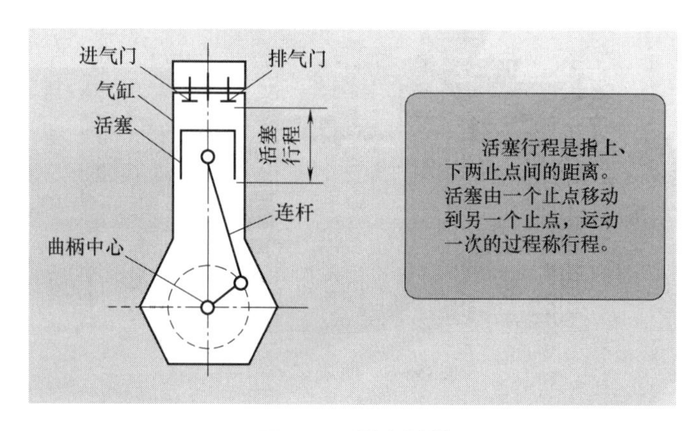

图 2-1-3 活塞行程

(4) 气缸工作容积

气缸工作容积的理解如图 2-1-4 所示。

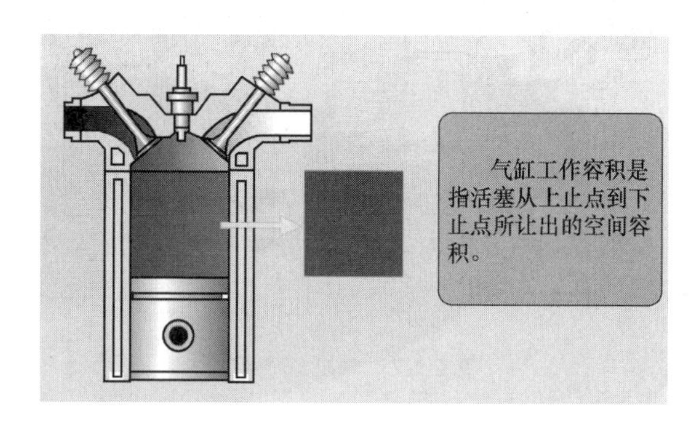

图 2-1-4 气缸工作容积

(5) 发动机排量

发动机排量的理解如图 2-1-5 所示。

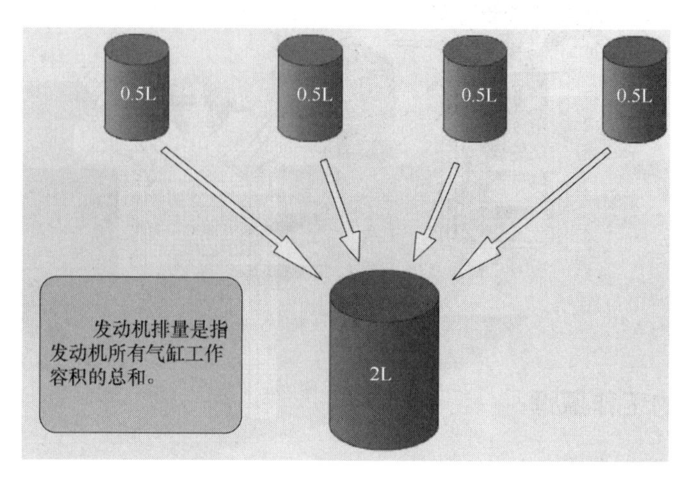

图 2-1-5 发动机排量

（6）燃烧室容积

燃烧室容积的理解如图 2-1-6 所示。

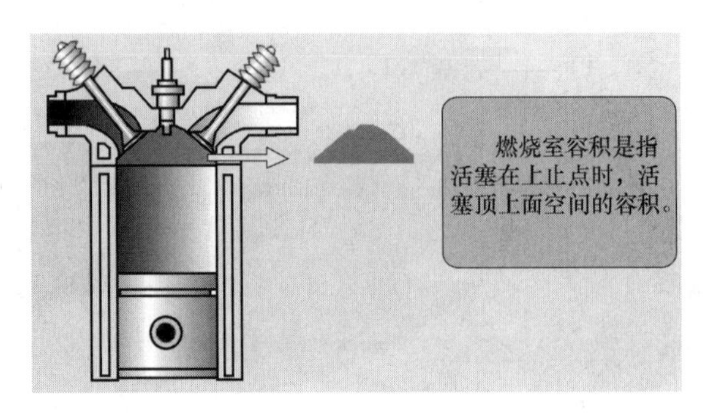

图 2-1-6　燃烧室容积

（7）气缸总容积

气缸总容积的理解如图 2-1-7 所示。

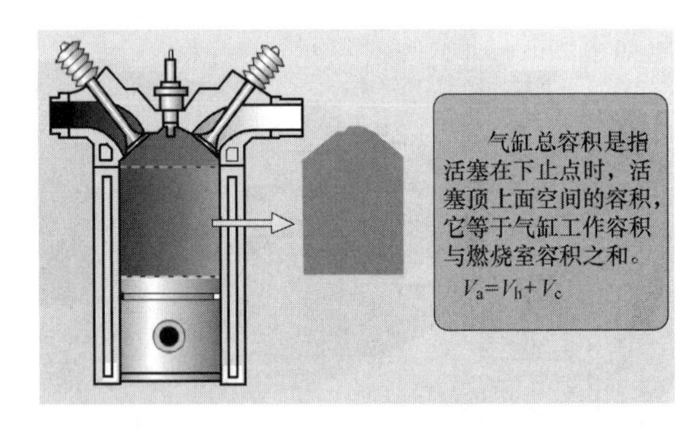

图 2-1-7　气缸总容积

（8）压缩比

压缩比的理解如图 2-1-8 所示。

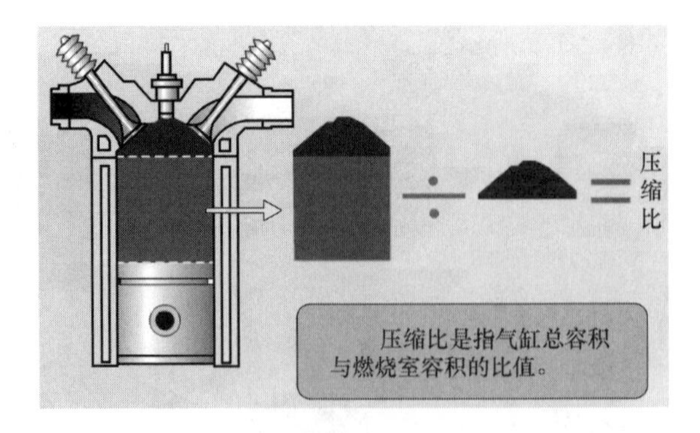

图 2-1-8　压缩比

2.1.5　柴油机的工作原理

柴油机的工作原理如图 2-1-9、表 2-1-2 所示。

柴油机工作时的各行程状态参数情况如表 2-1-3 所示。

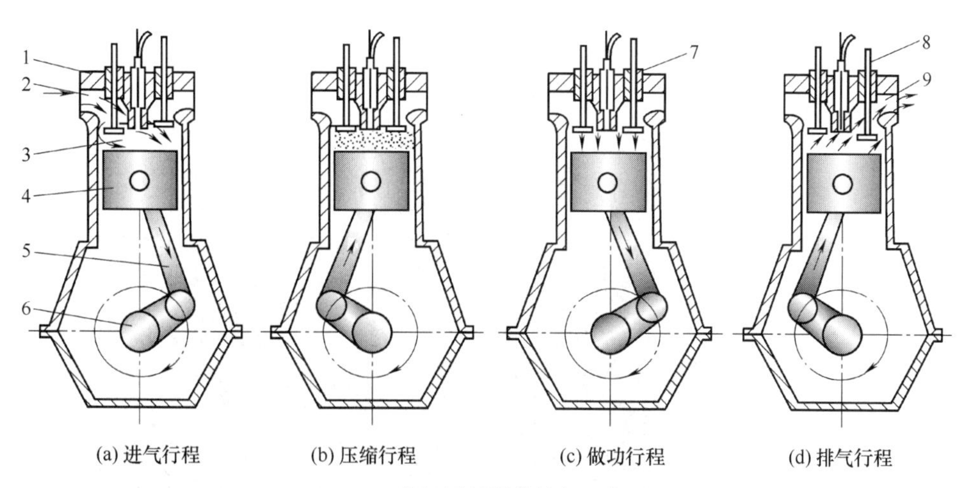

图 2-1-9　单缸四行程柴油机工作原理

1—气缸盖；2—进气门；3—燃烧室；4—活塞；5—连杆；6—曲轴；7—气门导管；8—排气门；9—排气歧管

表 2-1-2　单缸四行程柴油机工作原理

曲轴转角/(°)	行程	活塞	进气门	排气门	气缸内的压力	气缸内的温度
0～180	进气	上止点 ↓ 下止点	开	关	略＜P_0 P_0 为大气压	冷机：＝T_0 热机：＞T_0
180～360	压缩	上止点 ↑ 下止点	关	关	↑	↑
360～540	做功	上止点 ↓ 下止点	关	关	开始：↑↑ 终了：↓	开始：↑↑ 终了：↓
540～720	排气	上止点 ↑ 下止点	关	开	↓	↓

表 2-1-3　柴油机工作时各行程状态参数

行　　程	状　　态	
	温度/K	压力
进气行程	320～350	800～900kPa
压缩行程	800～1000	3～5MPa
做功行程	2200～2800(瞬时最高) 1500～1700(做功终了)	3～5MPa(瞬时最高) 300～500kPa(做功终了)
排气行程	800～1000	105～125kPa

2.1.6　柴油机总体构造

柴油机总体构造如图 2-1-10 所示。

(1) 曲柄连杆机构

① 组成：由机体组、活塞连杆组、曲轴飞轮组三部分组成。

② 功用：将燃料燃烧所产生的热能，经机构由活塞的直线往复运动转变为曲轴旋转运

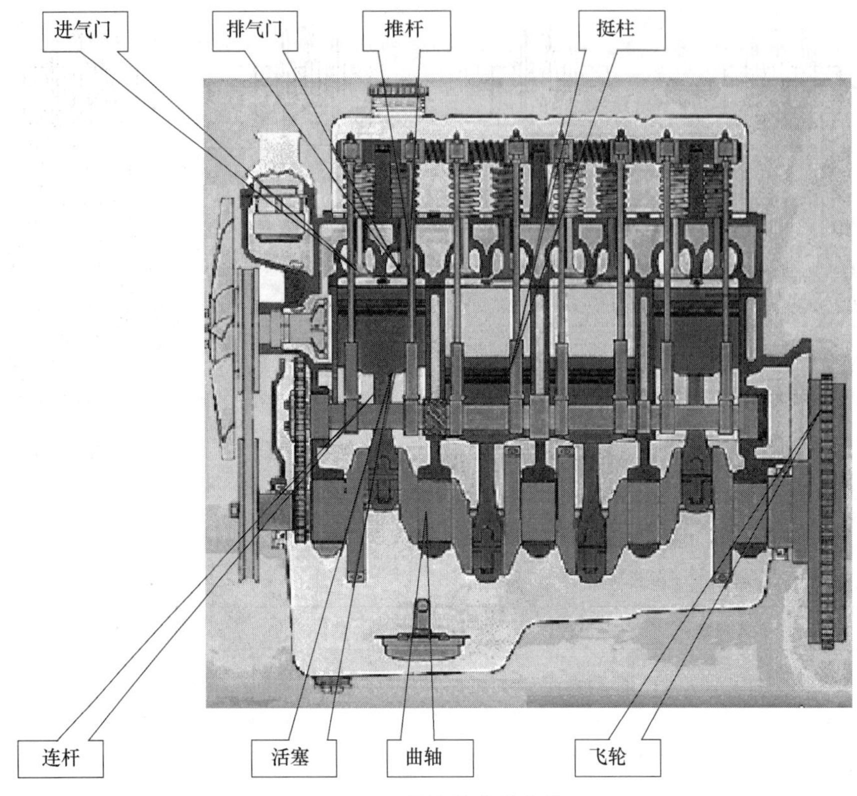

图 2-1-10　柴油机总体构造

动而对外输出动力。

机体是发动机各个机构、各个系统和一些其他部件的安装组件。

机体的许多部分还是配气机构、燃料供给系、冷却系和润滑系的组成部分。

（2）配气机构

① 组成：由进气门、排气门、气门弹簧等气门组件和挺杆、推杆、凸轮轴和正时齿轮等气门传动组件组成。

② 功用：使新鲜空气及时充入气缸，并使燃烧产生的废气及时排出气缸。

（3）燃料供给系

① 组成：燃油箱、输油泵、喷油泵、柴油滤清器、喷油器、高低压油管和回油管路等。

② 功用：在规定时刻向缸内喷入定量柴油，以调节发动机输出功率和转速。

（4）润滑系

① 组成：机油泵、润滑油道、集滤器、机油滤清器、限压阀、油底壳等。

② 功用：将润滑油送到各运动件的摩擦表面，以减少运动件的磨损与摩擦阻力，并有冷却、密封清洗、防腐防锈等作用。

（5）冷却系

分为：水冷式和风冷式。

工程机械柴油机一般采用水冷式。

① 组成：水泵、散热器、风扇、分水管、节温器和水套等。

② 功用：将受热零件的热量散发到大气中去，以保持适宜工作温度。

（6）起动系

① 组成：起动机、起动继电器。

② 功用：带动飞轮旋转以获得必要的动能和起动转速，使静止的发动机起动并转入自行运转状态。

(7) 进排气系统

① 组成：空气滤清器、涡轮增压器、中冷器、进排气管和排气消声器等。

② 功用：向气缸内供给新鲜和干净的空气，并将燃烧后的废气排出气缸。

2.1.7 内燃机型号编制规则

根据国家标准 GB/T 725—2008 规定，我国内燃机型号由以下四个部分组成：

① 内燃机名称按所采用的主要燃料来命名，如柴油机、汽油机、天然气机等。

② 内燃机型号应能反映内燃机的主要结构特征及性能。

内燃机型号由阿拉伯数字和汉语拼音字母或国际通用的英文缩略字母（以下简称字母）组成。

第一部分：由制造商代号或系列符号组成。本部分代号由制造商根据需要选择相应的 1～3 位字母组成。

第二部分：由气缸数、气缸布置形式符号、冲程型式符号、缸径符号等组成。气缸数用 1～2 位的数字表示；气缸布置形式按表 2-1-4 规定；冲程型式为四冲程时省略，二冲程用 E 表示；缸径符号一般用缸径或缸径/行程数字表示，亦可用发动机排量或功率表示，其单位由制作商自定。

第三部分：由结构特征符号和用途特征符号组成其符号分别按表 2-1-5、表 2-1-6 的规定。

第四部分：区分符号。同系列产品需要区分时，由制造厂选用适当符号表示。第三部分和第四部分可用“-”分隔。

第一部分　第二部分　第三部分　第四部分

[1] [2] [3] [4] [5] [6] [7] [8] [9]

以上方框中的数字表示如下：

1——制造商代号或系列符号　2——缸数

3——气缸布置形式符号　4——冲程型式符号

5——缸径或缸径/行程（亦可用发动机排量或功率表示）

6——结构特征符号　7——用途特征符号

8——燃料特征符号　9——区分符号

表 2-1-4 气缸布置形式符号

符号	含义	符号	含义
无符号	多缸直列及单缸	H	H 形
V	V 形	X	X 形
P	P 形		

注：其它布置形式符号见 GB/T 1883.1—2005。

表 2-1-5 结构特征符号

符号	结构特征	符号	结构特征
无符号	冷却液冷却	Z	增压
F	风冷	ZL	增压中冷
N	凝气冷却	DZ	可倒转
S	十字头式		

表 2-1-6　用途特征符号

符号	用途	符号	用途
无符号	通用型及固定动力(由制造商自定)	J	铁路机车
T	拖拉机	D	发电机组
M	摩托车	C	船用主机,右机基本型
G	工程机械	CZ	船用主机,左机基本型
Q	汽车	Y	农用三轮车(或其他农用车)

型号编制举例

（1）汽油机

1E65F：表示单缸，二行程，缸径 65mm，风冷通用型。

（2）柴油机

R175A：表示单缸，四行程，缸径 75mm，冷却液冷却（R 为系列代号、A 为区分代号）。

2.1.8　柴油机的性能指标

柴油机的性能指标是用来评价柴油机工作性能优劣的，它主要包括动力性能指标、经济性能指标、排放性能指标等方面。

（1）动力性能指标

① 有效转矩（M_e 或 T_e）(单位为 N・m 或 kg・m)。有效转矩指发动机飞轮端对外输出的实际转矩。

② 有效功率（P_e）(单位为 kW)。有效功率指发动机单位时间内对外实际做功的大小。

③ 柴油机转速。柴油机曲轴每分钟的回转数称为柴油机转速，用 n 表示，单位为 r/min。

④ 平均有效压力。单位汽缸工作容积发出的有效功称为平均有效压力，记作 P_{me}，单位为 MPa。

（2）经济性能指标

① 有效热效率。燃料燃烧所产生的热量转化为有效功的百分数，称为有效热效率，记作 η_e。

② 有效燃油消耗率。柴油机每输出 1kW・h 的有效功所消耗的燃油量称为有效燃油消耗率，记作 g_e，单位为 g/(kW・h)。

（3）排放性能指标

① 排放性能指标。排放指标主要有一氧化碳（CO）、各种碳氢化合物（HC）、氮氧化物（NO_x）、PM（微粒，炭烟），它们都是柴油机在燃烧做功过程中产生的有害气体。

② 欧洲排放标准。以下是欧洲汽油机和柴油机的排放指标，如表 2-1-7 所示。

表 2-1-7　欧洲汽油机和柴油机的排放指标

汽油机						
标准类别	实施时间	HC	CO	NO_x	CO+ NO_x	PM
欧洲Ⅰ标准	1995 年底前	2.72(3.16)	—	—	0.97(1.13)	—
欧洲Ⅱ标准	1996～2000 年	2.2	—	—	0.5	—

续表

汽油机						
标准类别	实施时间	HC	CO	NO_x	CO+ NO_x	PM
欧洲Ⅲ标准	2000～2005 年	2.3	0.2	0.15	—	—
欧洲Ⅳ标准	2005 年底起	1.0	0.1	0.08	—	—
欧洲Ⅴ标准	2009 年 9 月起	1.0	0.1	0.06	—	0.005
欧洲Ⅵ标准	2014 年 9 月起	1.0	0.1	0.06	—	0.005
柴油机						
标准类别	实施时间	HC	CO	NO_x	CO+ NO_x	PM
欧洲Ⅰ标准	1995 年底前	2.72(3.16)	—	—	0.97(1.13)	0.14(0.18)
欧洲Ⅱ标准	1996～2000 年	1.0	—	—	0.7	0.08
欧洲Ⅲ标准	2000～2005 年	0.64	—	0.5	0.56	0.05
欧洲Ⅳ标准	2005 年底起	0.5	—	0.25	0.3	0.025
欧洲Ⅴ标准	2009 年 9 月起	0.5	—	0.18	0.23	0.005
欧洲Ⅵ标准	2014 年 9 月起	0.5	—	0.08	0.17	0.005

注：1. 在欧洲Ⅴ标准（Euro5）以前，重于 2500kg 的轿车被归类为轻型商用车辆。

2. 括号内的数字为生产一致性排放限值。

2.2　曲柄连杆机构

2.2.1　曲柄连杆机构的功用

曲柄连杆机构是将燃料燃烧所产生的热能，经机构由活塞的直线往复运动转变为曲轴旋转运动而对外输出动力的。

2.2.2　曲柄连杆机构的组成

曲柄连杆机构由机体组、活塞连杆组、曲轴飞轮组三部分组成。

2.2.2.1　机体组

（1）气缸盖

① 气缸盖的作用。从上部密封气缸，与活塞顶部和气缸壁一起构成燃烧室。

② 气缸盖的材料。灰铸铁或合金铸铁铸成。铝合金的导热性好，有利于提高压缩比，所以近年来铝合金气缸盖越来越多。

③ 气缸盖的类型。分单体式气缸盖、块状气缸盖和整体式气缸盖三种。

单体式气缸盖只覆盖一个气缸，块状气缸盖能覆盖部分（二个以上）气缸，整体式气缸盖能覆盖所有气缸。

④ 气缸盖的结构。形状复杂，由水套、进排气门座和气门导管孔、喷油器孔、凸轮轴轴承孔（顶置凸轮轴式）、燃烧室组成。

⑤ 气缸盖的检修。

a. 气缸盖裂纹

（a）产生的部位：多在进、排气门座之间。

（b）产生的原因：气门座或气门导管配合过盈量过大与镶换工艺不当。

（c）修理：出现裂纹应更换。

b. 气缸盖的变形

（a）产生原因：拆装时未按拆装要求进行。比如气缸盖螺栓拆装的顺序、螺栓拆装的方向以及力矩的大小等方面有误造成气缸盖的变形。

（b）检测：进行平面度检测。

量具：厚薄规、直尺

平面度要求：在100mm长度上应不大于0.03mm，全长应不大于0.1mm。

检测方法：将直尺放到气缸盖平面上，然后用厚薄规测量直尺与平面间的间隙，即为平面度的误差值。

（2）气缸垫

① 气缸垫的作用是保证气缸盖与气缸体接触面的密封，防止漏气、漏水和漏油。

② 气缸垫的结构。目前应用较多的是铜皮——石棉结构的气缸垫，其翻边处有三层铜皮，压紧时不易变形。有的气缸垫还采用在石棉中心用编织的钢丝网或有孔钢板为骨架，两面用石棉及橡胶胶黏剂压成。有的采用实心有弹性的金属片作为气缸垫，以适应发动机强化要求。

③ 气缸垫的安装要求。光滑的一面朝向气缸体，否则容易被高压气体冲坏。气缸垫上的孔要和气缸体上的孔对齐。拧紧气缸盖螺栓时，必须由中央对称地向四周扩展的顺序分2～3次进行，最后一次拧紧到规定的力矩。

安装时，应注意将卷边朝向易修整的接触面或硬平面。气缸盖和气缸体同为铸铁时，卷边应朝向气缸盖（易修整面），而气缸盖为铝合金，气缸体为铸铁时，卷边应朝向气缸体。

④ 气缸垫的更换。气缸垫一经被拆卸则不能再安装使用，应更换新的气缸垫。

（3）气缸体

① 气缸体的工作条件。

a. 三高一腐蚀一不良：高温、高速、高压、有腐蚀、润滑不良。

b. 工作条件原因。

（a）气缸是燃烧室组成的一部分。发动机在进行工作时，气缸内的压力较大，温度较高，且润滑不良。

（b）发动机在工作时，活塞运行速度较快，活塞环与气缸壁相互之间的运行速度较快，磨损加剧。

（c）冷却液或防冻液对气缸有腐蚀作用，如果成分、浓度选择不当，会使腐蚀程度更严重。

② 气缸体的结构。气缸体由气缸、曲轴支承孔、曲轴箱（曲轴运动的空间）、加强筋、冷却水套、润滑油道等组成。

③ 气缸体的功用。气缸体是发动机各个机构和系统的装配基体，并由它来保持发动机各运动件相互之间的准确位置关系。

④ 气缸体的材料。一般采用灰铸铁、球墨铸铁或合金铸铁制造。有些发动机为了减轻质量、加强散热而采用铝合金缸体。

⑤ 对气缸体的要求。气缸体具有足够的强度、刚度和良好的耐热及腐蚀性等。

⑥ 气缸体的分类。气缸体与油底壳组成了曲轴运动空间，这个空间称为曲轴箱。曲轴箱的结构形式有平分式、龙门式、隧道式三种，如表2-2-1所示：

表 2-2-1　曲轴箱的结构形式

结构形式	定义	特点	应用	图形
平分式	主轴承座孔中心线位于曲轴箱分开面上	优点是机体高度小，重量轻，结构紧凑，加工方便；缺点是刚度和强度较差。与油底壳接合面的密封较困难	中小型发动机	
龙门式	主轴承座孔中心线高于曲轴箱分开面	优点是刚度较大，能承受较大的机械负荷；缺点是工艺性较差，加工较困难	大中型发动机。现在轿车发动机多为龙门式	
隧道式	主轴承座孔不分开	主轴承座孔不分开，采用滚动轴承，主要优点是主轴承孔的同轴度好，刚度和强度大，缺点是曲轴拆装不方便	负荷较大的柴油机	

(4) 气缸

① 作用。气缸是燃烧做功的场所。为了节省贵金属材料，降低成本，方便维修，现代公路工程机械广泛采用镶入缸体内的气缸套。

② 气缸的排列形式。对于多缸柴油机来讲，气缸的排列形式决定了柴油机的外形结构，对气缸的刚度和强度也有影响，并且在一定程度上关系到工程机械的总体布置情况。

工程机械柴油机的气缸排列形式基本上有三种（图 2-2-1）：

a. 直列式。所谓的直列式是指直列式柴油机各个气缸排成一列，一般是垂直布置的。为了降低柴油机的高度，有时也把气缸布置成倾斜或水平位置。

b. V 形。这种结构的柴油机缩短了机体长度和高度，增加了气缸体的刚度，减轻了柴油机的质量，同时也加大了柴油机的宽度，且形状较复杂，加工困难。一般情况下，V 形缸体左右两列气缸的夹角通常为 60°或 90°，而且夹角越大，柴油机的高度就越小。对于柴油机而言，一般 6 缸以上的柴油机都是这样布置。

c. 对置式。柴油机气缸排成两列，左右两列气缸在同一水平面上。其优点是：大大减小了柴油机的高度，常应用在赛车上。

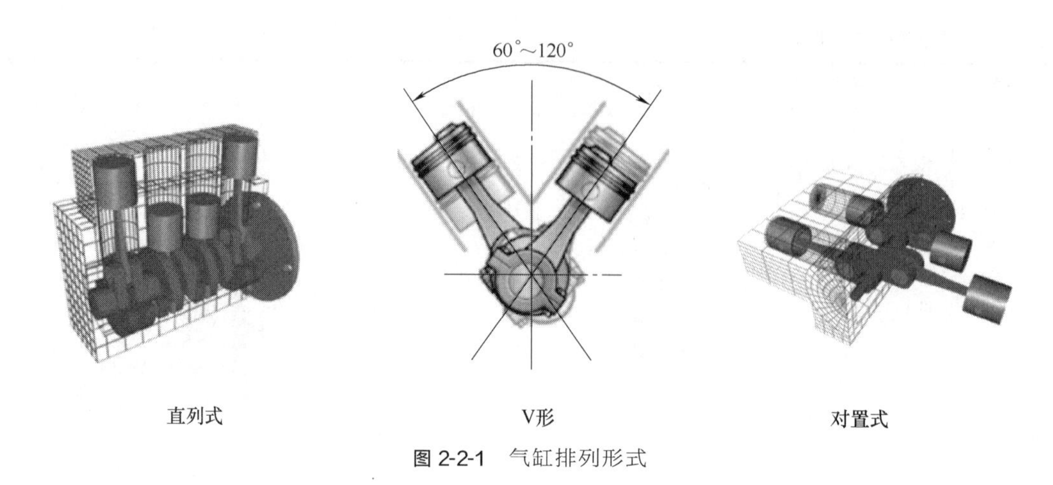

图 2-2-1　气缸排列形式

③ 对气缸的要求。三耐：耐高温、耐磨损、耐腐蚀。

④ 气缸的分类。

a. 整体式。

(a) 定义：直接在气缸体上制出的气缸。

(b) 特点：强度、刚度好；承受载荷大；成本高。

b. 镶套式。

(a) 定义：用耐磨的优质材料制成气缸套，装到气缸体内的气缸。

(b) 特点：便于修理和更换，维修成本低。

(5) 气缸套

有干式气缸套和湿式气缸套两类。

① 干式气缸套。

a. 定义：外壁不直接与冷水接触，而和气缸体的壁面直接接触，壁厚一般是 1～3mm。

b. 特点：强度和刚度都较好，但加工比较复杂，内、外表面都需要进行精加工，拆装不方便，散热不良。

② 湿式气缸套。

a. 定义：外壁直接与冷却水接触，气缸套仅在上、下各有一圆环地带和气缸体接触，壁厚一般为 5～9mm。

b. 特点：散热良好，冷却均匀，加工容易，通常只需要精加工内表面，而与水接触的外表面不需要加工，拆装方便，但其强度、刚度不如干式气缸套好，而且容易产生漏水现象，所以常加橡胶密封圈等防止漏水，使用和维修时应密切注意，否则将产生冷却液漏入油底壳的严重后果。

2.2.2.2　活塞连杆组

活塞连杆组是曲柄连杆机构的三大组件之一，主要包括活塞、连杆、活塞销、活塞环等，其结构如图 2-2-2 所示。

(1) 活塞

① 功用与工作条件。

a. 功用。活塞用来封闭气缸，并与气缸盖、气缸壁共同构成燃烧室，承受气缸中气体压力并通过活塞销和连杆传给曲轴。

b. 工作条件。

高温——600～700K；高压——5～9MPa；高速——4000～6000r/min。

c. 要求：活塞应有足够的强度和刚度，质量尽可能小，导热性要好，要有良好的耐热性、耐磨性，温度变化时，尺寸及形状的变化要小。

d. 材料：铝合金。有的用高级铸铁或耐热钢。

② 活塞的结构。活塞的基本结构可分为顶部、头部和裙部三个部分，如图 2-2-3 所示。

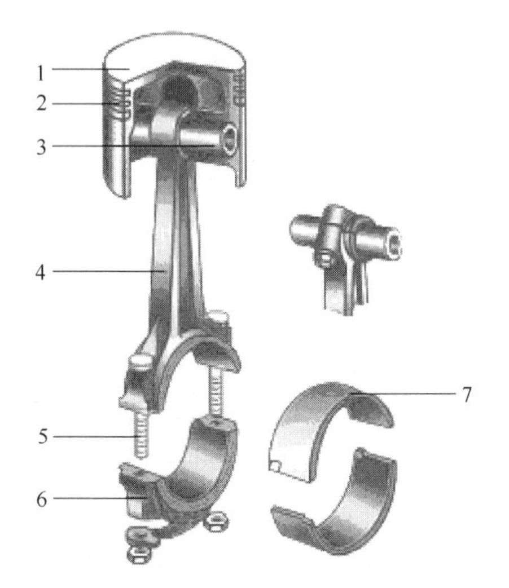

图 2-2-2 活塞连杆组件

1—活塞；2—活塞环；3—活塞销；4—连杆；5—连杆螺栓；6—连杆盖；7—连杆轴瓦

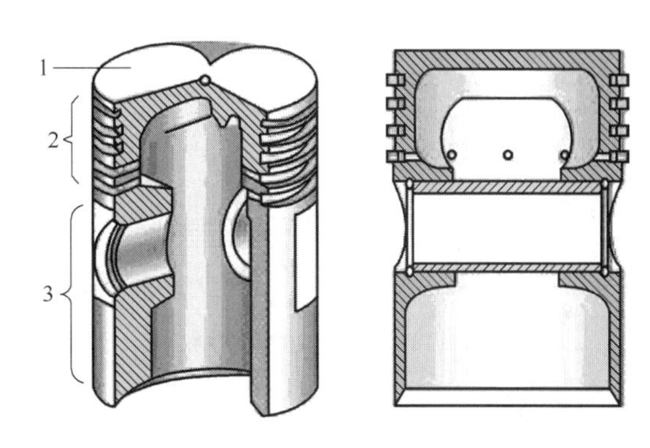

图 2-2-3 活塞的结构

1—活塞顶部；2—活塞头部；3—活塞裙部

a. 活塞顶部：活塞顶部是燃烧室的组成部分，用来承受气体压力。

根据活塞顶部不同可分为平顶活塞、凸顶活塞、凹顶活塞，如图 2-2-4 所示。

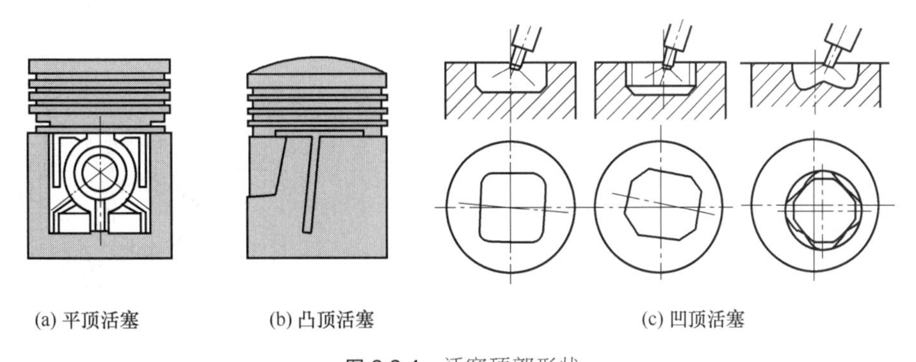

图 2-2-4 活塞顶部形状

平顶活塞顶部是一个平面，结构简单，制造容易，受热面积小，顶部应力分布较为均匀，一般用在汽油机上，柴油机很少采用。

凸顶活塞的顶部凸起，起导向作用，有利于改善换气过程。二行程汽油机常采用凸顶活塞。

凹顶活塞顶部呈凹陷形，凹坑的形状和位置必须有利于可燃混合气的形成和燃烧。凹顶的大小还可以用来调节发动机的压缩比。凹顶通常有方形凹坑、ω 形凹坑、双涡流凹坑、球形凹坑等。

有些活塞顶部打有各种记号，如图 2-2-5 所示，用以显示活塞及活塞销的安装和选配要求，应严格按要求进行。

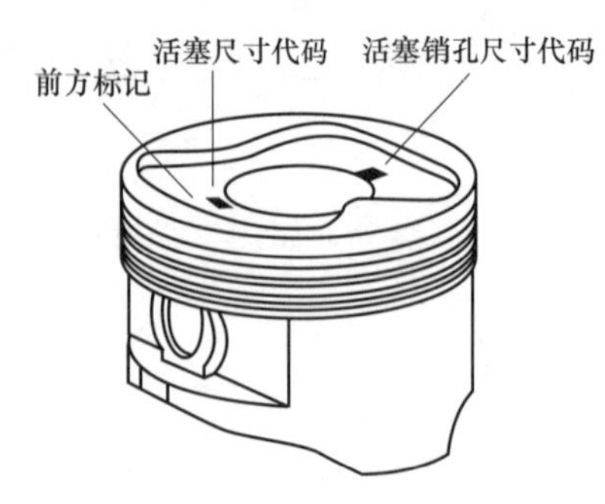

图 2-2-5　活塞顶部

b. 活塞头部（防漏部）：活塞头部指第一道活塞环槽到活塞销孔以上的部分。它有数道环槽，用以安装活塞环。为了提高第一道环槽的耐热和耐磨性，有的在第一道环槽部位铸入耐热合金钢护圈。

c. 活塞裙部：活塞裙部指从油环槽下端面起至活塞最下端的部分。活塞裙部对活塞在气缸内的往复运动起导向作用，并承受气体侧压力。

为了使活塞在正常工作温度下与气缸壁保持比较均匀的间隙，以免在气缸内卡死或加大局部磨损，必须在冷态下预先把活塞裙部加工成不同的形状，如图 2-2-6 所示。

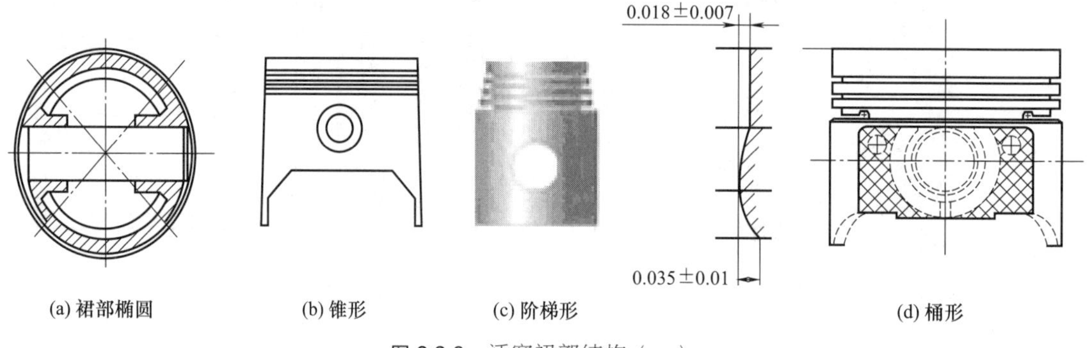

图 2-2-6　活塞裙部结构（一）

（a）预先将活塞裙部加工成椭圆形，椭圆的长轴方向与销座垂直。

（b）预先将活塞裙部做成锥形、阶梯形或桶形。

（c）预先在活塞裙部开槽［图 2-2-7（a）］。在裙部开横向的隔热槽，可以减小活塞裙部

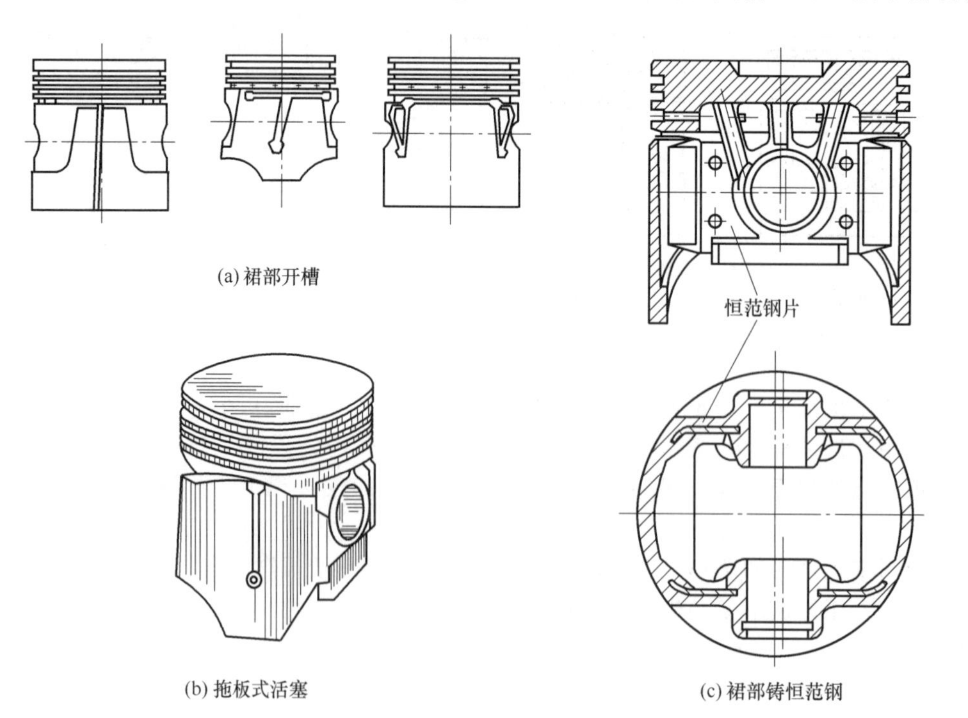

图 2-2-7　活塞裙部结构（二）

的受热量；在裙部开纵向膨胀槽，可以补偿裙部受热后的变形量。槽的形状有“T”形或“Π”形。裙部开竖槽后，会使其开槽的一侧刚度变小，在装配时应使其位于做功行程中承受侧压力较小的一侧。通常柴油机活塞受力大，裙部一般不开槽。

(d) 拖板式活塞［图 2-2-7 (b)］。在许多高速汽油机上，为了减轻活塞重量，把裙部不受侧压力的两边切去一部分或开孔，以减小惯性力，减小销座附近的热变形量，称拖板式活塞。该结构裙部弹性好，质量小，活塞与气缸的配合间隙较小。

(e) 裙部铸恒范钢［图 2-2-7 (c)］。为了减小铝合金活塞裙部的热膨胀量，有些汽油机活塞在活塞裙部或销座内铸入热膨胀系数低的恒范钢片。恒范钢为低碳铁镍合金，其膨胀系数仅为铝合金的 1/10，而销座通过恒范钢片与裙部相连，牵制了裙部的热膨胀变形量。

(f) 活塞销孔偏置结构（图 2-2-8）。有些高速汽油机的活塞销孔中心线偏离活塞中心线平面，向做功行程中受侧压力的一方偏移了 1～2mm。这种结构可使活塞在压缩行程到做功行程中较为柔和地从压向气缸的一面过渡到压向气缸的另一面，以减小敲缸的声音。在安装时要注意，活塞销偏置的方向不能装反，否则换向敲击力会增大，使裙部受损。

(2) 活塞环

① 功用与工作条件。活塞环按其主要功用可分为气环和油环两类。

a. 功用：气环的功用是保证活塞与气缸壁间的密封，防止气缸中的气体窜入曲轴箱；同时还将活塞头部的热量传给气缸，再由冷却水或空气带走；另外，还起到刮油、布油的辅助作用。

油环的功用是用来将气缸壁上多余的机油刮回油底壳，并在气缸壁上均匀地布油，这样既可以防止机油窜入燃烧室，又可以减小活塞、活塞环与气缸的摩擦力和磨损；此外，油环也兼起密封作用。

b. 工作条件：高温；高压；高速；润滑困难。

c. 要求：活塞环的材料应有良好的耐热性、导热性、耐磨性、磨合性、韧性和足够的强度及弹性等。

② 活塞环的结构。

♯气环

a. 气环的密封原理（图 2-2-9）：气环开有切口，具有弹性，在自由状态下外径大于气缸直径，它与活塞一起装入气缸后，外表面紧贴在气缸壁上，形成第一密封面；被封闭的气体不能通过环周与气缸之间，便进入了环与环槽的空隙，一方面把环压到环槽端面形成第二

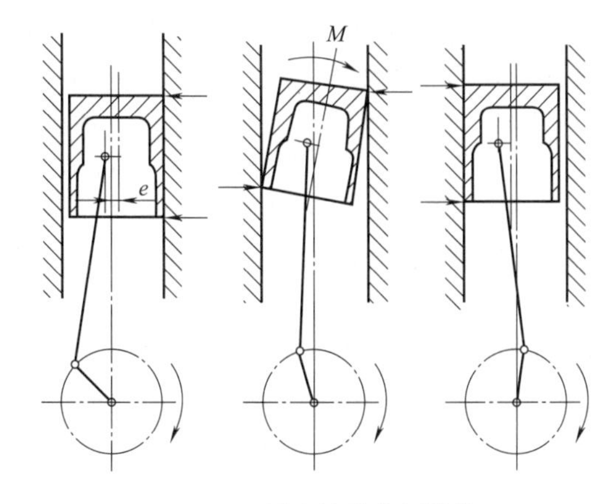

图 2-2-8　活塞销孔偏置结构

e—偏移量；M—力矩

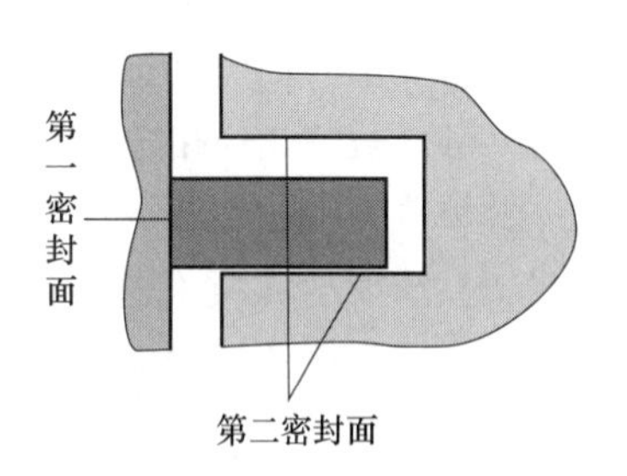

图 2-2-9　气环密封原理

密封面，另一方面，作用在环背的气体压力又大大加强了第一密封面的密封作用。

汽油机一般采用 2 道气环，柴油机一般采用 3 道气环。

b. 活塞环的泵油作用：由于侧隙和背隙的存在，当发动机工作时，活塞环便产生了泵油作用。其原理是：活塞下行时，环靠在环槽的上方，环从缸壁上刮下来的润滑油充入环槽下方；当活塞上行时，环又靠在环槽的下方，同时将机油挤压到环槽上方，如图 2-2-10 所示。

c. 气环的断面形状：气环的断面形状（图 2-2-11）很多，常见的有矩形环、扭曲环、锥面环、梯形环和桶面环。

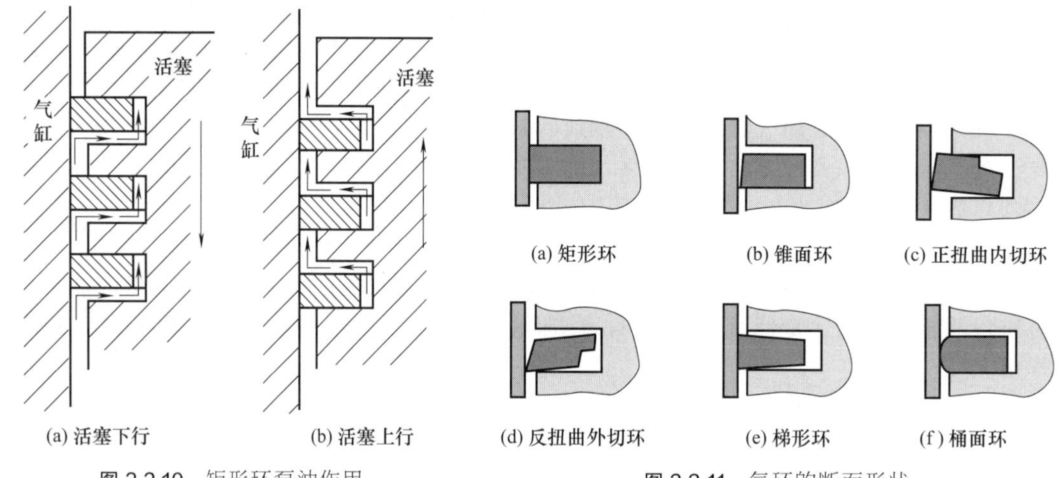

图 2-2-10　矩形环泵油作用

图 2-2-11　气环的断面形状

(a) 矩形环：其断面为矩形，结构简单，制造方便，易于生产，应用最广。但矩形环随活塞往复运动时，会把气缸壁面上的机油不断送入气缸中（图 2-2-10）。这种现象称为“气环的泵油作用”。

(b) 锥面环［图 2-2-11（b）］：其断面呈锥形，在外圆工作面上加工一个很小的锥面（0.5°～1.5°），减小了环与气缸壁的接触面，提高了表面接触压力，有利于磨合和密封。活塞下行时，便于刮油；活塞上行时，由于锥面的“油楔”作用，能在油膜上“飘浮”过去，减小磨损，安装时，不能装反，否则会引起机油上窜。

(c) 扭曲环［图 2-2-11（c）、(d)］：扭曲环是在矩形环的内圆上边缘或外圆下边缘切去一部分，使断面呈不对称形状，在环的内圆部分切槽或倒角的称内切环，在环的外圆部分切槽或倒角的称外切环。装入气缸后，由于断面不对称，外侧作用力合力 F_1［图 2-2-12（b）］与内侧作用力合力 F_2 之间有一力臂 e，产生了扭曲力矩，使活塞环发生扭曲变形。活塞上行时，扭曲环在残余油膜上“浮过”，可以减小摩擦和磨损。活塞下行时，则有刮油效果，避免机油上窜。同时，由于扭曲环在环槽中上、下跳动的行程缩短，可以减轻“泵油”的副作用。目前被广泛应用于第 2 道活塞环槽上，安装时必须注意断面形状和方向，内切口朝上，外切口朝下，不能装反。

(d) 梯形环［图 2-2-11（e）］：其断面呈梯形，工作时，梯形环在压缩行程和做功行程中随着活塞受侧压力的方向不同而不断地改变位置，这样会把沉积在环槽中的积炭挤出去，避免了环被粘在环槽中而折断。可以延长环的使用寿命。缺点是加工困难，精度要求高。

(e) 桶面环［图 2-2-11（f）］：桶面环的外圆为凸圆弧形。当桶面环上下运动时，均能与气缸壁形成楔形空间，使机油容易进入摩擦面，减小磨损。由于它与气缸呈圆弧接触，故对气缸表面的适应性和对活塞偏摆的适应性均较好，有利于密封，但凸圆弧表面加工较困难。

♯油环：油环有普通油环和组合油环两种（图 2-2-13）。

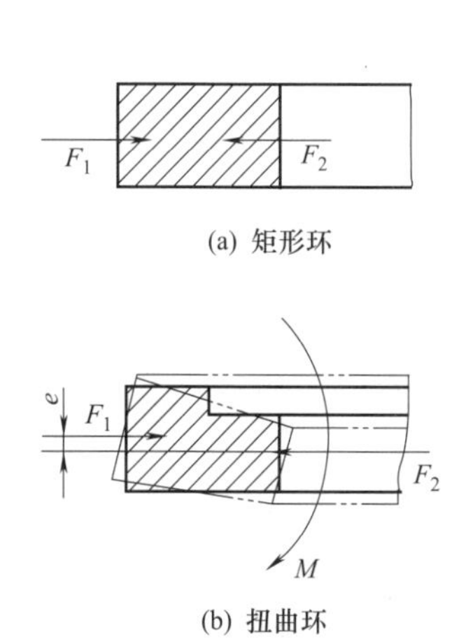

图 2-2-12 扭曲环作用原理

F_1——外侧作用力合力；F_2—内侧作用力合力；

e—力臂；M—力矩

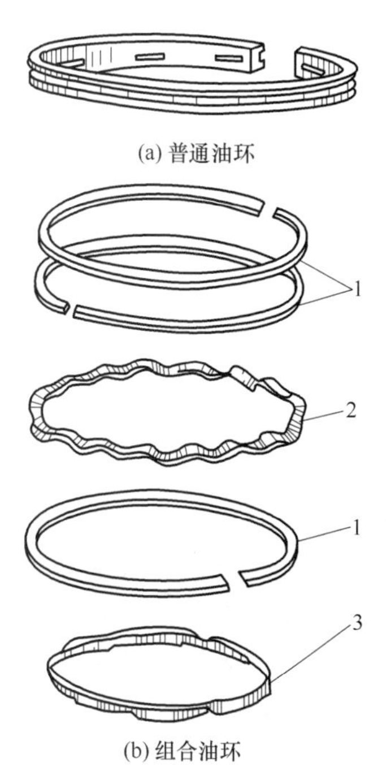

图 2-2-13 油环

1—刮油钢片；2—轴向衬环；

3—径向衬环

（a）普通油环。

（b）组合式油环：它由上下数片刮油钢片 1 与中间的扩张器组成。扩张器由轴向衬环 2 和径向衬环 3 组成，轴向衬环产生轴向弹力，径向衬环产生径向弹力，使刮油钢片紧紧压向气缸壁和活塞环槽。刮油钢片 1 表面镀铬，很薄，刮油效果好；而且数片刮油钢片彼此独立，对气缸壁面适应性好；回油通路大，重量轻。近年来公路工程机械发动机上越来越多地采用了组合式油环，缺点主要是制造成本高。

（3）活塞销

① 功用。活塞销的功用是连接活塞与连杆小头，将活塞承受的气体作用力传给连杆。

② 材料。活塞销一般用低碳钢或低碳合金钢制造，先经表面渗碳处理，以提高表面硬度，并保证芯部具有一定的冲击韧性；然后进行精磨和抛光。

③ 活塞销与活塞销座孔和连杆小头的连接方式

一般有以下两种形式如图 2-2-14 所示：

a. 全浮式：指当发动机工作时，活塞销、连杆小头和活塞销座都有相对运动，使磨损均匀。活塞销两端装有卡环 5，进行轴向定位。由于铝活塞热膨胀量比钢大，为了保证高温工作时活塞销与活塞销座孔有正常间隙（0.01～0.02mm），在冷态时为过渡配合，装配时，应先把铝活塞加热到一定程度，再把活塞销装入。

b. 半浮式：活塞中部与连杆小头采用紧固螺栓连接，活塞销只能在两端销座内作自由摆动，而和连杆小头没有相对运动。活塞销不会作轴向窜动，不需要卡环，小轿车上应用较多。

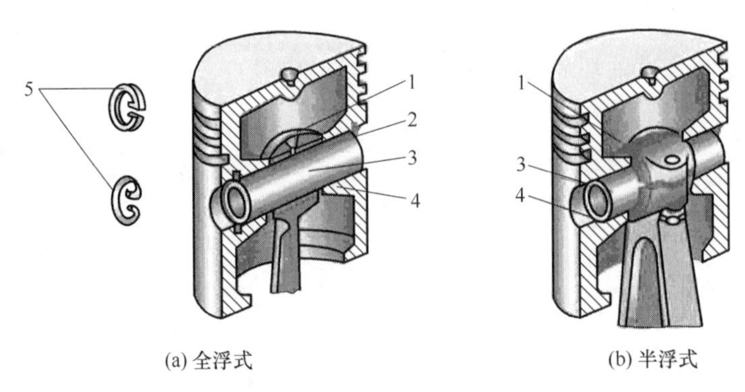

(a) 全浮式　　(b) 半浮式

图 2-2-14　活塞销的连接方式

1—连杆小头；2—连杆衬套；3—活塞销；4—活塞销座；5—卡环

（4）连杆

① 组成与功用。

a. 组成。连杆组件由杆身、连杆盖、连杆螺栓和连杆轴承等部分组成。

b. 功用。将活塞承受的力传给曲轴，使活塞的往复运动转变为曲轴的旋转运动。

c. 工作条件。受到压缩、拉伸和弯曲等交变载荷。

d. 要求。在质量尽可能小的条件下有足够的刚度和强度。

e. 材料。中碳钢或中碳合金钢经模锻或辊锻而成，然后进行机加工或热处理。

② 连杆的结构。连杆由小头、杆身和大头（包括连杆盖）三部分组成。

连杆小头：连杆衬套（青铜）（半浮式活塞销没有）。

连杆杆身："工"字形断面，抗弯强度好，重量轻，大圆弧过渡，且上小下大，采用压力法润滑的连杆，杆身中部制有连通大、小头的油道。

连杆大头的切口形式分为平切口和斜切口两种。

连杆大头：有整体式和分开式两种。一般都采用分开式，分开式又分为平分和斜分两种，如图 2-2-15 所示。

平分式——分面与连杆杆身轴线垂直，汽油机多采用这种连杆。因为一般汽油机连杆大头的横向尺寸都小于气缸直径，可以方便地通过气缸进行拆装。

斜分式——分面与连杆杆身轴线成 30°～60°夹角。柴油机多采用这种连杆。因为，柴油机压缩比大，受力较大，曲轴的连杆轴颈较粗，相应的连杆大头尺寸往往超过了气缸直径，为了使连杆大头能通过气缸，便于拆装，一般都采用斜切口。斜切口的连杆盖安装时应注意方向。

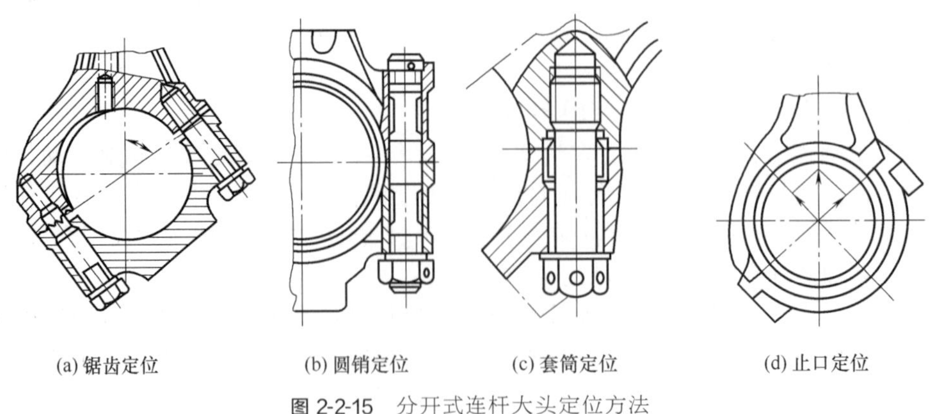

(a) 锯齿定位　　(b) 圆销定位　　(c) 套筒定位　　(d) 止口定位

图 2-2-15　分开式连杆大头定位方法

连杆盖与连杆的定位：把连杆大头分开可取下的部分叫连杆盖，连杆与连杆盖配对加工，加工后，在它们同一侧打上配对记号，安装时不得互相调换或变更方向。为此，在结构上采取了定位措施。平切口连杆盖与连杆的定位多采用连杆螺栓定位，利用连杆螺栓中部精加工的圆柱凸台或光圆柱部分与经过精加工的螺栓孔来保证（图 2-2-15）。斜切口连杆常用的定位方法有锯齿定位、圆销定位、套筒定位和止口定位（图 2-2-15）。

③ 连杆螺栓及其锁止。

连杆螺栓：采用优质合金钢，并经精加工和热处理特制而成，损坏后绝不能用其它螺栓来代替。安装连杆盖拧紧连杆螺栓螺母时，要用扭力扳手分 2～3 次交替均匀地拧紧到规定的扭矩，拧紧后还应可靠地锁紧。

连杆大头在安装时，必须紧固可靠。连杆螺栓必须按原厂规定的力矩，分 2～3 次均匀地拧紧。为了可靠起见，还必须采用锁止装置，如防松胶、开口销、双螺母、自锁螺母及其螺纹表面镀铜等，以防工作时自动松动。

（5）连杆轴承（也叫连杆轴瓦）

连杆轴瓦（图 2-2-16）：分上、下两个半片，瓦上制有定位凸键。

轴瓦材料目前多采用薄壁钢背轴瓦，在其内表面浇铸有耐磨合金层。耐磨合金层具有质软、容易保持油膜、磨合性好、摩擦阻力小、不易磨损等特点。耐磨合金常采用的有巴氏合金、铜铝合金和高锡铝合金。

V 形发动机叉形连杆有如下三种形式（图 2-2-17）：

① 并列式：相对应的左右两缸连杆并列安装在同一连杆轴颈上。

② 主副式：一列气缸为主连杆，直接安装在连杆轴颈上，另一列连杆为副连杆，铰接在主连杆大头（或连杆盖）上的两个凸耳之间。

③ 叉式：左右对应的两列气缸连杆中，一个连杆大头做成叉形，跨于另一个连杆厚度较小的大头两端。

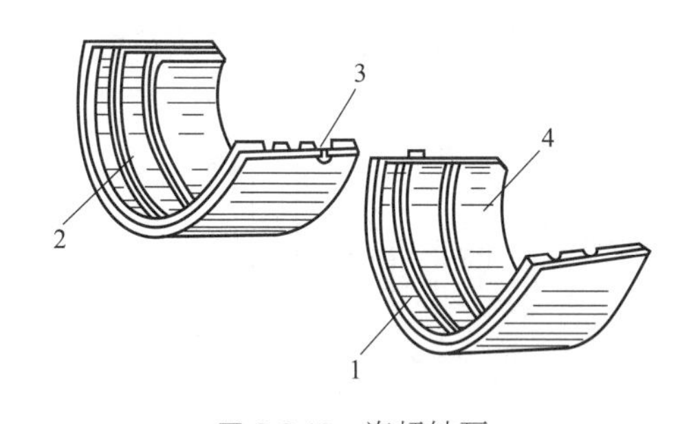

图 2-2-16　连杆轴瓦

1—钢背；2—油槽；3—定位凸键；4—减摩合金层

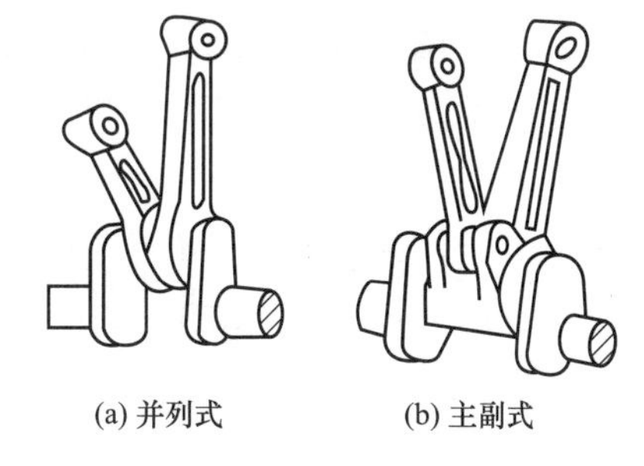

图 2-2-17　叉形连杆

2.2.2.3　曲轴飞轮组

曲轴飞轮组的组成如图 2-2-18 所示。

（1）曲轴

曲轴是发动机最重要的机件之一。

① 功用：将连杆传来的力变为旋转的动力（扭矩），并向外输出。

② 工作条件：承受周期性变化的气体压力、往复惯性力、离心力以及由它们产生的弯曲和扭转载荷的作用。

③ 对其要求：足够的刚度和强度，耐磨损且润滑良好，并有很好的平衡性能。

④ 材料及加工：一般用中碳钢或中碳合金钢模锻而成。轴颈表面经高频淬火或氮化处

理，并经精磨加工。

⑤ 构造：由曲轴前端（自由端）、曲拐及曲轴后端（功率输出端）三部分组成。

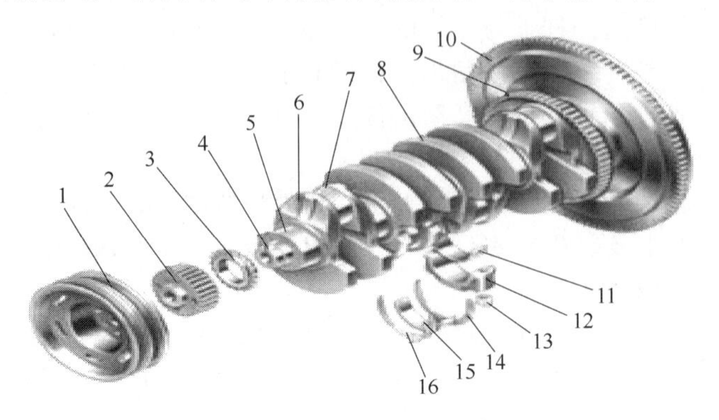

图 2-2-18 曲轴飞轮组件

1—曲轴皮带轮；2—曲轴正时齿轮皮带轮；3—曲轴链轮；4—曲轴前端；5—曲轴主轴颈；6—曲柄臂；7—曲柄销（连杆轴颈）；8—平衡重块；9—转速传感器脉冲轮；10—飞轮；11,15—主轴瓦；12—主轴承盖；13—螺母；14,16—止推垫片

a. 曲拐：由一个连杆轴颈和它两端曲柄以及主轴颈构成。

曲轴的曲拐数取决于气缸的数目和排列方式。直列式发动机曲轴的曲拐数目等于气缸数；V 形发动机曲轴的曲拐数目等于气缸数的一半。

（a）主轴颈：主轴颈是曲轴的支承部分，通过主轴承支承在曲轴箱的主轴承座中。按主轴颈的数目，曲轴可分为全支承曲轴和非全支承曲轴，如图 2-2-19 所示，特点如表 2-2-2 所示。

全支承曲轴：曲轴的主轴颈数比气缸数目多一个，即每一个连杆轴颈两边都有一个主轴颈。

非全支承曲轴：曲轴的主轴颈数比气缸数目少或与气缸数目相等。主轴承载荷较大，但缩短了曲轴的总长度，使发动机的总体长度有所减小。

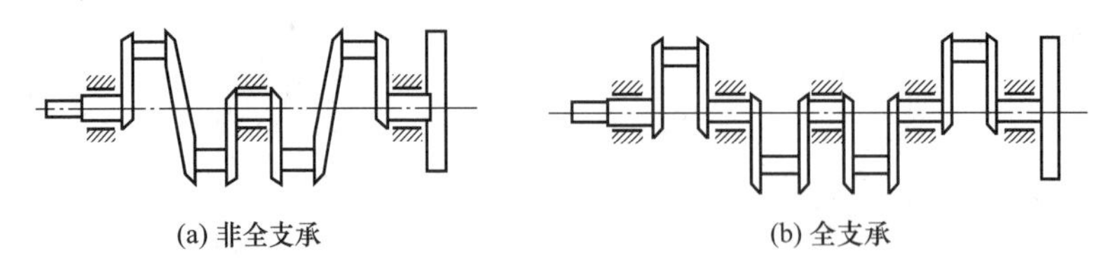

(a) 非全支承　　(b) 全支承

图 2-2-19 曲轴的支承方式

表 2-2-2 曲轴支承方式的特点

	优点	缺点	应用
全支承曲轴	提高曲轴的刚度和弯曲强度，减轻主轴承的载荷	曲轴的加工表面增多，主轴承数增多，使机体加长	柴油机一般多采用此种支承方式
非全支承曲轴	缩短了曲轴的长度，使发动机总体长度有所减小	主轴承载荷较大	承受载荷较小的汽油机可以采用此种方式

（b）曲柄销（连杆轴颈）：曲轴与连杆的连接部分，通过曲柄与主轴颈相连 。直列发动机的曲柄销数目和气缸数相等。V 形发动机的曲柄销数等于气缸数的一半。

（c）曲柄：主轴颈和连杆轴颈的连接部分。为了平衡惯性力，有的曲柄处有平衡块。

（d）主轴瓦：为了减小摩擦阻力和曲轴主轴颈的磨损，主轴承座孔内装有瓦片式滑动轴承，简称主轴瓦（大瓦）。

b. 曲轴前端（图 2-2-20）：装有定时齿轮、驱动风扇和水泵的带轮以及起动爪、甩油盘等。甩油盘外斜面向后，安装时应注意，否则会产生相反效果。在齿轮室盖上装有油封，防止机油外漏。

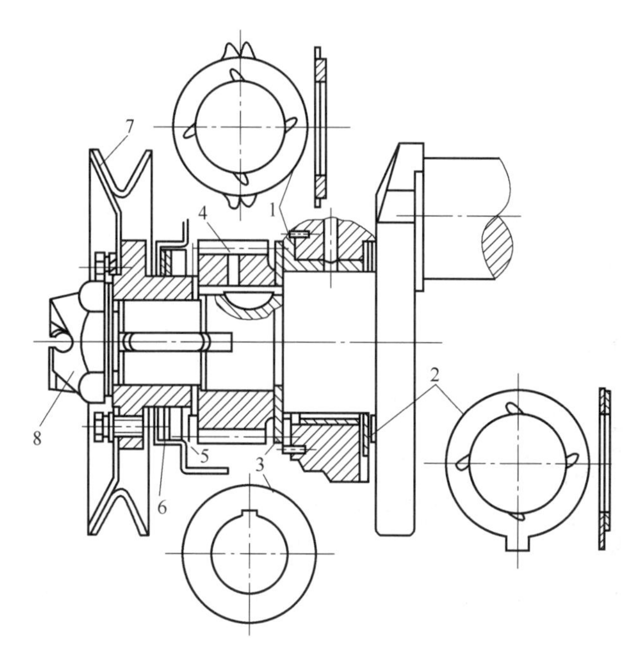

图 2-2-20　曲轴前端结构

1，2—滑动推力轴承；3—止推片；4—定时齿轮；5—甩油盘；6—油封；7—带轮；8—起动爪

曲轴轴向定位：由于曲轴经常受到离合器施加于飞轮的轴向力作用，有的曲轴前端采用斜齿传动，使曲轴产生前后窜动，影响了曲柄连杆机构各零件的正确位置，增大了发动机磨损、异响和振动，故必须进行曲轴轴向定位。另外，曲轴工作时会受热膨胀，还必须留有膨胀的余地。在曲轴受热膨胀时，应能自由伸长，所以曲轴上只能有一个地方设置轴向定位装置。

曲轴定位一般采用滑动止推轴承，安装在曲轴前端或中后部主轴承上。止推轴承有两种形式：翻边主轴瓦的翻边部分或具有减摩合金层的止推片，磨损后可更换。

c. 曲轴的后端：安装飞轮，在后轴颈与飞轮凸缘之间制成挡油凸缘与回油螺纹，以阻止机油向后窜漏。

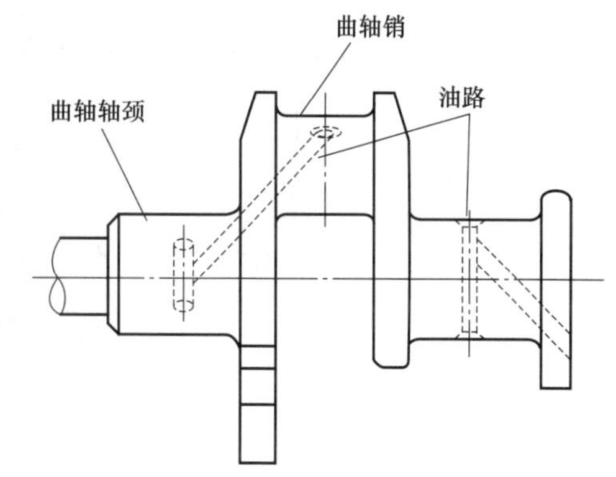

图 2-2-21　曲轴的润滑

⑥ 曲轴的润滑（图 2-2-21）：为了润滑主轴承和连杆轴承，曲轴上钻有连接主轴颈和连杆轴颈的油道。一般都是压力润滑的，曲轴中间会有油道和各个轴瓦相通，发动机运转以后靠机油泵提供压力供油进行润滑、降温。

⑦ 曲轴的平衡：在一些高档发动机上，还采用加装平衡轴的方法进行惯性力的平衡，使发动机运转更加平稳，如图 2-2-22 所示。

⑧ 曲拐的布置取决于气缸数、气缸排列和发动机的发火顺序。

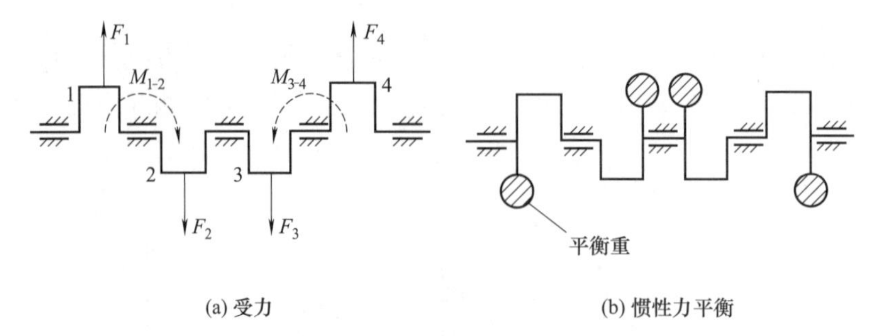

图 2-2-22 曲轴受力与平衡

F_1，F_2，F_3，F_4—曲拐和活塞连杆组的惯性力；M_{1-2}，M_{3-4}—力矩

安排多缸发动机的发火顺序应注意使连续做功的两缸相距尽可能远，多缸发动机的点火顺序应均匀分布在720°曲轴转角内，以减轻主轴承的载荷，同时避免可能发生的进气重叠现象。做功间隔应力求均匀。

发火间隔角——各缸发火的间隔时间以曲轴转角表示。发火间隔角为 $720°/i$，i 为气缸数。

常见的集中多缸发动机曲拐的布置和工作顺序如下：

a. 四缸四行程发动机的发火顺序和曲拐布置。

四缸四行程发动机的发火间隔角为 720°/4＝180°。

4 个曲拐布置在同一平面内（图 2-2-23）。1、4 缸与 2、3 缸互相错开 180°。

发火顺序的排列只有两种可能，即为 1—3—4—2 或为 1—2—4—3。其工作循环分别见表 2-2-3 和表 2-2-4。

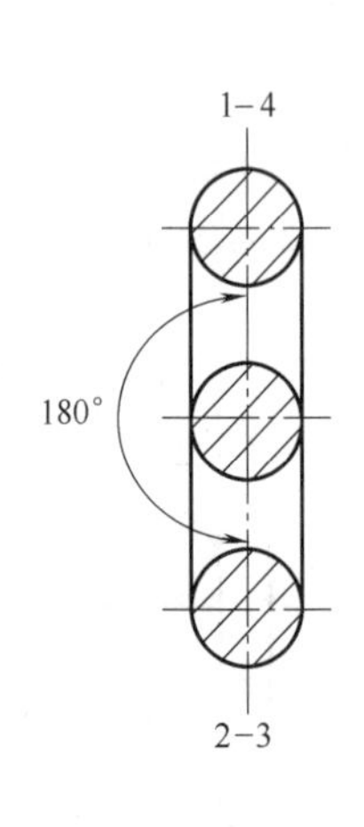

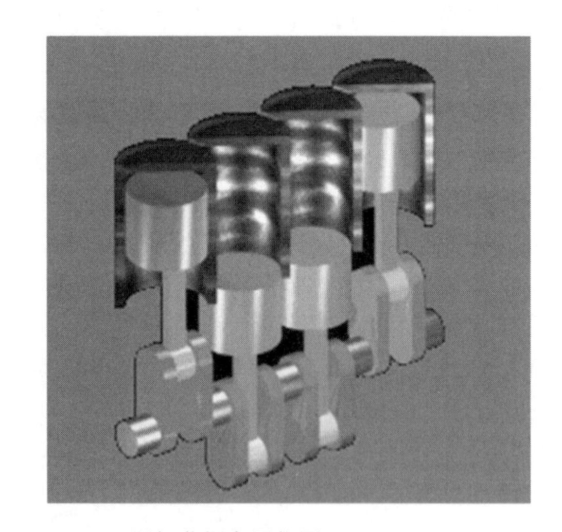

图 2-2-23 四缸曲拐布置位置

表 2-2-3 四缸机工作循环（点火顺序 1—3—4—2）

曲拐转角/(°)	第一缸	第二缸	第三缸	第四缸
0～180	做功	排气	压缩	进气
180～360	排气	进气	做功	压缩
360～540	进气	压缩	排气	做功
540～720	压缩	做功	进气	排气

表 2-2-4　四缸机工作循环（点火顺序 1—2—4—3）

曲拐转角/(°)	第一缸	第二缸	第三缸	第四缸
0～180	做功	压缩	排气	进气
180～360	排气	做功	进气	压缩
360～540	进气	排气	压缩	做功
540～720	压缩	进气	做功	排气

b. 四行程直列六缸发动机的发火顺序和曲拐布置。

四行程直列六缸发动机发火间隔角为 720°/6＝120°，6 个曲拐分别布置在三个平面内（图 2-2-24），有两种点火顺序，1—5—3—6—2—4 和 1—4—2—6—3—5，国产公路工程机械都采用前一种，其工作循环见表 2-2-5。

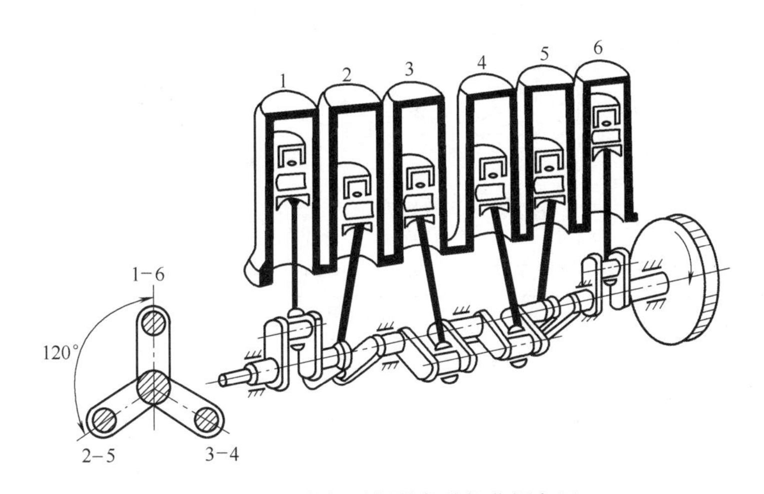

图 2-2-24　六缸四行程发动机曲拐布置

表 2-2-5　六缸发动机工作循环（点火顺序 1—5—3—6—2—4）

<table>
<tr><th colspan="2">曲拐转角/(°)</th><th>第一缸</th><th>第二缸</th><th>第三缸</th><th>第四缸</th><th>第五缸</th><th>第六缸</th></tr>
<tr><td rowspan="3">0～180</td><td>60</td><td rowspan="3">做功</td><td rowspan="2">排气</td><td>进气</td><td>做功</td><td rowspan="2">压缩</td><td rowspan="3">进气</td></tr>
<tr><td>120</td><td rowspan="3">压缩</td><td rowspan="3">排气</td></tr>
<tr><td>180</td><td rowspan="3">进气</td><td rowspan="3">做功</td></tr>
<tr><td rowspan="3">180～360</td><td>240</td><td rowspan="3">排气</td><td rowspan="3">压缩</td></tr>
<tr><td>300</td><td rowspan="3">做功</td><td rowspan="3">进气</td></tr>
<tr><td>360</td><td rowspan="3">压缩</td><td rowspan="3">排气</td></tr>
<tr><td rowspan="3">360～540</td><td>420</td><td rowspan="3">进气</td><td rowspan="3">做功</td></tr>
<tr><td>480</td><td rowspan="3">排气</td><td rowspan="3">压缩</td></tr>
<tr><td>540</td><td rowspan="3">做功</td><td rowspan="3">进气</td></tr>
<tr><td rowspan="3">540～720</td><td>600</td><td rowspan="3">压缩</td><td rowspan="3">排气</td></tr>
<tr><td>660</td><td rowspan="2">进气</td><td rowspan="2">做功</td></tr>
<tr><td>720</td><td>排气</td><td>压缩</td></tr>
</table>

c. 四行程V形八缸发动机的发火顺序。

四行程V形八缸发动机的发火间隔角为720°/8=90°，V形发动机左右两列中对应的一对连杆共用一个曲拐，所以V形八缸发动机只有四个曲拐（图2-2-25）。曲拐布置可以与四缸发动机相同，四个曲拐布置在同一平面内，也可以布置在两个互相错开90°的平面内，使发动机得到更好的平衡。点火顺序为1—8—4—3—6—5—7—2。其工作循环见表2-2-6。

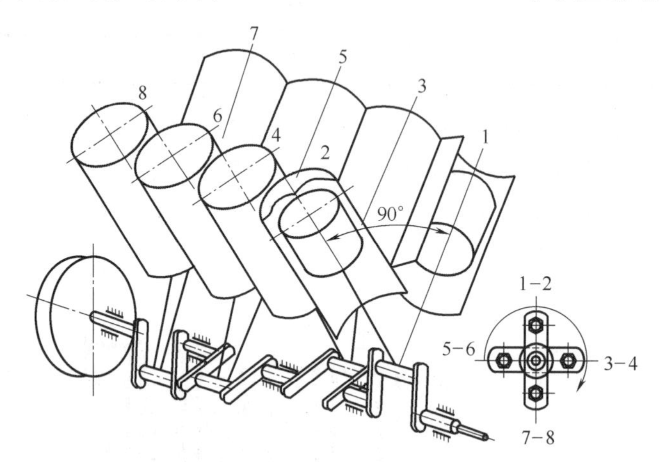

图2-2-25　八缸四行程发动机曲拐

表2-2-6　八缸发动机工作循环（点火顺序1—8—4—3—6—5—7—2）

<table>
<tr><th colspan="2">曲拐转角/(°)</th><th>第一缸</th><th>第二缸</th><th>第三缸</th><th>第四缸</th><th>第五缸</th><th>第六缸</th><th>第七缸</th><th>第八缸</th></tr>
<tr><td rowspan="2">0～180</td><td>90</td><td rowspan="2">做功</td><td>做功</td><td>进气</td><td rowspan="2">压缩</td><td>排气</td><td rowspan="2">进气</td><td rowspan="2">排气</td><td>压缩</td></tr>
<tr><td>180</td><td rowspan="2">排气</td><td rowspan="2">压缩</td><td rowspan="2">进气</td><td rowspan="2">做功</td></tr>
<tr><td rowspan="2">180～360</td><td>270</td><td rowspan="2">排气</td><td rowspan="2">做功</td><td rowspan="2">压缩</td><td rowspan="2">进气</td></tr>
<tr><td>360</td><td rowspan="2">进气</td><td rowspan="2">做功</td><td rowspan="2">压缩</td><td rowspan="2">排气</td></tr>
<tr><td rowspan="2">360～540</td><td>450</td><td rowspan="2">进气</td><td rowspan="2">排气</td><td rowspan="2">做功</td><td rowspan="2">压缩</td></tr>
<tr><td>540</td><td rowspan="2">压缩</td><td rowspan="2">排气</td><td rowspan="2">做功</td><td rowspan="2">进气</td></tr>
<tr><td rowspan="2">540～720</td><td>630</td><td rowspan="2">压缩</td><td rowspan="2">进气</td><td rowspan="2">排气</td><td rowspan="2">做功</td></tr>
<tr><td>720</td><td>做功</td><td>进气</td><td>排气</td><td>压缩</td></tr>
</table>

（2）飞轮

飞轮大而重，具有很大的转动惯量，如图2-2-26所示。

图2-2-26　飞轮

① 主要功用——用来贮存做功行程的能量，用于克服进气、压缩和排气行程的阻力和其它阻力，使曲轴能均匀地旋转。

a. 贮存能量，保证发动机运转平衡；

b. 作为其它机构和系统检查调整的定位基准；

c. 起动元件；

d. 动力输出。

② 飞轮外缘压有齿圈，与起动电机的驱动齿轮啮合，供起动发动机用。

③ 公路工程机械离合器也装在飞轮上，利用飞轮后端面作为驱动件的摩擦面，用来对外传递动力。

④ 在飞轮轮缘上做有记号（刻线或销孔）供找压缩上止点用。当飞轮上的记号与外壳上的记号对正时，正好是压缩上止点。有的还有进排气相位记号、供油（柴油机）或点火（汽油机）记号供安装和修理用。

⑤ 飞轮与曲轴在制造时一起进行过动平衡实验，在拆装时应严格按相对位置安装。飞轮紧固螺钉承受作用力大，应按规定力矩和正确方法拧紧。

⑥ 飞轮一般由灰铸铁、球墨铸铁或铸钢制造。

（3）扭转减振器

① 作用：吸收曲轴扭转振动的能量，消减扭转振动，避免发生强烈的共振及其引起的严重恶果。（曲轴是一种扭转弹性系统，各曲柄的旋转速度忽快忽慢呈周期性变化。安装在曲轴后端的飞轮转动惯量最大，可以认为是匀速旋转，由此造成曲轴各曲柄的转动比飞轮时快时慢，这种现象称之为曲轴的扭转振动。当振动强烈时甚至会扭断曲轴。）

② 结构原理：目前用得较多的是橡胶式曲轴扭转减振器，皮带轮毂固定在曲轴前端，通过橡胶垫和橡胶体分别与皮带轮（前惯性盘）和后惯性盘连接。当曲轴转动发生扭转时，因后惯性盘及皮带轮惯性盘转动惯量大，角速度均匀，从而使橡胶体和橡胶垫产生很大的交变剪切变形，消耗了曲轴扭转能量，减轻了共振。

另外，硅油-橡胶扭转减振器中的橡胶环主要作为弹性体，并用来密封硅油和支承惯性质量。在封闭腔内注满高黏度硅油。硅油-橡胶扭转减振器集中了硅油扭转减振器和橡胶扭转减振器二者的优点，即体积小、质量轻和减振性能稳定等。

2.3　配气机构

2.3.1　配气机构功用

按照发动机各缸工作过程的需要，定时地开启和关闭进、排气门，使新鲜可燃混合气（汽油机）或空气（柴油机）得以及时进入气缸，废气得以及时排出气缸。

2.3.2　对配气机构的要求

① 按照确定的规律定时开闭气门。

② 进气充分、排气干净，换气效果好。

③ 气门开启迅速，落座平稳，无反跳或抖动。

④ 工作可靠，振动噪声小。

⑤ 结构简单，维修方便。

2.3.3 配气机构的组成

配气机构有气门组、气门传动组组成，如图 2-3-1 所示。

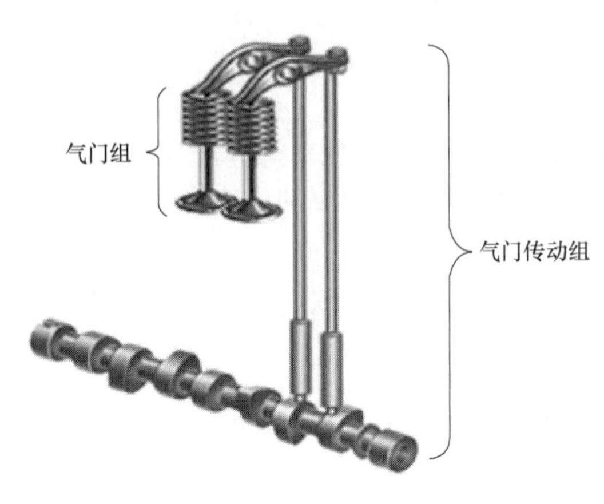

图 2-3-1　配气机构

2.3.3.1 气门组

由气门、气门座、气门导管、气门弹簧、气门弹簧座和气门锁环等组成。

气门组作用：封闭进、排气道。

（1）气门

① 组成：气门是由头部和杆部组成的。头部用来封闭气缸的进、排气通道，杆部则主要为气门的运动导向。

a. 气门头部的形状主要有以下几种形式（图 2-3-2、表 2-3-1）：

（a）凸顶：凸顶的刚度大，受热面积也大，用于某些排气门［图 2-3-2（a）］；

（b）平顶：平顶的结构简单、制造方便，受热面积小，应用最多［图 2-3-2（b）］；

（c）凹顶：凹顶，也称漏斗形，其质量小、惯性小，头部与杆部有较大的过渡圆弧，使气流阻力小，具有较大的弹性，对气门座的适应性好（又称柔性气门），容易获得较好的磨合，但受热面积大，易存废气，容易过热及受热易变形，所以仅用作进气门，如图 2-3-2（c）所示。

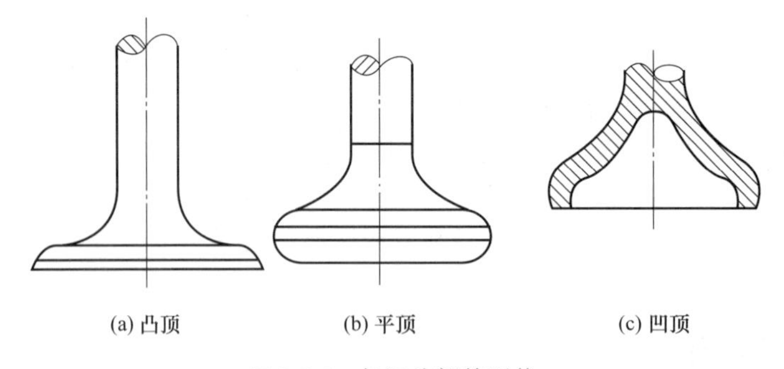

图 2-3-2　气门头部的形状

表 2-3-1　气门头部的形状特点

类　型	特　点
平顶式	结构简单，制造方便，吸热面积小，质量也较小，进、排气门都可采用
凸顶式（球面顶）	适用于排气门，因为其强度高，排气阻力小，废气的清除效果好，但球形的受力面积大，质量和惯性力大，加工较复杂
凹顶式（喇叭顶）	凹顶头部与杆部的过渡部分具有一定的流线形，可以减少进气阻力，但其顶部受热面积大，故适用于进气门，而不宜用于排气门

② 气门锥角。

a. 定义：气门头部与气门座圈接触的锥面与气门顶部平面的夹角。

b. 作用：获得较大的气门座合压力，提高密封性和导热性；气门落座时有较好的对中、定位作用；避免气流拐弯过大而降低流速。

c. 气门锥角大小的影响（图 2-3-3）：

(a) 气门锥角越小，气门口通道截面越大，通过能力越强；气门锥角越大，截面就越小，通过能力越弱。

(b) 锥角越大，落座压力越大，密封和导热性也越好。另外，锥角大时，气门头部边缘的厚度大，不易变形。

(c) 进气门锥角：主要是为了获得大的通道截面，其本身热负荷较小，往往采用较小的锥角，多用 30°，有利于提高充气效率。

(d) 排气门则因热负荷较大而用较大的锥角，通常为 45°，以加强散热（大约 75%的气门热量从气门座处散失）和避免受热变形，也有发动机为了制造和维修方便，二者都用 45°。

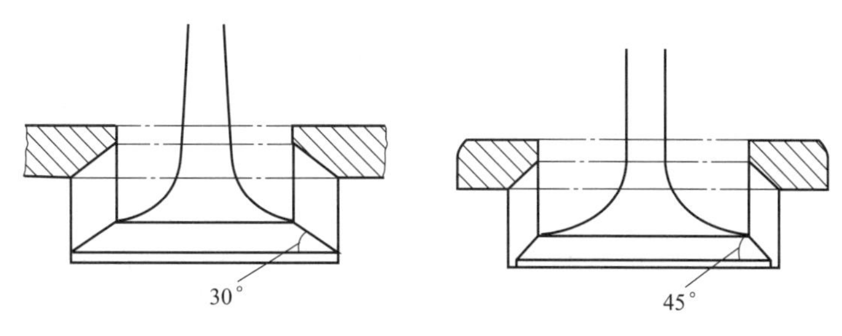

图 2-3-3　气门锥角

③ 气门的杆部。气门杆部具有较高的加工精度和较低的粗糙度，与气门导管保持有正确的配合间隙，以减小磨损和起到良好的导向、散热作用。

④ 功用。燃烧室的组成部分，是气体进、出燃烧室通道的开关，承受冲击力、高温冲击、高速气流冲击。

⑤ 工作条件。

a. 进气门 570～670K，排气门 1050～1200K。

b. 头部承受气体压力、气门弹簧力等。

c. 冷却和润滑条件差。

d. 被气缸中燃烧生成物中的物质所腐蚀。

(2) 气门座

① 概念：气缸盖的进、排气道与气门锥面相结合的部位。

② 作用：靠其内锥面与气门锥面的紧密贴合密封气缸；接受气门传来的热量。

③ 气门密封干涉角：比气门锥角大 0.5°～1°的气门座圈锥角。

气门密封干涉角的作用（图 2-3-4）：

a. 减小了二者之间的接触面积，提高了单位压力，加快了磨合速度，同时也提高了密封性；

b. 可挤出二者之间的夹杂物，即具有自洁作用；

c. 在气体压力作用下产生弹性变形时，可趋向全锥面接触，即随气体压力的增加，单位压力变化较小。如果干涉角相

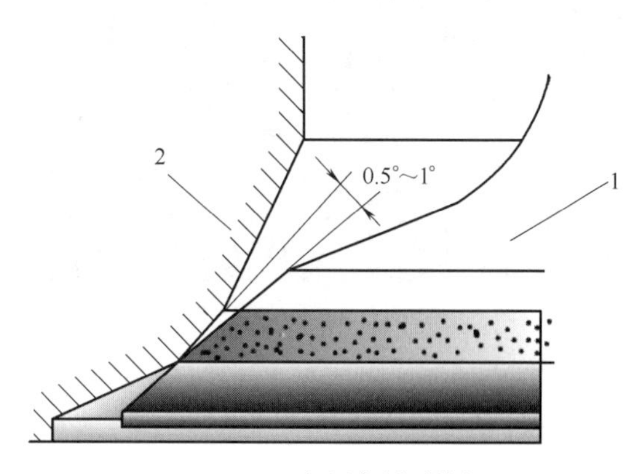

图 2-3-4　气门密封干涉角
1—气门；2—气门座

反即产生负干涉角时，便将起相反作用；

d. 能防止加工时出现负干涉角，若产生负干涉角，除前述相反作用外，还使气门暴露在炽热燃气中的受热面积增加，使气门的热负荷增加。

上述中提高密封能力和加速磨合是主要的作用，随着走合期的结束，干涉角也逐渐自行消除，恢复了全工作面接触。

（3）气门导管

① 作用：气门导管为气门的运动导向，保证气门直线运动兼起导热作用。

② 工作条件：工作温度较高，约500K。润滑困难，易磨损。

③ 材料：用含石墨较多的铸铁，能提高自润滑作用。

④ 加工方法：外表面加工精度较高，内表面精铰。

（4）气门弹簧

① 作用：保证气门的回位；保证气门与气门座的座合压力；吸收气门在开启和关闭过程中传动零件所产生的惯性力，以防止各种传动件彼此分离而破坏配气机构正常工作。

② 材料：高锰碳钢、铬钒钢。

③ 要求：具有合适的弹力；具有足够的强度和抗疲劳强度；采用优质冷拔弹簧钢丝制成，钢丝表面经抛光或喷丸处理；弹簧的两端面经磨光并与弹簧轴线相垂直。

④ 气门弹簧防共振的结构措施。当气门弹簧的工作频率与其自然振动频率相等或成某一倍数时，将会发生共振，造成气门反跳、落座冲击，并可使弹簧折断。为此，采取如下几种结构措施：

a. 提高气门弹簧的自然振动频率。即设法提高气门弹簧的刚度，如加粗钢丝直径或减小弹簧的圈径。这种方法较简单，但由于弹簧刚度大，增加了功率消耗和零件之间的冲击载荷。

b. 采用双气门弹簧。每个气门装两根直径不同、旋向相反的内外弹簧。由于两弹簧的自然振动频率不同，当某一弹簧发生共振时，另一弹簧可起减振作用。旋向相反，可以防止一根弹簧折断时卡入另一根弹簧内，导致好的弹簧被卡住或损坏。另外，万一某根弹簧折断时，另一根弹簧仍可保持气门不落入气缸内。

c. 采用不等螺距弹簧。这种弹簧在工作时，螺距小的一端逐渐叠合，有效圈数逐渐减小，自然频率也就逐渐提高，使共振成为不可能。

d. 采用等螺距的单弹簧，在其内圈加一个过盈配合的阻尼摩擦片来消除共振。

2.3.3.2 气门传动组

由凸轮轴正时齿轮、凸轮轴、挺柱、气门推杆、摇臂和摇臂轴等组成（图2-3-5）。

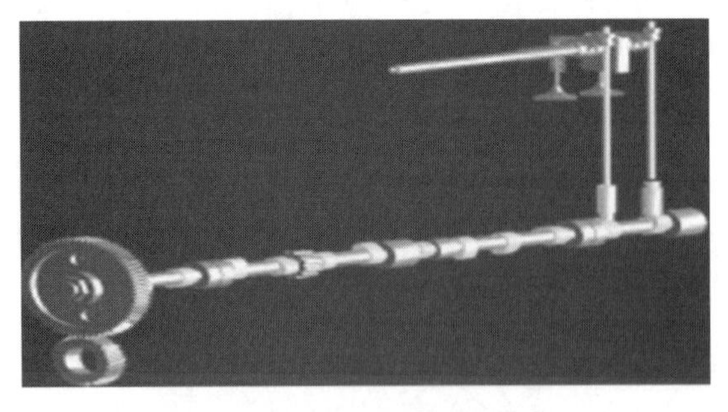

图2-3-5 气门传动组

气门传动组作用：使进、排气门按配气相位规定的时刻开闭，且保证有足够的开度。

（1）凸轮轴

① 作用：驱动和控制各缸气门的开启和关闭，使其符合发动机的工作顺序、配气相位及气门开度的变化规律等要求。

② 材料：多用优质碳钢或合金钢锻制，并经表面高频淬火（中碳钢）或渗碳淬火（低碳钢）处理。

③ 工作条件：承受气门间歇性开启的冲击载荷。

④ 组成：凸轮轴主要由凸轮、凸轮轴轴颈等组成。

（2）挺柱

① 作用：将凸轮的推力传给推杆或气门。

② 分类（表 2-3-2）。

表 2-3-2　挺柱的类型

类　型	用　途	图　形
菌式	气门侧置式	
筒式	气门顶置式	
滚轮式	减小摩擦所造成的对挺柱的侧向力。多用于大缸径柴油机	

（3）气门推杆

① 作用：将挺柱传来的推力传给摇臂。

② 工作情况：是气门机构中最容易弯曲的零件。

③ 材料：硬铝或钢。

（4）摇臂

① 作用：将推杆或凸轮传来的力改变方向，作用到气门杆端以推开气门。

② 组成（图 2-3-6）。

③ 材料：一般为中碳钢，也有的用球墨铸铁或合金铸铁。

2.3.4　配气机构的分类

（1）按气门的布置位置分（侧置式、顶置式两种）

侧置式：气门布置在气缸的一侧。使燃烧室结构不紧凑，热量损失大，气道曲折，进气

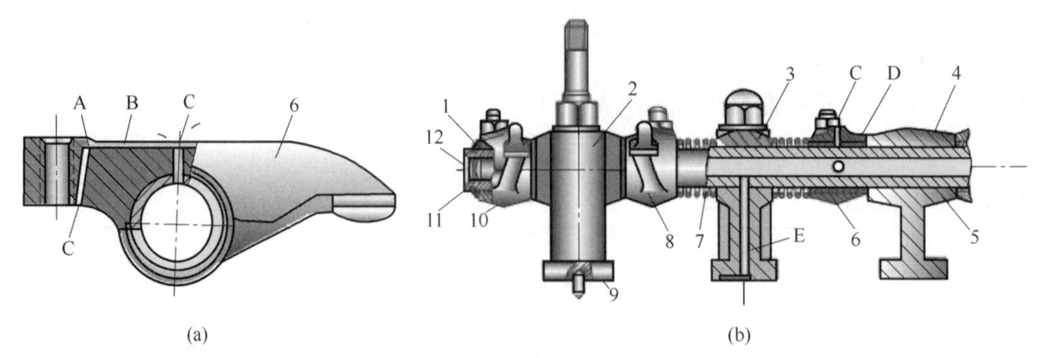

图 2-3-6　摇臂及摇臂组

1—垫圈；2～4—摇臂轴支座；5—摇臂轴；6，8，10—摇臂；7—弹簧；9—定位销；11—锁簧；12—堵头；A，C，D，E—油孔；B—油槽

流通阻力大，从而使发动机的经济性和动力性变差，已被淘汰。

顶置式：气门布置在气缸盖上。

（2）按凸轮轴的位置分类（图 2-3-7）

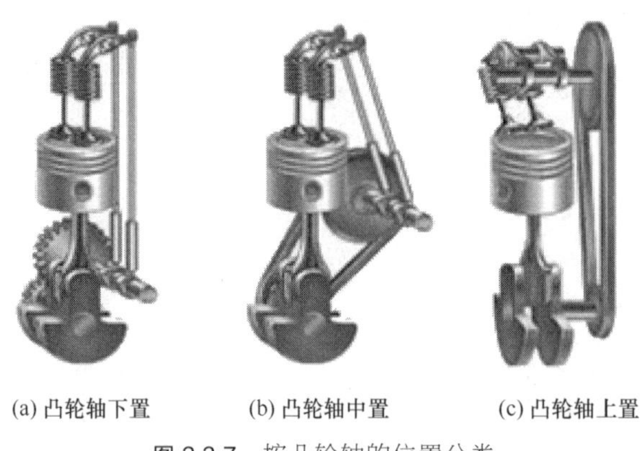

图 2-3-7　按凸轮轴的位置分类

① 凸轮轴下置式。凸轮轴布置在曲轴箱上，由曲轴正时齿轮驱动。优点是凸轮轴离曲轴较近，可用齿轮驱动，传动简单。但存在零件较多，传动链长，系统弹性变形大，影响配气准确性等缺点。

② 凸轮轴中置式。凸轮轴布置在曲轴箱上，与下置凸轮轴相比，省去了推杆，由凸轮轴经过挺柱直接驱动摇臂，减小了气门传动机构的往复运动质量，适应更高速的发动机。

③ 凸轮轴上置式。凸轮轴直接布置在气缸盖上，直接通过摇臂或凸轮来推动气门的开启和关闭。这种传动机构没有推杆等运动件，系统往复运动质量大大减小，非常适合现代高速发动机，尤其是轿车发动机。

（3）按曲轴到凸轮轴的传动方式分类

凸轮轴的传动方式如图 2-3-8 所示。

① 齿轮传动。

② 链传动。

③ 齿形皮带传动。

2.3.5　配气机构的工作原理

凸轮轴旋转时，当凸轮轴上凸起部分与挺柱接触时，将挺柱顶起，通过推杆、调整螺钉

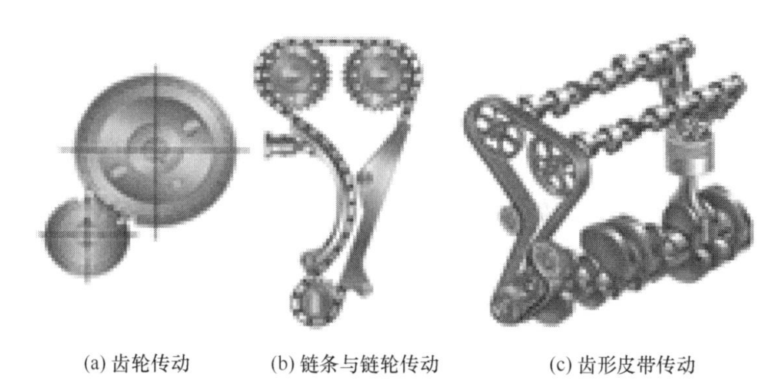

图 2-3-8　凸轮轴传动方式

使摇臂绕摇臂轴顺时针摆动，摇臂的长臂端向下推动气门，气门克服弹簧力，开启直至最大位置。

当凸轮凸起部分的顶点转过挺柱后，气门开度逐渐减小，直至关闭。四冲程发动机完成一个工作循环曲轴旋转两圈（720°），凸轮轴旋转一周，各缸进、排气门各开启一次。

由此可看出：气门的开启是通过气门传动组的作用完成的。而气门的关闭是由气门弹簧来完成的。

气门的开闭时刻与规律完全取决于凸轮的轮廓曲线形状。每次气门打开时，压缩弹簧，为气门关闭积蓄能量。

2.3.6　配气相位

2.3.6.1　定义

用曲轴转角表示的进、排气门的开启时刻和开启延续时间。

2.3.6.2　配气相位图

通常用环形图表示——配气相位图，如图 2-3-9 所示。

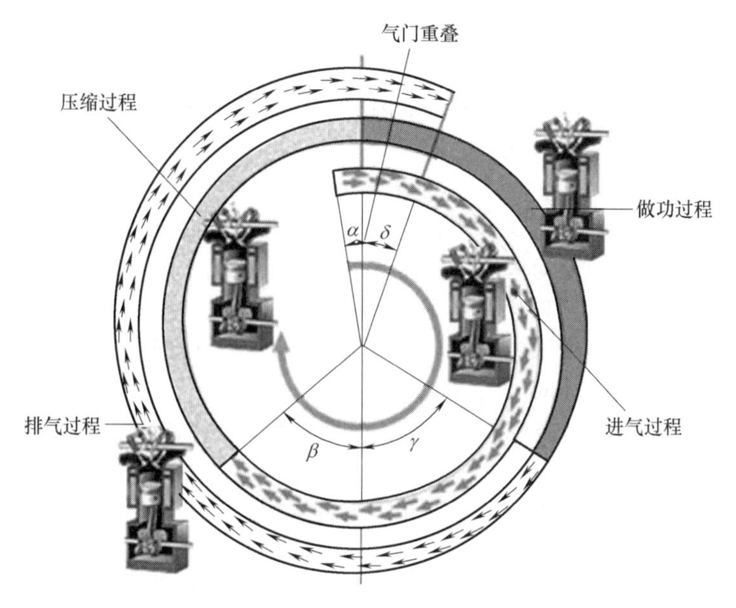

图 2-3-9　配气相位图

（1）进气提前角

从进气门开始开启到上止点所对应的曲轴转角，用 α 表示，α 一般为 10°～30°。

其目的是为了保证进气开始时，进气门已开启较大，增加进入气缸的新鲜气体或可燃混合气。

该角度过小，进气充量增加少；该角度过大，又会导致废气流入进气管。

（2）进气迟后角

从下止点到进气门关闭所对应的曲轴转角，用 β 表示，β 一般为 40°～80°。

其目的是利用进气气流惯性和压力差继续进气。该角度过小，进气气流惯性未能得到充分利用，降低了进气充量；而该角度过大，进气气流惯性已用完，会导致已经进入气缸的新鲜充量又被排出。

（3）排气提前角

从排气门开始开启到下止点所对应的曲轴转角，用 γ 表示，γ 一般为 40°～80°。

其目的是利用废气压力，使气缸内废气排得更干净。但排气提前角也不宜过大，否则将造成做功能力损失。

（4）排气迟后角

从上止点到排气门关闭所对应的曲轴转角，用 δ 表示，δ 一般为 10°～30°。

其目的是利用排气气流惯性使废气排除更干净，但角度过大会造成排出的废气又被吸入气缸。

（5）气门重叠与气门重叠角

在排气终了和进气刚开始时，进排气门同时开启，这种现象称为气门重叠。进排气门同时开启过程对应的曲轴转角，称为气门重叠角。气门重叠角的大小为 $\alpha+\delta$。

适宜的气门重叠角，可以利用气流压差和惯性清除残余废气，增加新鲜充量，称此为燃烧室扫气。

（6）进气持续角：$\alpha+180°+\beta$。

（7）排气持续角：$\gamma+180°+\delta$。

2.3.6.3　配气相位对发动机工作性能的影响

（1）重叠角的影响

过大：废气倒流、新鲜气体随废气排出的现象。

过小：排气不彻底和进气量减少。

（2）进气迟后角

过大：进气门关闭过晚，会将进入气缸内的气体重新又压回到进气道内。

过小：进气门关闭过早而影响进气量。

（3）排气提前角

过大：仍有做功能力的高温高压气体提前排出气缸，造成发动机功率下降。

过小：排气阻力而增加发动机的功耗，造成发动机过热。

（4）合理的配气相位

不变配气相位发动机：通过试验来确定某一转速下较合适的配气相位。在其他转速下运转时，配气相位就不是最合适的。

可变配气相位发动机：通过电脑控制配气相位可随发动机转速、负荷变化对发动机配气相位进行自动调整。

发动机的结构不同，转速不同，配气相位也就不同，最佳的配气相位角是根据发动机性能要求，通过反复试验确定。

在使用中，由于配气机构零部件磨损、变形或安装调整不当，会使配气相位产生变化，应定期进行检查调整。

2.4　燃油供给系

2.4.1　燃供系概述

2.4.1.1　功用

① 在适当的时刻将一定数量的洁净柴油增压后以适当的规律喷入燃烧室。

② 在每一个工作循环内，各气缸均喷油一次，喷油次序与气缸工作顺序一致。

③ 根据柴油机负荷的变化自动调节循环供油量，以保证柴油机稳定运转。

④ 储存一定数量的柴油，保证机械或车辆的最大连续行驶工作时间。

2.4.1.2　柴油机机械燃油系统的类型

按照结构特点的不同，柴油机机械燃油系统可分为柱塞泵系统、分配系统、PT 泵系统及油泵-喷油器式系统。在四冲程柴油机上，前三种的应用最为广泛。

2.4.1.3　柴油机机械燃油系统组成

柴油机燃油系统包括喷油泵、喷油器和调速器等主要部件及柴油箱、输油泵、油水分离器、柴油滤清器、喷油提前器和高、低压油管等辅助装置，如图 2-4-1 所示。

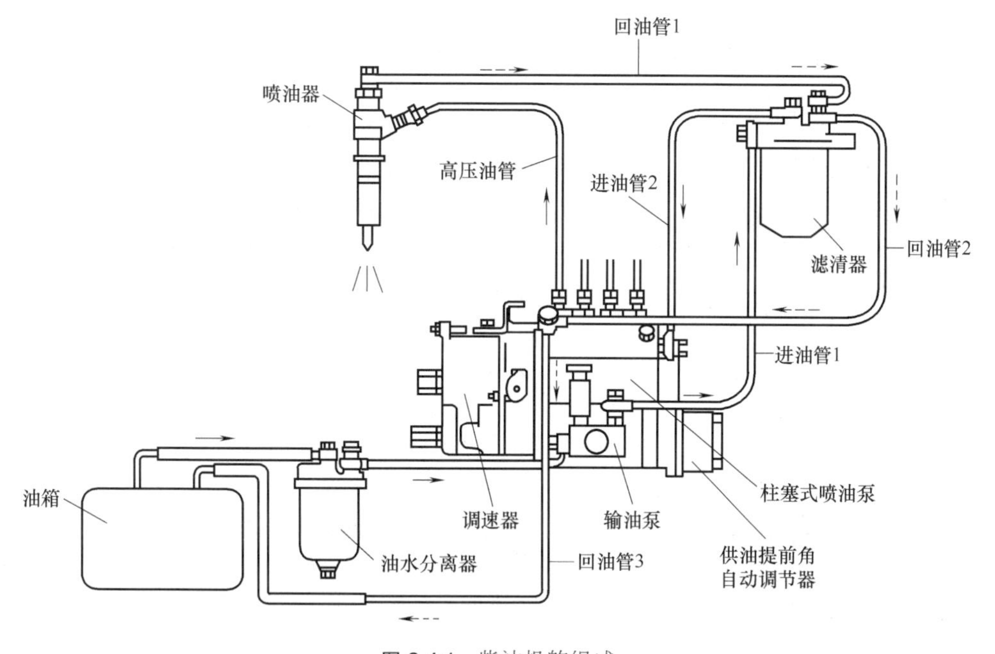

图 2-4-1　柴油机的组成

2.4.1.4　柴油机机械式燃油系统的基本原理

如图 2-4-1 所示，在这里以柱塞泵系统为例，介绍柴油机燃油系统的基本原理。柱塞泵系统具有结构、工艺成熟，工作可靠，维修、调整方便，使用寿命长等优点，被广泛应用在各种形式的柴油机上。

柱塞式喷油泵一般由柴油机曲轴的定时齿轮驱动。固定在喷油泵体上的输油泵由喷油泵的凸轮轴驱动，输油泵从油箱中吸油经管路压入高压泵，高压泵提高压力后送入喷油器，喷油器将油喷入气缸。油的流动路线如下：

（1）低压油路

油从油箱中出来，进入油水分离器，在油水分离器中除去柴油中的水分，再进入输油泵，输油泵将油压进行第一次提高，其出口压力一般为0.15～0.3MPa。从输油泵出来的柴油经进油管1进入柴油滤清器，在柴油滤清器中滤去其中的杂质，滤清后的清洁柴油送入喷油泵。

（2）高压油路

进入高压泵的柴油在高压泵中被加大压力，压力一般在8～20 MPa。高压油经高压油管送入喷油器，通过喷油器喷入气缸。

（3）回油路

回油路有两条：

一是由于输油泵的供油量比喷油泵的最大供油量多3～4倍，为了保持进入喷油泵的进油室内压入的稳定，在进油室的另一端装有溢流阀，当压力过高时顶开溢流阀，从回油管3流回油箱或输油泵进口。有的也在滤清器上装有溢流阀，当滤清器内压力（与高压泵进油室压力相等）过高时，顶开溢流阀，从回油管2流回。

二是喷油器多余的柴油经回油管1、回油管2流回油箱或输油泵的进口。

2.4.2 喷油器

2.4.2.1 喷油器的作用

喷油器的作用是将喷油泵供给的高压油以一定的压力、速度和方向喷入燃烧室，使喷入燃烧室的燃油雾化成细粒并合理地分布在燃烧室中，以便于和空气混合形成可燃混合气。

2.4.2.2 喷油器的类型

喷油器分为开式和闭式两种，开式喷油器的高压油腔通过喷孔直接与燃烧室相通，而闭式喷油器则在其之间装针阀隔断。目前，柴油机绝大多数采用闭式喷油器，其常见的型式有两种：孔式喷油器和轴针式喷油器。孔式喷油器多用于直接喷射式燃烧室上，轴针式喷油器则主要用于分隔式燃烧室上。

2.4.2.3 对喷油器的要求

应具有一定的喷射压力、射程、合理的喷雾锥角。此外，喷油器在规定的停止喷油时刻应能迅速地切断燃油的供给，不发生滴漏现象。

2.4.2.4 喷油器的结构及工作原理

（1）孔式喷油器

① 孔式喷油器的结构，孔式喷油器的结构如图2-4-2所示。

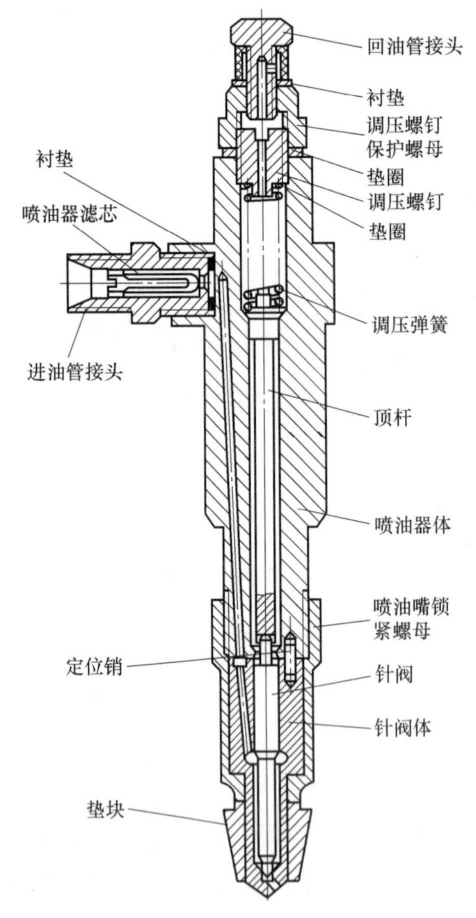

图2-4-2　孔式喷油器结构

喷油器由针阀、针阀体、顶杆、调压弹簧、调压螺钉及喷油器体等零件组成。其中最主要的是用优质合金钢制成的针阀和针阀体一对精密偶件。针阀下端有2个或3个锥面，最前面的锥面为密封锥面，与针阀体下端的环形锥面共同起密封作用（图2-4-2），用于打开或切断高压柴油与燃烧室的通路。针阀上端的锥面为承压锥面，该锥面承受燃油压力，推动针阀向上运动。针阀顶部通过顶杆承受调压弹簧的预紧力，使针阀处于关闭状态。该预紧力决定针阀的开启压力或称喷油压力，调整调压螺钉可改变喷油压力的大小（拧入时压力增大，拧出时压力减小），调压螺钉保护螺母则用来锁紧调压螺钉。喷油器工作时从针阀偶件间隙中泄漏的柴油经回油管接头螺栓流回回油管。

为防止细小杂物堵塞喷孔，在一些喷油器进油接头中装有缝隙式滤芯。

② 孔式喷油器的工作原理（图2-4-3）。柴油机工作时，来自喷油泵的高压柴油经喷油器体与针阀体中的油孔道进入针阀中部周围的环状空间——压力室。油压作用在针阀的锥形承压环带上形成一个向上的轴向推力，此推力克服调压弹簧的预压力及针阀偶件之间的摩擦力使针阀向上移动，针阀下端的密封锥面离开针阀锥形环带，打开喷孔，高压柴油喷入燃烧室中。喷油泵停止供油时，高压油路内压力迅速下降，针阀在调压弹簧作用下及时回位，将喷孔关闭。

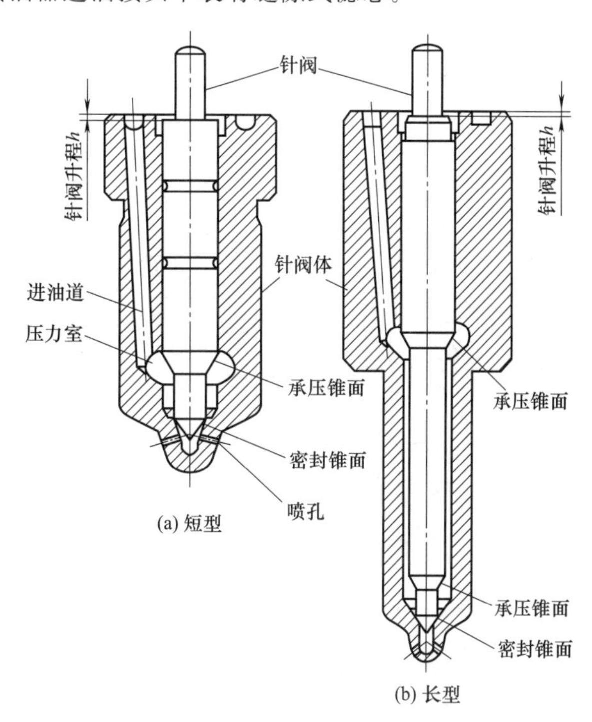

图2-4-3　孔式喷油器针阀偶件结构

孔式喷油器的特点是喷孔数目较多，一般为1～7个；喷孔直径较小，一般为0.2～0.8mm。喷孔数目和分布的位置，根据燃烧室的形状和要求而定。多缸柴油机，为使各缸喷油器工作一致，各缸采用长度相同的高压油管。

（2）轴针式喷油器

轴针式喷油器的工作原理与孔式喷油器相同。其构造特点是针阀下端的密封锥面以下还延伸出一个轴针，其形状可以是倒锥形和圆柱形，如图2-4-4所示。轴针伸出喷孔外，使喷孔成为圆柱状的狭缝（轴针与孔的径向间隙一般为0.005～0.025mm）。这样，喷油时喷注将呈空心的锥状或柱形。

轴针式喷油器喷孔直径一般在1～3mm范围内，喷油压力为10～14MPa。喷孔直径大，

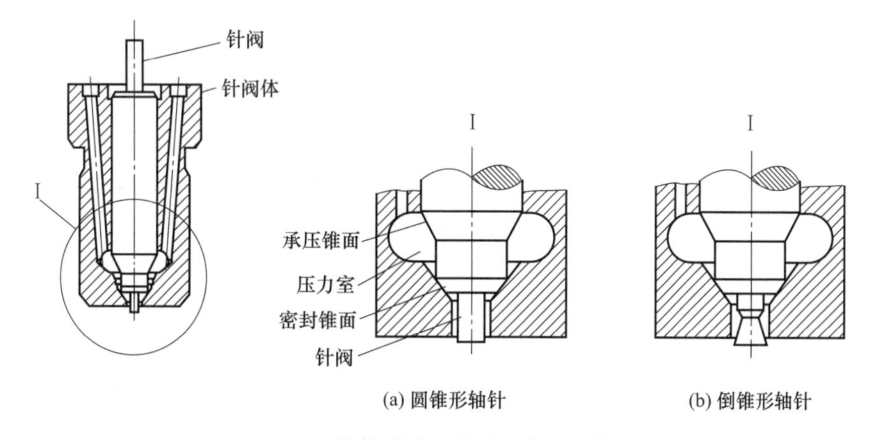

图2-4-4　轴针式喷油器针阀的结构形式

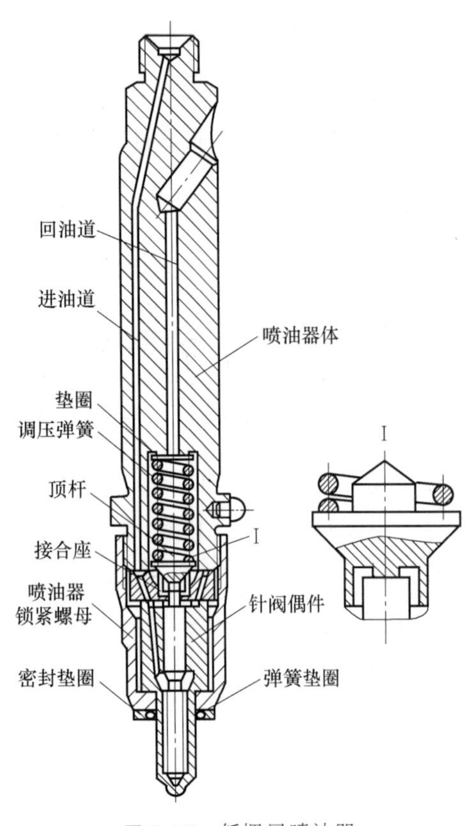

图 2-4-5　低惯量喷油器

加工方便。工作时由于轴针在喷孔内往复运动，能清除喷孔中的积炭和杂物，工作可靠。它适用于对喷雾要求不高的涡流室式燃烧室和预燃室式燃烧室。

（3）低惯量喷油器

传统的喷油器因顶杆较长，调压弹簧位置距离针阀较远，使针阀上下运动的惯性加大，对针阀上的密封锥面的冲击加大，针阀对油压的反应灵敏度降低，不能适应高速柴油机工作要求。为解决此要求，低惯量喷油器广泛投入使用。

图 2-4-5 为典型的低惯量喷油器。与普通喷油器相比，低惯量喷油器的调压弹簧下移，缩短顶杆，从而减少了运动件的质量及惯性力。

2.4.2.5　喷油器的检修

（1）喷油器的常见损伤

喷油器针阀偶件磨损的部位有：针阀与针阀体的密封锥面、针阀和针阀体导向圆柱面、针阀轴针磨损、针阀偶件卡死、进油管接头漏油、顶杆弯曲、调压弹簧断裂等。

出现上述损伤后，会使喷油器发生不喷油、滴漏、雾化不良、喷雾锥角变化等故障，使柴油机燃烧不良、起动困难、发生排气冒烟现象。

（2）喷油器的检查和调整

① 在试验器上检查和调整喷油器。

a. 密封性检查。

（a）以长型孔式喷油器为例。将喷油器装在喷油器试验器上，均匀缓慢地用手柄压油，同时增加弹簧预紧力，直到油压在 23～25MPa 压力下喷油为止，观察压力自 20MPa 降到 18MPa 所经历的时间为 9～20s。如果所经历的时间少于 9s，可能是接头处漏油，针阀体与喷油器体平面配合不严、密封锥面封闭不严或导向部分磨损等原因引起。

（b）以轴针式喷油器为例。将按动手泵至表压力 12MPa，再继续缓慢按动手泵，将表压力升至 13.2MPa，观察喷油器喷油孔处不得有滴油或渗漏现象。若有滴油或渗漏现象，说明针阀偶件锥面密封不严。

b. 喷油压力检查调整。将喷油器装在喷油器试验器上，均匀缓慢地用手柄压油，当喷油器开始喷油时，压力表所指示的压力即为喷油压力，如图 2-4-6（c）所示。若不符合规定，应进行调整。喷油压力的调整是通过转动调节螺钉改变弹簧对针阀的压紧力来实现的。拧入调节螺钉时，使喷油压力增加，退出时则减少。

c. 喷雾质量检查。在试验器上，以每分钟 60～80 次的速度压动手柄，使喷油器喷油，喷雾质量应符合如下要求：喷出的燃油应呈喷雾状，油雾应细碎均匀，没有明显可见的束射、油滴和油流以及断续喷油、浓淡不均现象；断油应干脆。喷射时，应伴有清脆的响声；喷射前后不允许有滴油现象，如图 2-4-6（a）所示。经多次喷油后，喷孔口附近最好是干的，或稍有湿润也可。

d. 喷雾锥角检查。喷油器雾化锥角不应偏斜，其锥角应符合规定。检查方法是：在距

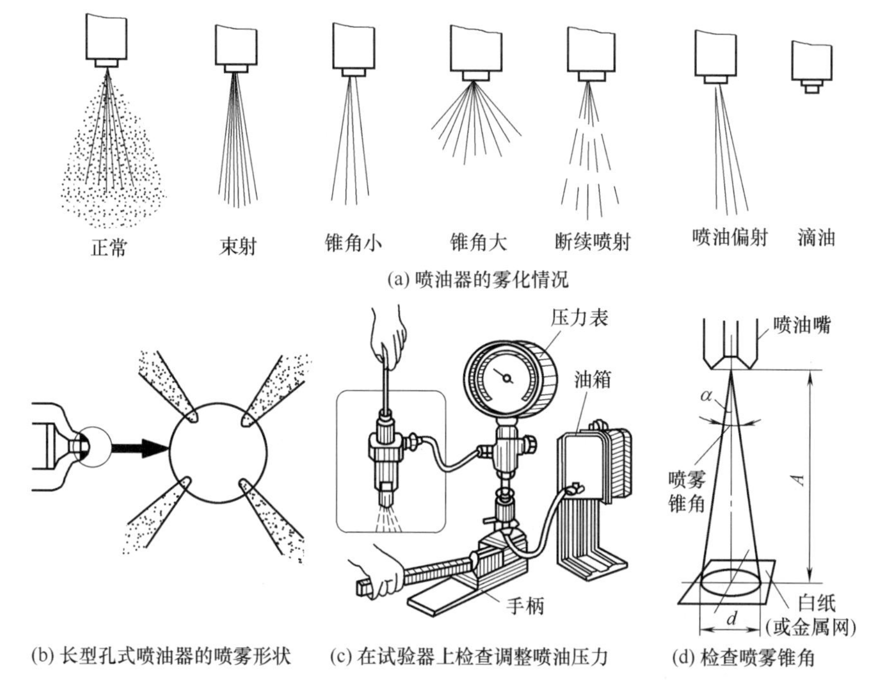

图 2-4-6　喷油器的检查与调整

喷油嘴 100～200mm 处放一张白纸作一次喷射，量出在纸上所得到的油迹直径 d 和喷孔到纸面的距离 A，如图 2-4-6（d）所示。用下式算出：$\tan\alpha = d/2A$，从三角函数表查出 α 角，2 倍 α 角就是喷雾锥角。

② 喷油器的就机检查。拆下待检查的喷油器，将确认可靠的一缸高压油管松开后转向 180°，装上喷油器，用起动机带动发动机观察喷油器喷油状况，看是否喷油和雾化良好。如不能确认，可以用好的喷油器装上进行对比试验（表 2-4-1）。

表 2-4-1　常见柴油机喷油器型号及喷油压力

柴油机型号	喷油器型号或形式	偶件型号	喷油压力/MPa
东方红 LR100/105 系列	LRR67026068 ZCK150J4300	PB86J01 681117	19.6～20.6
YC6105 YC6108	PF68S19 CKBL68S004	ZCK154S430 ZCK155S529	22±0.5 24±0.5
YC4108Q YC4108ZQ	CKBL68S004 KBEL-P023A	ZCK155S529 DSLA147P008	23±0.5 26±0.5
YC2108	CKBL68S004	ZCK155S529	21±0.5
B4125/B4125J	PB100J00	ZCK150J43200	19.6±0.49
4125A/4125G	PF36S	ZS15S15	12.25～12.26
X4115T	CAVRB6702602		20～21
4115T	BPZ-1.5×15		12.26～12.27
4100A/495A	长颈闭式单孔		19～19.98
扬柴 YZ4102/4105	CDLL154S640D	CKB68S001	19～19.5
4100QB/3100QB	长型闭式		19.1±0.49

2.4.3 喷油泵

2.4.3.1 喷油泵的功用

① 提高油压（定压）：将喷油压力提高到10～20MPa。

② 控制喷油时间（定时）：按规定的时间喷油和停止喷油。

③ 控制喷油量（定量）：根据柴油机的工作情况，改变喷油量的多少，以调节柴油机的转速和功率。

2.4.3.2 对喷油泵的要求

① 按柴油机工作顺序供油，而且各缸供油量均匀。

② 各缸供油提前角要相同。

③ 各缸供油延续时间要相等。

④ 油压的建立和供油的停止都必须迅速，以防止滴漏现象的发生。

2.4.3.3 喷油泵的分类

柴油机的喷油泵按作用原理不同大体可分为四类：

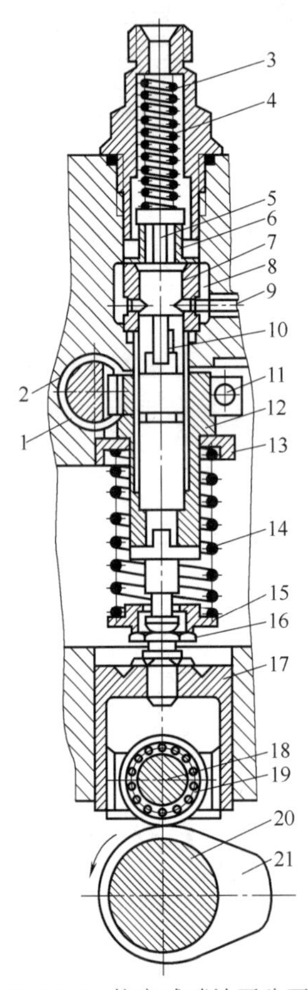

图 2-4-7 柱塞式喷油泵分泵

1—齿圈；2—供油量调节齿杆；3—出油阀紧座；4—出油阀弹簧；5—出油阀；6—出油阀座；7—柱塞套；8—低压油道；9—定位螺钉；10—柱塞；11—齿圈夹紧螺钉；12—油量调节套筒；13,15—上、下柱塞弹簧座；14—柱塞弹簧；16—供油正时调整螺钉；17—滚轮体；18—滚轮轴；19—滚轮；20—喷油泵凸轮轴；21—凸轮

① 柱塞式喷油泵。柱塞式喷油泵性能良好，调整方便，使用可靠，为目前多数车用及工程机械用柴油机所采用。

② 喷油泵-喷油器。其特点是将喷油泵和喷油器合成一体，直接安装在缸盖上，以消除高压油管带来的不利影响，多用于二冲程柴油机。

③ PT燃油泵。利用压力-时间原理来调节供油量，美国康明斯公司首先采用。

④ 转子分配式喷油泵。转子分配式喷油泵是20世纪50年代后期出现的一种喷油泵，依靠转子的转动实现燃油的增压（泵油）及分配，它具有体积小、质量小、成本低、使用方便等优点，尤其是体积小这个优点，对发动机的整体布置是十分有利的。

我国常用的柴油机喷油泵为：A型泵、B型泵、P型泵、VE型泵等。前三种属柱塞泵；VE型泵为转子分配式泵。

2.4.3.4 柱塞式喷油泵

（1）柱塞式喷油泵的结构

柱塞式喷油泵利用柱塞在柱塞套内的往复运动吸油和压油，每一副柱塞与柱塞套只向一个气缸供油。对于单缸柴油机，由一套柱塞偶件组成单体泵；对于多缸柴油机，则由多套泵油机构分别向各缸供油。柴油机大多将各缸的泵油机构组装在同一壳体中，称为多缸泵，而其中每组泵油机构则称为分泵。

图2-4-7是一种分泵的结构图，其关键部分是泵油机构。泵油机构主要由柱塞偶件（柱

塞和柱塞套）、出油阀偶件（出油阀和出油阀座）等组成。柱塞的下部固定有调节机构（调节套筒、调节齿杆、调节齿圈），可通过它转动柱塞的位置。

柱塞上部的出油阀由出油阀弹簧压紧在出油阀座上，柱塞下端与供油正时调整螺钉接触，柱塞弹簧通过弹簧座将柱塞推向下方，并使滚轮保持与凸轮轴上的凸轮相接触。喷油泵凸轮轴由柴油机曲轴通过传动机构来驱动。对于四冲程柴油机，曲轴转两圈，喷油泵凸轮轴转一圈。

（2）柱塞式喷油泵的泵油原理

柱塞式喷油泵的泵油原理如图 2-4-8 所示。柱塞的圆柱表面上铣有直线型（或螺旋型）斜槽，斜槽内腔和柱塞上面的泵腔用孔道连通。柱塞套上有两个圆孔都与喷油泵体上的低压油腔相通。柱塞由凸轮驱动，在柱塞套内作往复直线运动，此外它还可以绕本身轴线在一定角度范围内转动。

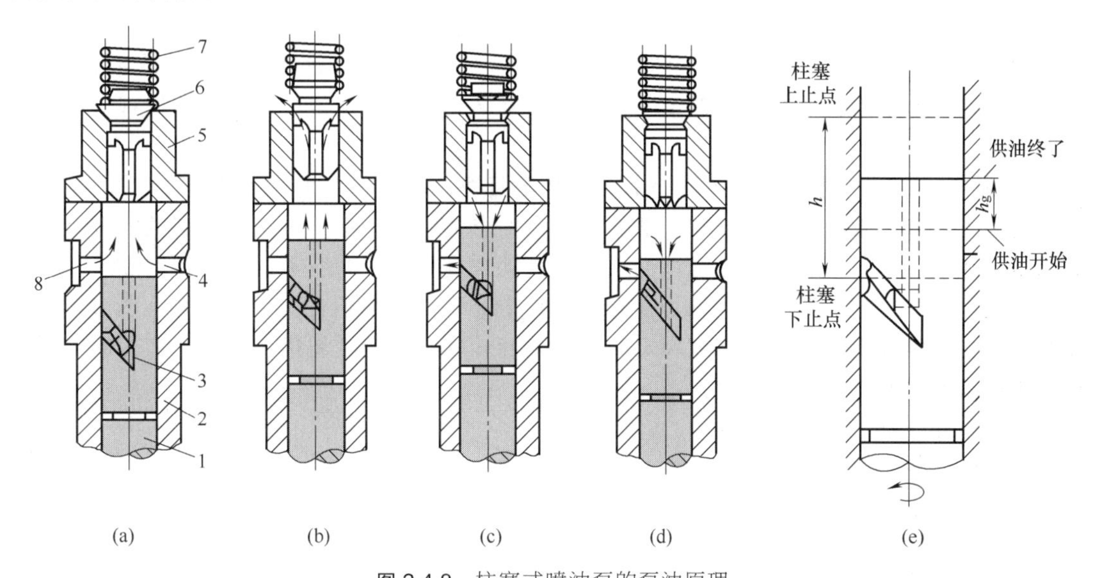

图 2-4-8　柱塞式喷油泵的泵油原理

1—柱塞；2—柱塞套；3—斜槽；4，8—进回孔；5—出油阀座；6—出油阀；7—出油阀弹簧

当柱塞下移到图 2-4-8（a）所示位置，燃油自低压油腔经进油孔被吸入并充满泵腔。

在柱塞自下止点上移的过程中，起初有一部分燃油被从泵腔挤回低压油腔，直到柱塞上部的圆柱面将两个油孔完全封闭时为止。此后柱塞继续上升［图 2-4-8（b）］，柱塞上部的燃油压力迅速增高到足以克服出油阀弹簧的作用力，出油阀即开始上升。当出油阀的圆柱环形带离开出油阀座时，高压燃油便自泵腔通过高压油管流向喷油器。当燃油压力高出喷油器的喷油压力时，喷油器则开始喷油。

当柱塞继续上移到［图 2-4-8（c）］中所示位置时，斜槽与油孔开始接通，于是泵腔内油压迅速下降，出油阀在弹簧压力作用下立即回位，喷油泵停止供油。此后柱塞仍继续上行，直到凸轮达到最高升程为止，但不再泵油。然后柱塞下行，准备进行下一个泵油行程。

由上述泵油过程可知，由驱动凸轮轮廓曲线的最大升程决定的柱塞行程 h［即柱塞的上、下止点间的距离，见图 2-4-8（e）］是一定的，但并非在整个柱塞上移行程 h 内都供油，喷油泵只在柱塞完全封闭油孔之后到柱塞斜槽和油孔开始接通之前的这一部分柱塞行程 h_g 内才泵油，h_g 称为柱塞有效行程。显然，喷油泵每次泵出的油量取决于有效行程的长短，因此欲使喷油泵能随柴油机工况不同而改变供油量，只需改变有效行程。一般借改变柱塞斜槽与柱塞套油孔的相对位置来实现。当柱塞转到图 2-4-8（d）中所示位置时，柱塞根本不可能完全封闭油孔，因此有效行程为零，即喷油泵处于不泵油状态。

（3）柱塞行程分析

柱塞向上运动的行程中包括预行程、减压带行程、有效行程和剩余行程，如图 2-4-9 所示。

① 预行程——柱塞从下止点上升到其头部将柱塞套上的油孔完全遮蔽时所移动的距离。

它的大小影响了供油提前角的大小，下止点越接近进油孔，进油孔关闭得越早，供油提前角就越大。从理论上说，进油孔一关闭，就是供油行程的开始。实际上由于出油阀芯减压带的存在，供油滞后了一点。

② 减压带行程——柱塞从预行程结束到出油阀芯的减压带开始离开阀座导向孔时所移动的距离。

它取决于出油阀的减压容积及高压油管的膨胀量。

③ 有效行程——柱塞从出油阀开启到柱塞的斜槽上棱边与柱塞套的油孔相遇时移动的距离。

它决定于斜槽上棱边相对于油孔位置和油孔直径，此时的出油量称为循环供油量。出油阀开启的瞬间所对应的曲拐位置至上止点间的曲轴转角称为供油提前角，有效行程也可称为工作行程。

④ 剩余行程——柱塞从有效行程结束（开始回油）上升到上止点时移动的距离。

它的大小和有效行程有关。它是油室内剩余的燃油回流的必要过程并使有效行程有充分的调整余地，又是柱塞、滚轮体等零件从最大运动速度降到零时所需的过渡行程。

由此可见，柱塞上升过程中只是在有效行程中才供油，由于有效行程的大小是由对应于柱塞套油孔的斜槽上方的母线长度决定的，如果旋转柱塞改变其斜槽与柱塞套油孔的相对位置，则可改变分泵的循环供油量。

（4）循环供油量的调节原理

分泵循环供油量的调节，如图 2-4-10 所示。

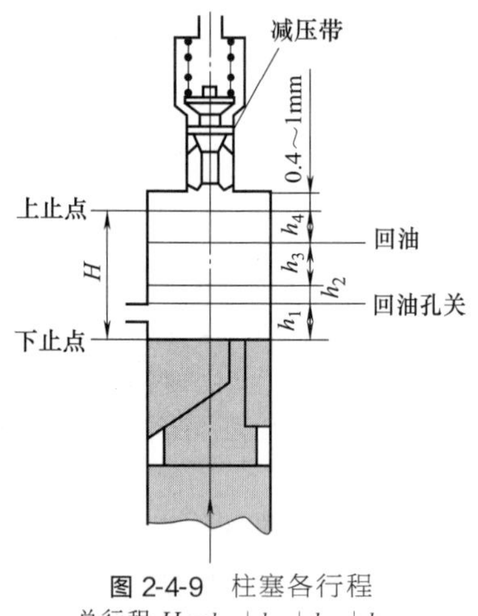

图 2-4-9 柱塞各行程

总行程 $H=h_1+h_2+h_3+h_4$；

h_1——预行程；h_2——减压行程；

h_3——有效行程；h_4——剩余行程

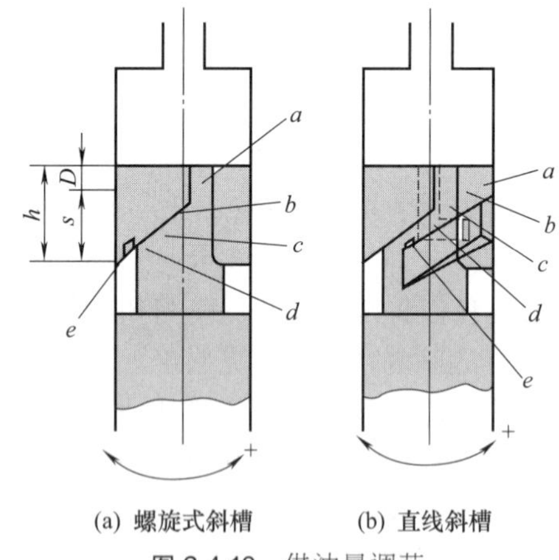

图 2-4-10 供油量调节

h—柱塞行程；s—有效行程；

D—剩余行程；a、b、c、d、e—斜槽上的点位

柴油机在各种工况时柱塞的斜槽上棱边相对于回油孔的位置如下：

① 熄火位置。转动柱塞使螺旋槽的直切槽对准回油孔时［图 2-4-10（a）中的 a 点］，分泵的高压油腔和回油孔相通，柱塞上升始终不能封闭回油孔，并将高压油腔内的柴油从直切槽压入低压油室。此时供油量等于零，柴油机则熄火。

② 怠速位置。将柱塞向“＋”方向旋转一定角度，使斜槽上棱边的 b 点对准进回油孔时，即有一段小的压油行程，供油量也较少。

③ 中等负荷位置。将柱塞再向“＋”的方向转动一定角度，使斜槽上棱边的 c 点对准进回油孔时，为中等负荷下的供油量。

④ 全负荷位置。d 点对准进回油孔时有效行程达到标定供油量位置，此时实测的供油量为标定供油量。标定供油量的位置不是在斜槽上棱边的最下端，而是偏上一些，再继续转动柱塞（e 点），还可以增加有效行程，加大供油量。这是为了启动加浓和超负荷时必要的加浓以及柱塞副磨损后漏油量加大有调整的余地，同时也是为了柱塞副的系列化使用，或在使用中更换柴油品种时有一定的机动范围。

2.4.3.5　单体泵

（1）单体泵的特点

电控单体泵供油系统与传统的机械式喷油泵相比，在结构形式上主要有两点不同，一是每个油泵都是独立的，分别安装在发动机气缸体上，对应每个气缸，在气缸体上有安装单体泵的孔，六缸柴油机有六个单体泵（四缸柴油机有四个单体泵），这六个单体泵是由整个发动机的凸轮轴来驱动，也就是说，单体泵一般作为整体部件装在柴油机的气缸体上，由配气凸轮轴上的喷射凸轮驱动。而传统的六缸柴油机的机械式喷油泵是布置在整机缸体的外侧，通过外部托架固定在发动机缸体上，在喷油泵泵体内，有一根凸轮轴，专门驱动六套柱塞。第二点不同是电控单体泵的上部有电磁阀，电磁阀能够按照特性图谱的数据精确地控制喷射正时及喷油时间。传统的机械式喷油泵是位置控制，通过控制齿条的位置来控制油量，无法控制提前角的柔性。

单体泵的优点很多，它使燃烧更适合工况的需要，因而燃烧更充分，效率更高，降低了排气污染和燃油消耗率。它还有以下优点：

① 由凸轮轴通过挺柱驱动，结构紧凑，刚度好；

② 喷油压力可以高达 108～116Pa；

③ 较小的安装空间；

④ 高压油管短，且标准化；

⑤ 调速性能好，适用不同用途发动机，任意设定调速特性；

⑥ 具有自排气功能；

⑦ 换泵容易。

电控单体泵供油系统是带时间控制的模块式装置，发动机每个气缸都配有一个单独的模块。主要组件：①整体插入式高压泵；②快速作用的电磁阀；③较短的高压油管；④喷油器总成。

（2）单体泵燃油系统的组成

单体泵供油系统组成如图 2-4-11 所示。

① 低压油路

柴油从柴油箱 1 出来，经过燃油输油泵 3 进入柴油滤清器 5 过滤之后，非电控机型则进入铸在缸体内的低压油室，回油也在此油室内，低压油室的压力为 5～105MPa。电控发动机柴油从柴油滤清器出来之后，从外部接头进入连接电控单体泵的金属低压油路，每个泵都单独与外面的燃油进油管连接。燃油回油通道铸在气缸体上，低压油路中压力的稳定对发动机的功率输出是至关重要的。在发动机出现功率不足的情况时，应首先测量低压油路的压力，测量位置为低压油路外部接头处。在发动机转速为 2300r/min 时，压力为 105～415MPa。

② 高压油路

低压油路内的燃油从单体泵 7 经过很短的高压油管 8 进到喷油器 9，当压力达到 107～

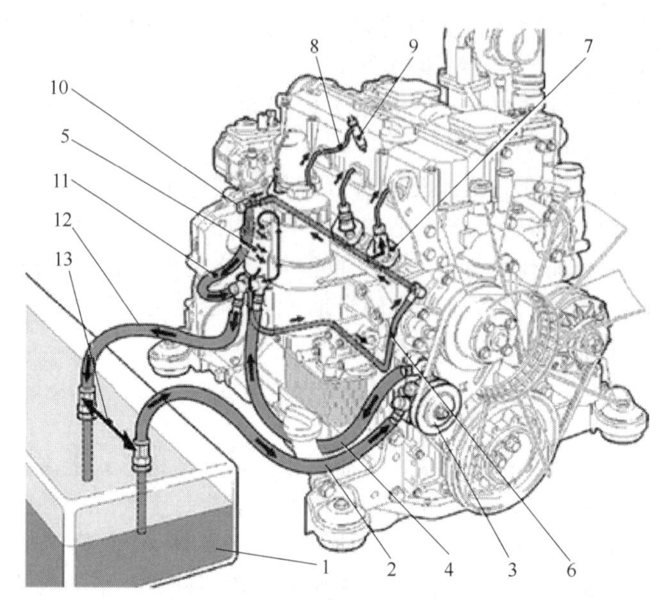

图 2-4-11　单体泵柴油供给系统组成

1—柴油箱；2—燃油进油管；3—燃油输油泵；4—滤清器前燃油管；5—燃油滤清器；6—滤清器后燃油管；7—单体泵；8—高压油管；9—喷油器；10—限压阀；11，12—回油管；13—燃油箱内进回油管距离规定

212Pa 时，喷油器开启，将燃油呈雾状喷入燃烧室，与空气混合而形成可燃混合气。从柴油箱到金属燃油管接头这段油路中的油压是由燃油输油泵建立的，而输油泵在发动机额定转速下的出油压力一般为 5～105MPa，故这段油路称为低压油路，只用于向单体泵供给滤清的燃油。从单体泵到喷油器这段油路中的油压是由单体泵建立的，约为 108～116MPa。

③ 燃油回流

由于输油泵的供油量比单体泵的出油量大 10 倍以上，大量多余的燃油经限压阀 10 和回油管 12 流回柴油箱，并且利用大量回流燃油驱净油路中的空气，有自动排气功能。

④ 燃油温度传感器

用于燃料的油温及燃料喷射量的修正。

2.4.3.6　高压共轨燃油系统

（1）高压共轨喷射系统特点

它是由燃油泵把高压油输送到公共的、具有较大容积的配油管——油轨内，将高压油蓄积起来，再通过高压油管输送到喷油器，即把多个喷油器，并联在公共油轨上。在公共油轨上，设置了油压传感器、限压阀和流量限制器。由于微电脑对油轨内的燃油压力实施精确控制，燃油系统供油压力因柴油机转速变化所产生的波动明显减小，喷油量的大小仅取决于喷油器电磁阀开启时间的长短。其特点如下：

① 将燃油压力的产生与喷射过程完全分开，燃油压力的建立与喷油过程无关。燃油从喷油器喷出以后，油轨内的油压几乎不变；

② 燃油压力、喷油过程和喷油持续时间由微电脑控制，不受柴油机负荷和转速的影响；

③ 喷油定时与喷油计量分开控制，可以自由地调整每个气缸的喷油量和喷射起始角。

（2）高压共轨燃油喷射系统的基本结构及工作原理

高压共轨燃油喷射系统的基本结构如图 2-4-12 所示。

高压共轨燃油喷射系统包括燃油箱、输油泵、燃油滤清器、油水分离器、高低压油管、高压油泵、带调压阀的燃油共轨组件、高速电磁阀式喷油器、预热装置及各种传感器、电子控制单元等装置。

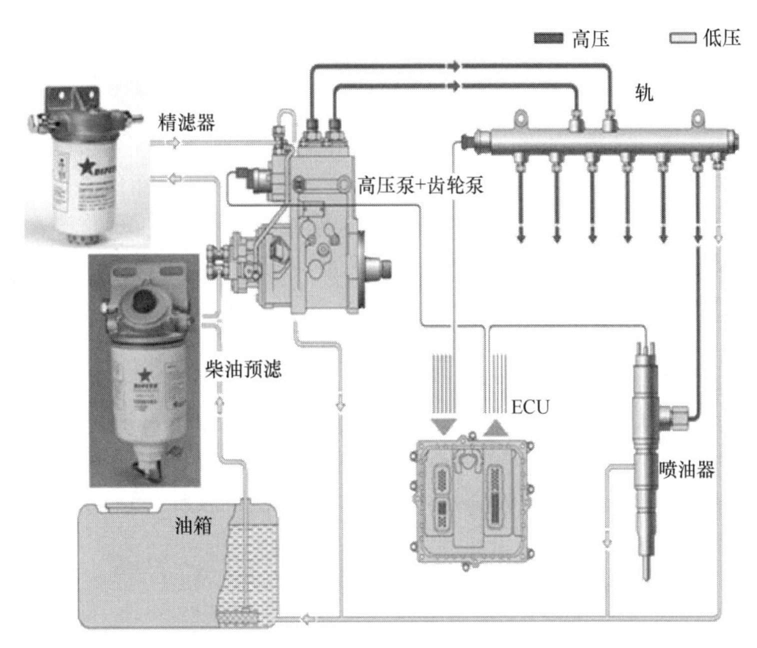

图 2-4-12　高压共轨燃油喷射系统的基本结构

高压共轨燃油喷射系统的低压供油部分包括：燃油箱（带有滤网、油位显示器、油量报警器）、输油泵、燃油滤清器、低压油管以及回油管等；共轨喷射系统的高压供油部分包括：带调压阀的高压油泵、燃油共轨组件（带共轨压力传感器）以及电磁阀式喷油器等。

其工作原理如下：电子控制单元接收曲轴转速传感器、冷却液温度传感器、空气流量传感器、加速踏板位置传感器、针阀行程传感器等检测到的实时工况信息，再根据 ECU 内部预先设置和存储的控制程序和参数或图谱，经过数据运算和逻辑判断，确定适合柴油机当时工况的控制参数，并将这些参数转变为电信号，输送给相应的执行器，执行元件根据 ECU 的指令，灵活改变喷油器电磁阀开闭的时刻或开关的开或闭，使气缸的燃烧过程适应柴油机各种工况变化的需要，从而达到最大限度提高柴油机输出功率、降低油耗和减少排污的目的。

一旦传感器检测到某些参数或状态超出了设定的范围，电控单元会存储故障信息，并且点亮仪表盘上的指示灯（向操作人员报警），必要时通过电磁阀自动切断油路或关闭进气门，减小柴油机的输出功率（甚至停止发动机运转），以保护柴油机不受严重损坏——这是电子控制系统的故障应急保护模式。

2.4.4　输油泵

2.4.4.1　输油泵的功用

① 保证有足够数量的柴油自燃油箱输送到喷油泵。

② 并维持一定的供油压力以克服管路及燃油滤清器阻力，使柴油在低压管路中循环。

2.4.4.2　输油泵的类型

① 活塞式；

② 膜片式（常作为分配式喷油泵的输油泵）；

③ 滑片式（常作为分配式喷油泵的输油泵）；

④ 齿轮式。

2.4.4.3　活塞式输油泵的结构与工作原理

因为活塞式输油泵结构简单，使用可靠，加工安装方便，在柴油机上使用比较广泛。现以活塞式输油泵介绍输油泵的工作原理，如图 2-4-13 所示。

当喷油泵凸轮轴旋转时，在偏心轮和活塞弹簧的共同作用下，油泵活塞在输油泵体内做往复运动。

当输油泵活塞在活塞弹簧的作用下向上运动时，A 腔内容积增大，产生真空，进油阀开启，柴油经进油口被吸入 A 腔。与此同时，B 腔容积减少，柴油压力增高，出油阀关闭，B 腔中的柴油经出油口被压出，送往燃油滤清器和喷油泵。

当偏心轮推动滚轮，挺柱和推杆使输油泵活塞向下运动，此时，A 腔油压增高，进油阀关闭，出油阀开启，柴油从 A 腔流入 B 腔。

2.4.4.4 活塞式输油泵输油量自动调节原理

活塞式输油泵输油量自动调节原理如图 2-4-14 所示。

当输油泵的供油量大于喷油泵的需要量，或柴油滤清器阻力过大时，油路和下泵腔油压升高，若此油压与活塞弹簧弹力相当，则活塞就停在某一位置，不能回到下止点，即活塞的行程减小，从而减少了输油量，并限制油压的进一步升高，这样，就实现了输油量和供油压力的自动调节。

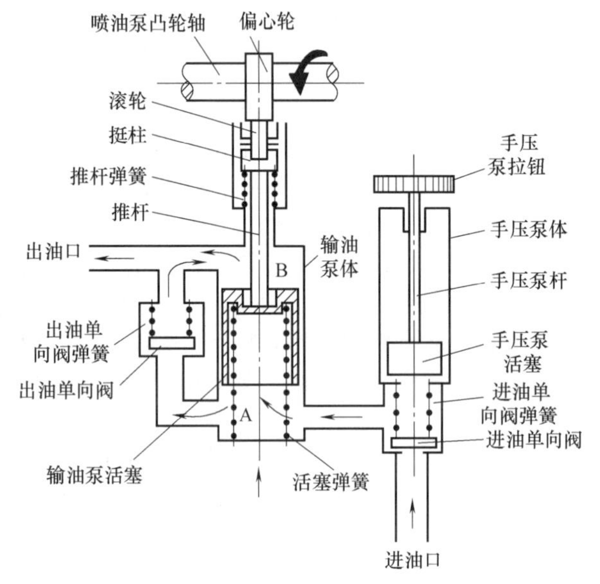

图 2-4-13 活塞式输油泵工作原理示意图

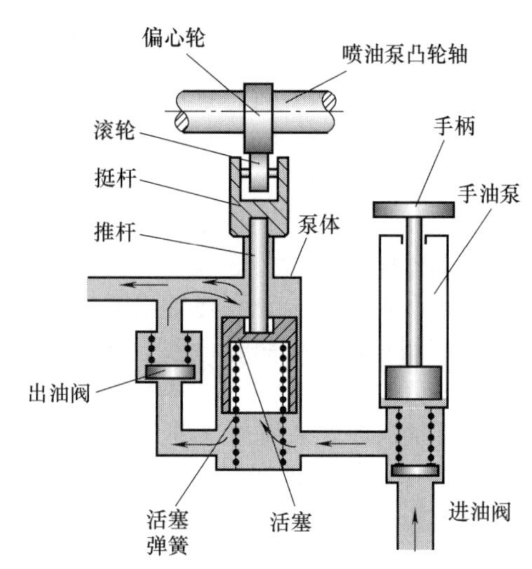

图 2-4-14 活塞式输油泵输油量自动调节原理

2.5 润滑系

2.5.1 保证发动机润滑的条件

（1）有足够的润滑油量和合适的压力

足够的油量才能保证各个需要润滑的表面有足够的油来形成油膜，从而提高零件的使用寿命。合适的压力是保证润滑油被可靠地送达各个摩擦表面的必要条件。

（2）运动件表面之间要有合适的间隙

当有足够的润滑油条件后，还必须在两个相对运动的运动件之间留有一定的间隙，才能使润滑油进入到两个运动件表面之间。当两个表面逐渐靠近时，润滑油被挤到一个窄的空间而产生一个压力，这个压力将两个表面强制分离，从而形成完整的油膜。

(3) 要有足够快的速度

如果轴的转速不够快，它将没有足够快的速率泵压足够量的润滑油进入压力楔，补充从轴承两端漏掉的润滑油量，从而无法保持完整的油膜润滑。

(4) 润滑油必须有适当的黏度

在速度、负荷、油膜厚度都稳定的条件下，润滑油的黏度越大，摩擦阻力越大，摩擦系数也大，机械摩擦损失功率也越大。但是，选用的润滑油黏度应与转速、负荷配合适当，机械就能处于合适的流体膜摩擦范围内工作，摩擦系数低，机械磨损就小，所以控制润滑油的黏度非常重要。

2.5.2 润滑油的作用

(1) 润滑

在零件的摩擦表面形成油膜，减少零件的摩擦、磨损和功率消耗。

(2) 清洁

发动机在工作时会有杂质产生，也会有外部的杂质侵入。发动机在工作时零件之间会有摩擦后的金属屑产生，同时也会有燃油和润滑油中的固态杂质以及燃烧时产生的固态杂质等产生，另外，会有外部的尘埃进入。一旦这些杂质进入零件表面将形成磨料，大大加剧零件的磨损。润滑油会将这些磨料带走，使磨料随润滑油回到油底壳，从而起到清洁的作用。

(3) 冷却

发动机由于摩擦和高温燃烧产生较高的温度。润滑油流经零件表面时可吸收温度，气缸壁上形成的油膜可冷却摩擦表面，从而起到降温的作用。

(4) 密封作用

在运动零件之间，气缸壁上形成的油膜可以提高密封性，防止漏气和漏油。

(5) 防锈作用

在零件表面形成油膜，防止零件生锈。

(6) 液压作用

利用润滑油作液压油。

(7) 缓冲作用

在运动零件表面形成油膜，吸收冲击减小振动。

2.5.3 润滑系的作用

润滑系的功用是向相对运动的零件表面输送定量的清洁润滑油，以实现液体摩擦，减小摩擦阻力，减轻机件的磨损，并对零件表面进行清洗和冷却。

2.5.4 润滑方式

发动机运动副的工作条件不同，对润滑强度的要求也不同。它取决于工作环境好坏、承受载荷的大小和相对运动速度的大小。发动机各部件的主要润滑方式见表 2-5-1。

表 2-5-1　发动机各部件主要润滑方式

序号	润滑方式	应用范围	润滑原理	举例
1	压力润滑	负荷大，相对运动速度高的工作表面	利用润滑油泵加压，通过油道将润滑油输送到摩擦表面	主轴承、连杆轴承、凸轮轴轴承、气门摇臂轴等

续表

序号	润滑方式	应用范围	润滑原理	举例
2	飞溅润滑	外露、负荷小、相对运动速度小的工作表面	依靠从主轴承和连杆轴承两侧漏甩出的润滑油和油雾进行润滑	凸轮与连杆、偏心轮与汽油泵摇臂、活塞销与销座及连杆小头等
3	定期润滑	辅助机件	定期加注润滑脂	

2.5.5 润滑油的分类与选用

（1）SAE（美国汽车工程师学会）黏度分类法（图2-5-1）

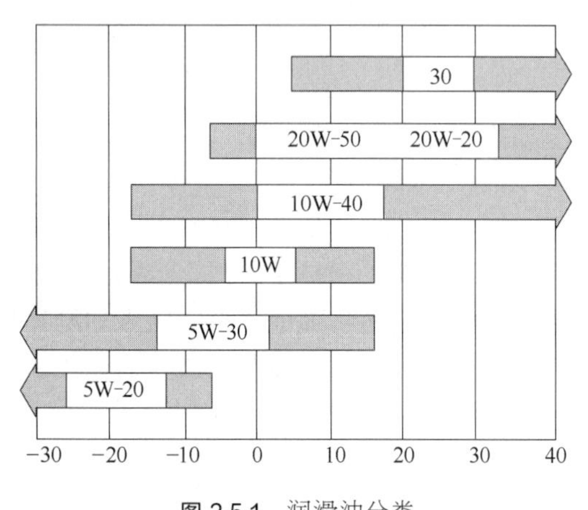

图2-5-1 润滑油分类

冬季油有6个牌号，即SAE0W、SAE5W、SAE10W、SAE15W、SAE20W和SAE25W。符号W代表冬季，W前的数字越小，其低温黏度越小，低温流动性越好，适用的最低气温越低（冷启动性能好）。

夏季油有4个牌号，即SAE20、SAE30、SAE40和SAE50。机油黏度随数字增大而增大，大标号的油品适合于更高温度环境下使用。

冬夏通用油牌号分别为：5W/20、5W/30、5W/40、5W/50、10W/20、10W/30、10W/40、10W/50、15W/20、15W/30、15W/40、15W/50、20W/20、20W/30、20W/40、20W/50，代表冬用部分的数字越小，代表夏季部分的数字越大，适用的气温范围越大。

（2）API（美国石油学会）分类

S系列用于汽油机，有SA、SB、SC、SD、SE、SF、SG和SH共8个级别。

C系列指柴油机机油，有CA、CB、CC、CD和CE共5个级别。

级别越靠后的机油，适用性能越好。

例如：标号为SAEl0WSD，表示黏度分类是SAEl0W，质量级别为API SD的冬季汽油机油；标号为SAE30SD，表示黏度分类是SAE30。质量级别为API SD的夏季汽油机油；标号为SAE10W-30SD（或SAE10W/30SD），表示黏度分类是既满足SAE10W又满足SAE30冬夏通用汽油机油，其质量等级为API SD级。

（3）润滑油添加剂

① 润滑脂。润滑脂是稠化剂和液体润滑剂组成的固体/半固体产品。

② 润滑脂的分类：钙基润滑脂、钠基润滑脂、钙钠基润滑脂、复合钙基润滑脂、通用锂基润滑脂、石墨钙基润滑脂。

③ 润滑油选用原则。

a. 在保证发动机润滑可靠的前提下，选用低黏度的润滑油，以减少摩擦损失和有利于发动机的起动。

b. 根据发动机的工作条件，选用润滑油。

低速发动机相对运动的零件间油膜不易形成；旧发动机零件间间隙较大，润滑油易流动；大负荷或强化发动机轴承受力大，油膜不易形成，均需高黏度的润滑油。

c. 主要考虑环境温度来选择，需要时要及时更换不同级别的机油。在炎热地区或夏季气温较高，宜选用高黏度的机油。

④ 润滑油添加剂的作用和种类。添加剂是一种有机化学制剂，滑油中加入少量添加剂的作用如下：

a. 提高基础油的性能（例如，提高黏度指数添加剂）；

b. 增加基础油本身不具备的性能（如极压添加剂）；

c. 恢复并增强在精制过程中失掉的性能（例如，抗氧化添加剂）。

在合适的基础油中加入各种适量的添加剂可以改善润滑油的使用性能。使用哪种添加剂主要取决于发动机对润滑油的要求。但一般使用的添加剂大致可分为两大类。一类是影响化学性质的：如抗氧化剂、抗腐蚀和防锈添加剂、减磨剂、清净分散剂和高碱性添加剂等。另一类是影响物理性质的：如降凝剂、消泡沫剂、增黏剂、固体浮游添加剂和乳化剂等。

某些重要的添加剂可混合后使用。例如，把抗氧化剂和极压添加剂结合在一起；把清净剂和抗氧化剂结合在一起。这类添加剂叫作“多效能”添加剂。

2.5.6　润滑系的组成

发动机的润滑系主要有储存部件、泵送部件、滤清部件、冷却部件、压力温度检测部件等。对于不同的系统稍有差别。现代柴油机根据其润滑油大量储存的位置不同，可分为湿式油底壳和干式油底壳两大类。

干式油底壳润滑系的特点是：回流到油底壳内的润滑油不断被一只或两只吸油泵抽出，并输送到位于发动机外边的蓄油箱中，然后由另一只压油泵将润滑油送到发动机内部的润滑系中去。

在激烈的驾驶条件下，采用飞溅润滑的湿式油底壳可能会因离心作用的问题进而导致机油供给困难造成润滑不足的情况，在一定程度上制约着车辆的性能。取消油底壳后，发动机的重心得到降低，提高了车辆的操控性；大尺寸机油泵很容易从高处的储油罐中抽取机油，在大马力发动机的支持下，流动的机油会在设计师的规划下精准地抵达目的地，将它的功效发挥至最大。

润滑系主要组成如下：

（1）油底壳

其作用是收集、储存、冷却及沉淀润滑油。

（2）润滑油泵

为了保证润滑部位得到必要的润滑油量，主油道必须具有一定的供油压力。机油泵的作用就是将足够量的润滑油以足够的压力供给主油道，以克服机油滤清器及管道的阻力。

润滑油泵通常采用齿轮式和转子式两种结构形式，见表 2-5-2。

表 2-5-2　润滑油泵类型

序号	工作原理	图　形
转子式润滑油泵	润滑油泵工作时，内转子带动外转子朝同一个方向旋转。由于内外转子不同心，而且齿数不相等，所以在旋转过程中将内、外转子之间的空腔分割成几个互不相通、容积不断变化的空腔。正对进油道一侧面的空腔，由于转子脱离啮合，容积逐渐增大，产生真空吸力，润滑油被带到出油道一侧，这时转子进入啮合，空腔容积减少，润滑油从齿间挤出，并经出油道压送出去	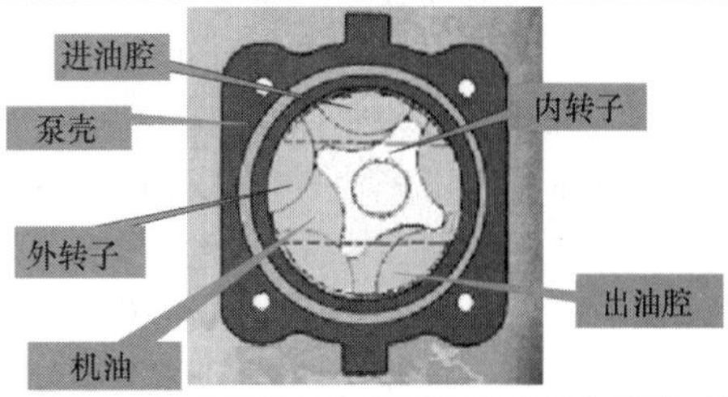 进油腔 泵壳 内转子 外转子 出油腔 机油

续表

序号	工作原理	图形
齿轮式润滑油泵	油泵工作时，主动齿轮和被动齿轮啮合旋转，进油腔容积增大，腔内产生真空度，润滑油从进油口被吸进，充满进油腔。齿轮旋转时把齿间储存的润滑油带到出油腔内，由于出油腔一侧轮齿进入啮合，出油腔容积减少，油压升高，润滑油便经出油口压送出去。由此不断啮合旋转而连续不断地泵油，轮齿在进入啮合时，啮合齿间的润滑油由于容积变小而产生很大的推力，为此在泵盖上开出一条卸荷槽，使齿间挤出的润滑油可以通过卸荷槽流向出油腔	主动齿轮 进油腔 出油腔 被动齿轮 壳体

（3）滤清器

机油滤清器主要有三种，见表 2-5-3。

表 2-5-3 机油滤清器分类

序号	类型		特点	作用	位置	流量比例%	图形
1	集滤器	浮式集滤器	浮于机油表面，能吸入油面上较为清洁的机油，但当油面上的泡沫被吸入时，油道中机油压力降低，润滑欠可靠	防止较大的机械杂质进入机油泵	装在机油泵之前的吸油口端	100	
		固定式集滤器	集滤器淹没于机油下面，吸入的机油清洁度较差，但可防止泡沫吸入，润滑可靠，结构简单				
2	粗滤器			滤去机油中粒度较大（0.05 及以上）的杂质	串联在机油泵与主油道之间	70～90	
3	细滤器			滤去机油中粒度小于 0.05mm 的杂质	与主油道并联	10～30	

（4）润滑油冷却器

其作用是使润滑油散热，保证润滑油在合适的温度范围内工作。润滑油冷却器的类型有水冷式和风冷式两种。

将机油冷却器置于冷却水路中，利用冷却水的温度来控制润滑油的温度。当润滑油温度高时，靠冷却水降温，发动机起动时，则从冷却水吸收热量使润滑油迅速提高温度。机油冷却器由铝合金铸成的壳体、前盖、后盖和铜芯管组成，如图 2-5-2 所示。为了加强冷却，管外又套装了散热片。冷却水在管外流动，润滑油在管内流动，两者进行热量交换。也有使油在管外流动，而水在管内流动的结构。

（5）机油油尺和机油压力表

机油油尺是用来检查油底壳内的油量和油面高低的。它是一片金属杆，下端制成扁平，并有刻线。机油油面必须处于油尺上下刻线之间。

机油压力表用以指示发动机工作时润滑系中机油压力的大小，一般都采用电热式机油压力表，它由油压表和传感器组成，中间用导线连接。传感器装在粗滤器或主油道上，它把感

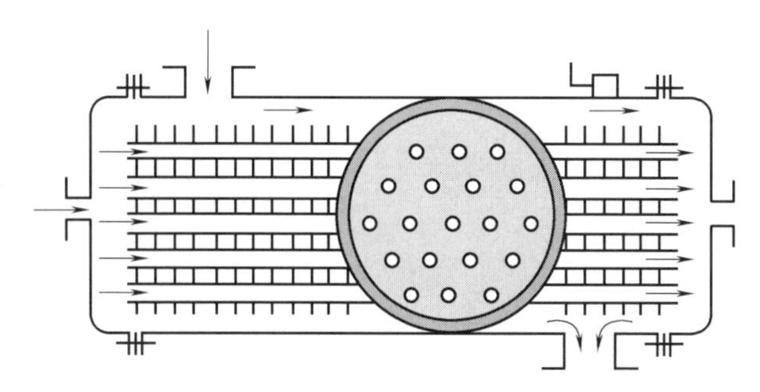

图 2-5-2　机油冷却器

受到的机油压力传给油压表。油压表装在驾驶室内仪表板上，显示机油压力的大小值。

2.5.7　润滑油路分析

以康明斯发动机为例进行油路分析，见图 2-5-3。

其润滑油油路路线如图 2-5-4 所示。

康明斯 NT-855 型柴油机润滑系采用全流式机油冷却和旁流式机油滤清。用于小松 D8OA-18 推土机的柴油机，其润滑系统油路循环如图 2-5-4 所示。同时使用全流式和旁流式机油滤清器，可使润滑油达到较好的净化和滤清效果。机油泵安装在发动机前端左下侧外部，为双联齿轮泵。安全阀设在机油泵体上；机油滤清器安装在柴油机左侧；机油粗滤器和水冷式机油散热器连成一体，装在柴油机左侧；散热器座上还设有调压阀；转向液压油散热器以及离合器油散热器与机油散热器连为一体，分别散热。

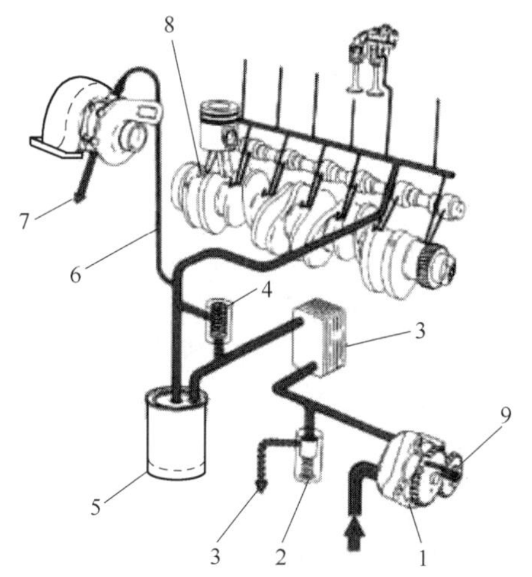

图 2-5-3　康明斯发动机燃油系统

1—机油泵；2—限压阀；3—机油散热器；4—滤清器旁通阀；5—机油滤清器；6—增压器输油管；7—增压器回油管；8—活塞冷却喷嘴；9—机油泵惰轮

安全阀的使用是限制润滑系统油压不得过高，其调定压力为 890～940kPa。机油泵送出的压力机油，大部分经油管进入散热器座，少部分经细滤器旁路排回油底壳。进入散热器的机油冷却并经精滤器滤清后，再由散热器座送出。调压阀设在散热器座上，调整调压阀可改变系统油压范围，其调定压力为（440±40）kPa。与粗滤器并联接有一旁通阀，当粗滤器堵塞时可提供润滑油通路，阀压 280～350kPa，起安全作用。

经冷却和滤清后的压力机油由散热器座送到主油道，在此，机油开始分流润滑。

一路通过供油软管进入增压器，增压器回流的机油通过回油软管流回曲轴箱中。

进入主油道的润滑油，通过钻孔油道被送到主轴承、连杆轴承、活塞销衬套、凸轮轴衬套、凸轮随动臂轴及随动臂、摇臂轴和摇臂等，然后流回油底壳中。

由于采用增压器，活塞承受的负荷大，温度较高，因此，对活塞必须进行冷却。活塞冷却是由主油道头部相通的输油道来供油的。一个活塞冷却油道在缸体右侧，自气缸体前部一直延伸到气缸体的后部。从气缸体外侧安装有 6 个活塞冷却喷嘴，它们自活塞冷却油道向每个活塞的内腔喷射机油，对活塞进行冷却。

附件传动的润滑是与主轴道相通的输油道供油的。一个相交油道将从输油道来的润滑油引出气缸体的前部，送到柴油机排气管一侧的齿轮室盖中，通过油管将油送到齿轮及附件传

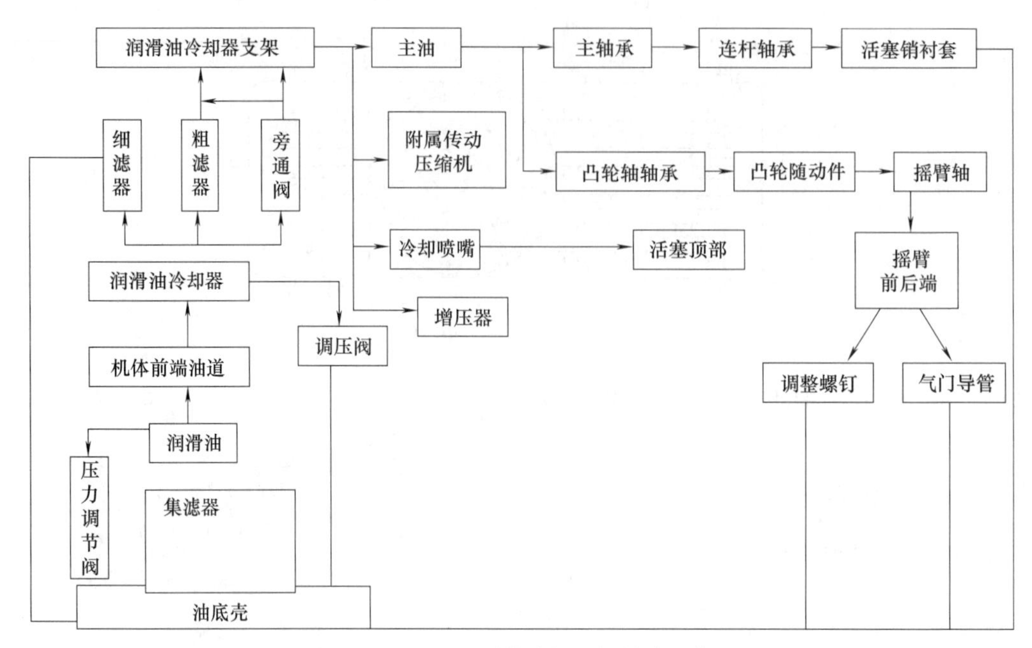

图 2-5-4 NT-855 型柴油机润滑油路示意图

动轴套上，对附件进行润滑。

2.5.8 曲轴箱通风

发动机运转时少量的可燃混合气和废气经活塞与汽缸壁的间隙泄漏到曲轴箱内，可燃混合气凝结后使润滑油变稀，性能变坏。废气内含有水蒸气和二氧化硫，水蒸气凝结在润滑油中形成泡沫，破坏润滑油的供给，这种现象在冬季尤为严重。二氧化硫遇水生成亚硫酸或硫酸。这些酸性物质出现在润滑系中，会使零件受到腐蚀。此外，由于可燃混合气和废气进入曲轴箱内，曲轴箱内的压力便增大，润滑油将从油封、衬垫等处渗漏出去。因此，为了延长润滑油的使用期限，减少零件的磨损和腐蚀，防止机油渗漏，必须使曲轴箱通风。

（1）自然通风

曲轴箱内的气体直接导入大气中去，这种通风方式称为自然通风，如图 2-5-5 所示。在与曲轴箱连通的气门室盖或润滑油加注口接出一根下垂的出气管，管口处切成斜口，切口的方向与机械行驶的方向相反。由于机械的前进和冷却系风扇所造成的气流作用，使管内形成真空而将废气吸出。

（2）强制封闭式通风

非增压柴油机强制封闭式通风装置如图 2-5-6 所示。

进入曲轴箱内的可燃混合气和废气在进气管真空度的作用下，经挺柱室、推杆孔进入气缸盖后罩盖内，再经小空气滤清器、管路、单向阀、进气歧管进入燃烧室。新鲜空气经气缸盖前罩盖上的小空气滤清器进入曲轴箱。为了降低曲轴箱通风抽出的润滑油消耗，除在气缸盖后罩盖内装有挡油板外，在后罩盖上部还装有起油气分离作用的小滤清器，在管路中串联曲轴箱单向阀。单向阀的结构与工作原理如图 2-5-7 所示。

发动机小负荷低速运转时由于进气管真空度大，单向阀克服弹簧力被吸住在阀座上，曲轴箱内的废气只能经单向阀上的小孔进入进气管，流量较小。随着发动机转速提高、负荷加大，进气管真空度降低，弹簧将单向阀逐渐推开，通风量也逐渐增大。发动机大负荷工作时单向阀全开，通风量最大，从而可以更新曲轴箱内的气体。

增压发动机可利用抽气管将曲轴箱体内的气体通到增压器的吸气端，有较好的通风效果。道依茨发动机即采用的这种通风装置，如图 2-5-8 所示。

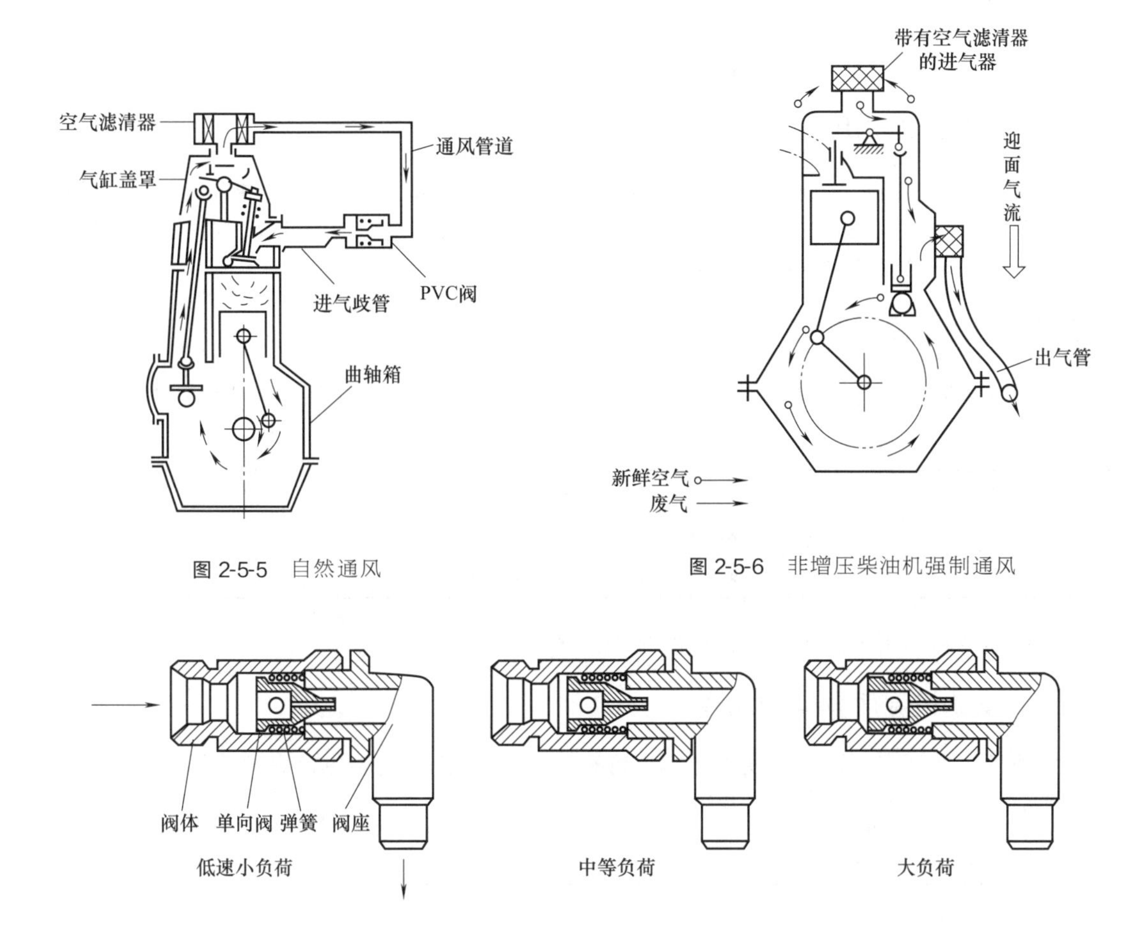

图 2-5-5　自然通风

图 2-5-6　非增压柴油机强制通风

图 2-5-7　单向流量控制阀结构与工作原理

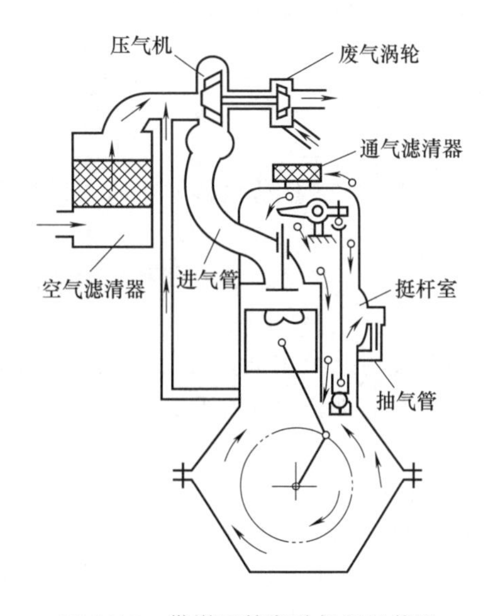

图 2-5-8　带增压的发动机通风装置

2.6 冷却系

2.6.1 冷却系的功用

发动机温度的高低一般用冷却介质的温度来衡量，正常的工作温度是 80～90℃，或高或低都会产生一些不良后果。发动机冷却系的作用就是以水或空气为介质。将发动机的热量适量传送出来，以保证发动机的正常运转。

2.6.2 发动机冷却方式

根据发动机冷却介质的不同，其冷却方式可分为风冷却系统和水冷却系统，见表 2-6-1。

表 2-6-1 发动机冷却方式

系统	温度范围
水冷却系	气缸盖内冷却水温度在 80～90℃
风冷却系	铝气缸壁的温度为 150～180℃，铝气缸盖为 160～200℃

工程机械和车用内燃机普遍采用的是水冷却系统。

2.6.3 发动机温度异常的危害

发动机要保证在合适的温度下才能进行正常工作，温度异常会影响发动机的正常工作，见表 2-6-2。

表 2-6-2 发动机温度异常情况

冷却程度	后　果
过冷	热量散失过多，增加燃油消耗，冷凝在气缸壁上的燃油流到曲轴箱中稀释润滑油，磨损加剧
不足	发动机过热，充气量减少，燃烧不正常，发动机功率下降润滑不良，加剧磨损

2.6.4 水冷却系统

（1）作用

以水或空气流为介质，将发动机的热量适量传送出来，以保证发动机的正常运转。

（2）组成

水冷却系统由水箱、风扇、水泵、水套、节温器和水温监测、控制装置等组成。

① 散热器。

a. 作用：将高温冷却液的热量传递给空气，使冷却液温度降低。

b. 类型：管片式和管带式两种，如图 2-6-1 所示。

c. 材料：黄铜或铝。

d. 结构：散热器如图 2-6-2 所示。

上贮水箱上有加水口并装有水箱盖，后侧有进水管，用橡胶管与节温器上的出水管相连。下贮水箱下有放水开关，后侧有出水管，也用橡胶管与水泵的进水管相连，并用卡箍紧固，与发动机机体形成了连接，防止机械的振动损伤散热器。

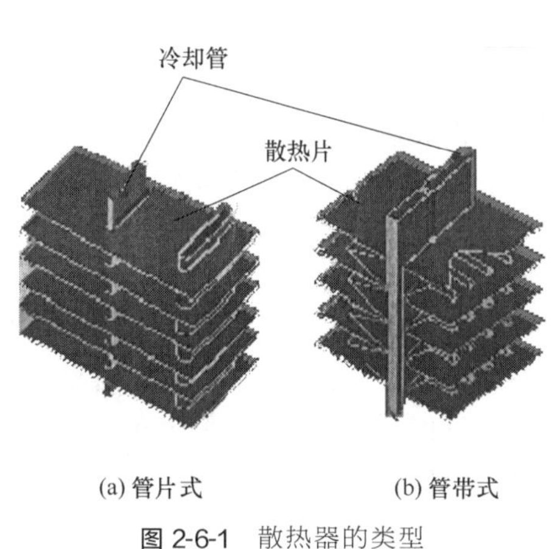

图 2-6-1 散热器的类型

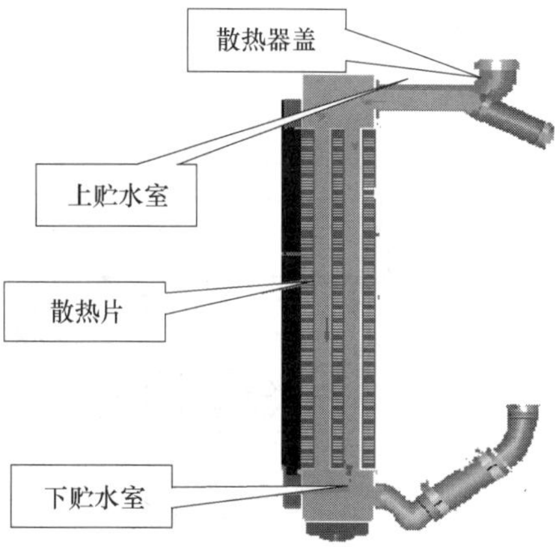

图 2-6-2 散热器

② 水泵。

a. 作用：对冷却水加压，促使冷却水在冷却系统中运动，以加强冷却效果。

b. 结构：离心式水泵如图 2-6-3 所示。

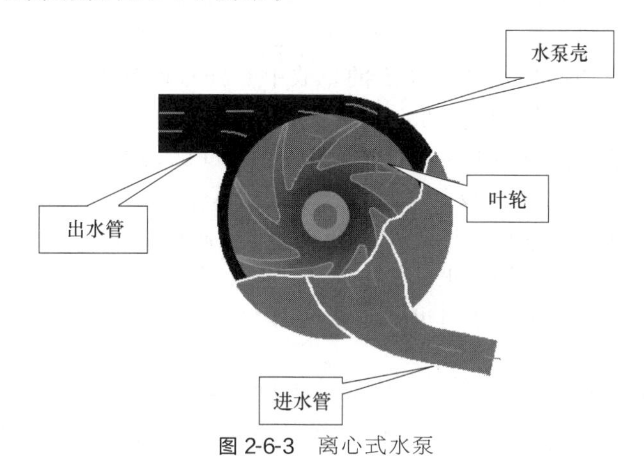

图 2-6-3 离心式水泵

c. 工作原理：来自散热器的冷却液经进水管流到叶轮的中心，并被叶轮带着一起旋转，由于离心力的作用，冷却液被抛向叶轮边缘，并且压力升高，后经出水管被压入缸体水套内。与此同时，叶轮中心形成低压，经进水管对散热器内的冷却液产生抽吸作用。

d. 特点：体积小，输水量大，工作可靠。

③ 风扇。

a. 位置：安装在散热器之后，发动机之前。

b. 作用：加快流经散热器并吹向机体气流的速度，提高散热器的散热能力，并带走发动机表面的热量。

④ 节温器。

a. 作用：根据发动机负荷大小和水温的高低自动改变水的循环流动路线，从而控制通过散热器冷却水的流量。

b. 类型

(a) 根据其结构和工作原理可为：蜡式皱纹桶式、金属热偶式。

(b) 根据阀门的多少可分为：单阀式、多阀式。

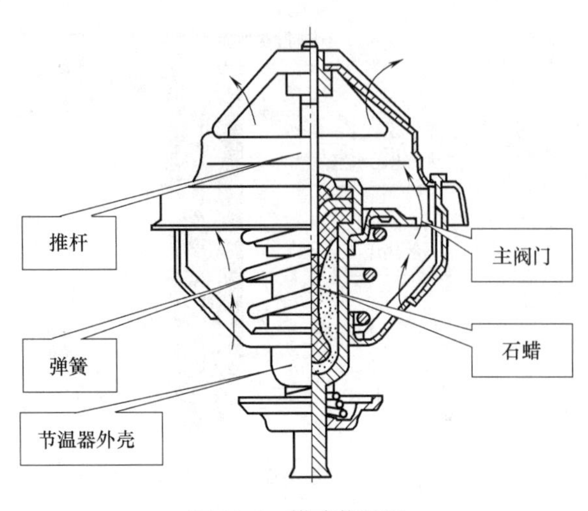

图 2-6-4　蜡式节温器

（c）蜡式节温器根据其结构的不同可分为：两通式、三通式。

c. 蜡式节温器结构：见图 2-6-4。

蜡式双阀反开节温器的构造。节温器的上支架和下支架与阀座构成一体，中心杆固定在上支架的中心，并插在橡胶管的孔内。中心杆的下端呈锥形，橡胶管与感应体之间的空间里装有石蜡。为提高导热性，石蜡中常掺有铜粉或铅粉，为防止石蜡外溢，感应体上端向内卷边，并通过感应体上盖和密封垫将橡胶管压紧在感应体的台肩上。感应体的上部与下部连在主阀门和旁通阀上。主阀门有通气孔，它的作用是加水时水套内的空气经小孔排出，保证能加满冷却水。常温时石蜡呈固态，当水温低于 349K 时，弹簧将主阀门压在阀座上，同时将旁通阀向上提起，离开旁通阀座，使旁通管路开放。

当水温升高时，石蜡逐渐变成液态，体积随之增大，迫使橡胶管收缩，从而对中心杆锥状端头产生推力。由于中心杆上端是固定的，故中心杆对橡胶管和感应体产生向下的反推力，当发动机冷却水温度达到 349K 时，此时反推力可克服弹簧的张力迫使主阀门打开，旁通阀门即处于关闭状态。此时内部压力可达到 15kPa，主阀门的最大升程可达 8～9mm。

d. 工作原理及冷却水循环路线：当冷却系的水温低于 349K（76℃）时，感应体内的石蜡是固体，在弹簧的作用下反推杆伸进橡胶套内，旁通阀被推向下方，成开启状态，主阀门下行呈关闭状态，冷却系中的循环水从气缸盖出水口经旁通阀直接进入水泵进水口，这种从水泵加压进入水套，再由气缸出水口出来直接又回入水泵的循环，称为小循环，在冷机起动和水温较低时使用。

当冷却系水温升高超过 349K（76℃）时，石蜡开始变为液体，体积增大，将反推杆向上推则压缩弹簧，关闭旁通阀，打开主阀，从气缸盖出水口出来的水则经主阀门和进水管进入散热器上贮水箱，经冷却后流到下贮水箱，再由出水口被吸入水泵的进水口，经水泵加压送入气缸体分水管或水套中，这样的冷却水循环称为大循环。

当发动机内冷却水处于上述两种温度之间时，主阀门和旁通阀均部分打开，故冷却水的大小循环同时存在。此时冷却水的循环称为混合循环。

其工作原理如图 2-6-5 所示。

⑤ 散热器盖。散热器盖是散热器上贮水箱注水口的盖子，用以封闭加水口，防止冷却液溢出。

具有空气-蒸汽阀的散热器盖可根据散热器中的蒸汽压力与空气压力差，自动打开或关闭空气阀、蒸汽阀，以及散热器内部保持一定的压力但又不致因内外压力差过大而损坏。

有些进口机械的发动机水箱盖蒸汽阀开启压力设计高达 0.1MPa，则水的沸点可高达 393K（120℃），故散热能力更强，当发动机在热状态下时，需要注意不要立即取下水箱盖，以免蒸汽喷出烫伤。采用封闭自动补偿冷却系时，将水箱盖上的蒸汽排出管用橡胶软管与贮液罐或膨胀箱相连即可。

（3）类型

水冷却系统根据冷却水的循环可分为自然对流冷却和强制对流冷却两种，在筑路机械上普

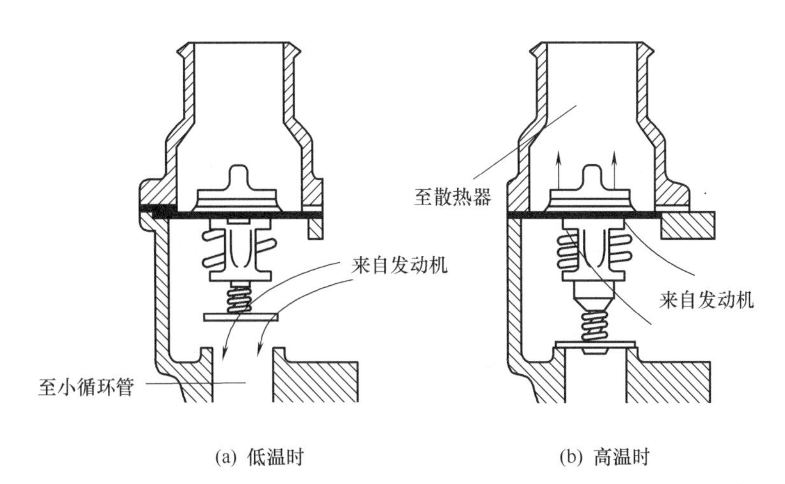

图 2-6-5　节温器工作原理示意图

遍使用强制对流冷却系，如图 2-6-6 所示。

（4）特点

水冷却系在发动机中广泛采用。具有冷却可靠、布置紧凑、噪声小的特点。

2.6.5　风冷却系

（1）组成

风冷却系统由冷却风扇、V 形皮带、张紧轮、导风罩组件、缸套和缸盖外表面的散热片等零件组成。

① 风扇。

a. 作用。风扇是为了供给柴油机冷却的冷风，不断地将气缸套、气缸盖和机油散热器的热量带走，排出到大气中。

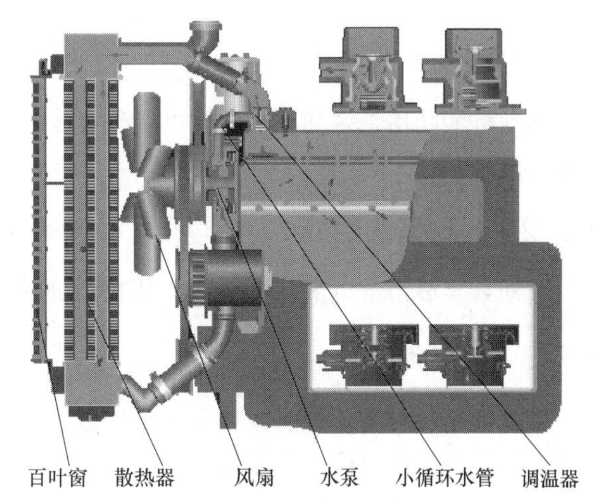

图 2-6-6　水冷却系结构图

b. 要求。风扇用 V 形皮带带动，并装有自动张紧轮，使 V 形皮带保持足够的张紧力。为了避免损伤 V 形皮带，不准使用螺丝刀或其它类似工具进行拆装，如要取下风扇皮带时，只需把张紧轮用力往里推即可。

② 导风罩。

a. 作用。导风罩的作用是为了更有效地利用气流，加强冷却，并且使气缸和气缸盖的温度均匀。

b. 组成。导风罩由前导风板、导风罩上部、导风罩底板、导风板、气缸套导风板、后导风板等组成。

（2）作用

风冷却是把发动机中气缸体、气缸盖等零部件从内部吸收又传出的热量，利用高速空气流直接吹过这些零部件的外表面，将热量散发到大气中，从而保持发动机的正常温度。

发动机最热的部分是气缸盖，为了加强冷却性能，现代发动机的缸盖都用铝合金铸造。为了更充分有效地利用气流加强冷却，一般都装有高速风扇和导流罩。有的还设有分流板等进行强制冷却，以保证各缸冷却均匀。考虑各缸背风面的需要装设气缸导流罩，以使空气流经气缸的全部圆周表面。

（3）特点

① 冷却系统部件少，结构简单，使用维修方便和制造成本低，整机重量轻。

② 对环境温度适应性强，风冷发动机缸体的温度较高，一般为423～453K（150～180℃）。当温度低到223K（－50℃）时，也能正常工作，即在严寒无水的地区也能正常工作。

③ 发动机升温快，容易起动，工作温度高，燃烧物中的水分不易凝结，故对气缸等机件的腐蚀性小。

④ 风冷却不如水冷却可靠，处于发动机风冷却系末端的部分冷却不够充分，热负荷较高，消耗功率大，噪声大，特别是在南方地区的夏季，持续的工作时间受到一定限制。

2.7　起动系

2.7.1　起动系的功用

起动机的功用是带动飞轮旋转以获得必要的动能和起动转速，使静止的发动机起动并转入自行运转状态。

2.7.2　起动系的组成

起动系主要由蓄电池、点火开关及起动机所组成。

2.7.3　蓄电池

蓄电池是一种将化学能转变为电能的装置，属于可逆的直流电源，应用最广泛的工程机械蓄电池是铅酸蓄电池。具体见第4章。

2.7.4　起动机

2.7.4.1　起动机的功用

起动机主要功用是起动发动机。

2.7.4.2　起动机的组成

起动机由直流电动机、传动机构和控制装置组成，如图2-7-1所示。

（1）直流电动机

直流电动机是将电能转变为机械能的设备。

（2）传动机构

传动机构的作用如下：

① 发动机起动时，使起动机的驱动齿轮和发动机飞轮齿环啮合，将电动机的转矩传给飞轮；

② 发动机起动后，自动切断动力传递，防止电动机被发动机带动，超速旋转而破坏。

（3）控制装置

控制装置的作用如下：

① 控制驱动齿轮和飞轮的啮合与分离；

② 控制电动机电路的接通与切断。

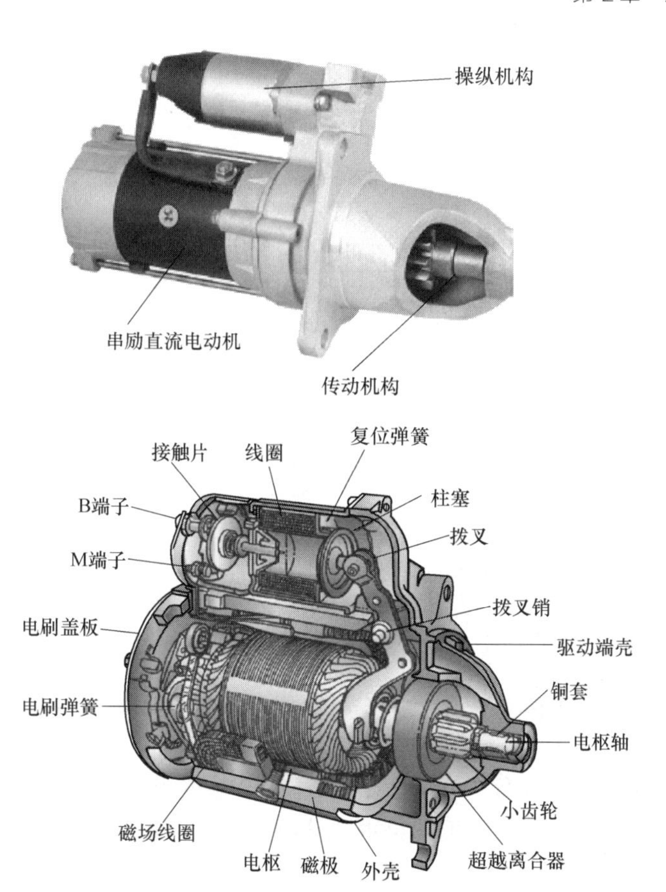

图 2-7-1　起动机结构

2.7.4.3　起动机的分类（表 2-7-1）

表 2-7-1　起动机的分类

类别	名称	原理	特点
按总体构造分类	电磁式	起动机的电机磁场是电磁场。借助起动开关控制电磁铁，由电磁铁控制电动机主电路接通或切断来起动发动机	操作安全、方便、省力
	减速式	传动机构设有减速装置，利用直流电动机高转速小转矩实现发动机要求的起动大转矩	质量和体积比较小，工作电流较小，结构和工艺较复杂，维修难度较大
	永磁式	电动机的磁场是永久磁场	结构简化、体积小、质量轻
按传动机构啮入方式分类	强制啮合式	利用电磁力拉动杠杆机构，使驱动齿轮强制啮入飞轮齿圈	工作可靠性高
	电枢移动式	利用磁极产生的电磁力使电枢产生轴向移动，从而将驱动齿轮啮入飞轮齿圈	结构较复杂，主要用于大功率发动机
	同轴齿轮移动式	利用电磁开关推动电枢轴孔内的啮合推杆移动，使驱动齿轮啮入飞轮齿圈	主要用于大功率发动机
	惯性啮合式	依靠驱动轮自身旋转的惯性力啮入飞轮齿圈	工作可靠性一般

2.7.4.4　起动机的工作原理

起动机的工作原理以电磁式起动机的工作原理来说明，工作原理图如图 2-7-2 所示。

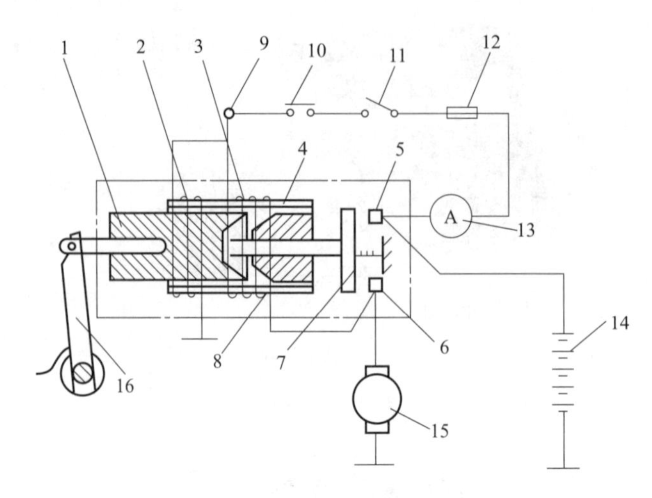

图 2-7-2　起动机工作原理

1—活动铁芯；2—保持线圈；3—吸拉线圈；4—黄铜套；5,6—主接线柱；
7—接触盘；8—挡铁；9—起动接线柱；10—起动按钮；11—总开关；
12—熔断器；13—电流表；14—蓄电池；15—电动机；16—拨叉

起动发动机时，接通电源总开关，按下起动按钮，吸拉线圈和保持线圈的电路被接通，此时电流通路为：蓄电池正极—主接线柱—电流表—电源总开关—起动按钮—起动接线柱。此时，电路分为两支，一路为保持线圈—搭铁—蓄电池负极；另一路为吸拉线圈—主接线柱—串励式直流电动机—搭铁—蓄电池负极。这时活动铁芯在两个线圈产生的同向电磁力的作用下，克服复位弹簧的推力而向右移动，一方面带动拨叉将单向离合器向左推出，另一方面活动铁芯推动接触盘向右移动，当接线柱被接触盘接通后，吸拉线圈被短路，于是蓄电池的大电流经过起动机的电枢绕组和励磁绕组，产生较大的转矩，带动曲轴旋转而起动发动机。此时，电磁开关的工作位置靠保持线圈的吸力维持。

发动机起动后，在松开起动按钮的瞬间，吸拉线圈和保持线圈是串联关系，电流通路为蓄电池正极—主接线柱 5—接触盘—主接线柱 6—吸拉线圈—保持线圈—搭铁—蓄电池负极，两个线圈所产生的磁通方向相反，相互抵消。于是活动铁芯在复位弹簧的作用下迅速回到原位，使得驱动齿轮退出啮合，接触盘在右端弹簧的作用下脱离接触复位，起动机的主电路被切断，起动机停止工作。

2.7.4.5　起动机的正确使用

① 起动机每次使用不超过 5s，两次起动间隔时间不得超过 15s。

② 保证蓄电池电量充足。

③ 起动时各起动电路元件要连接可靠。

④ 冬季时做好蓄电池的保温工作。

⑤ 冬季起动发动机时应对发动机预热后在起动。

⑥ 发动机起动后必须切断控制电路。

第3章

底盘基本知识

3.1 概述

工程机械由发动机、工作装置和底盘组成，如图 3-1-1 所示。

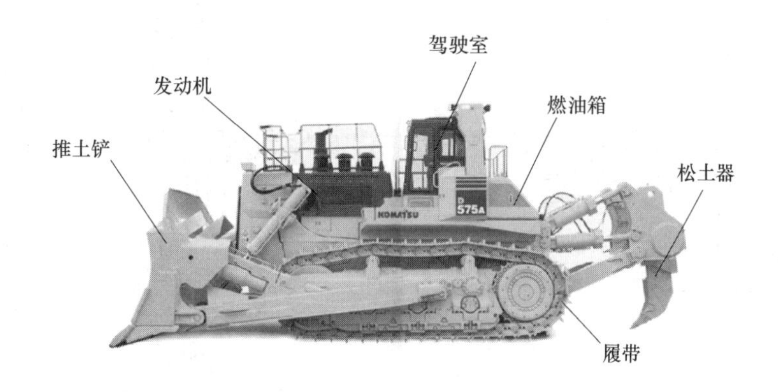

图 3-1-1 工程机械设备构造示例

底盘是全机的基础。发动机、工作装置和电气设备均装在它上面。底盘由传动系、行驶系、转向系、制动系组成。

3.2 传动系

3.2.1 传动系的功用

将发动机的动力按需要适当降低转速增加扭矩后传到驱动轮上，使之适应工程机械运行或作业的需要。此外，还应有切断动力的功能，以满足发动机空载起动和作业中换挡时切断动力，以实现机械前进与倒退、转弯等要求。

概况如下：减速增扭；变速变矩；实现倒驶；传递或切断动力；差速作用；过载保护。

3.2.2 传动系的类型（表 3-2-1）

表 3-2-1 传动系的类型

项 目	轮式	履带式	轨行式	步履式
机械式	√	√	×	×
液力机械式	√	√	×	×
全液压式	√	√	×	×
电传动式	√	√	×	×

3.2.3 传动系的组成

3.2.3.1 轮式机械式传动系

轮式机械式传动系的组成：主离合器、变速器、万向传动装置、主传动器、差速器、半轴、驱动车轮等。

驱动桥：在轮式机械中，主传动器、差速器和半轴装在同一壳体内，形成一个整体，称为驱动桥。

动力传递路线如图 3-2-1 所示。

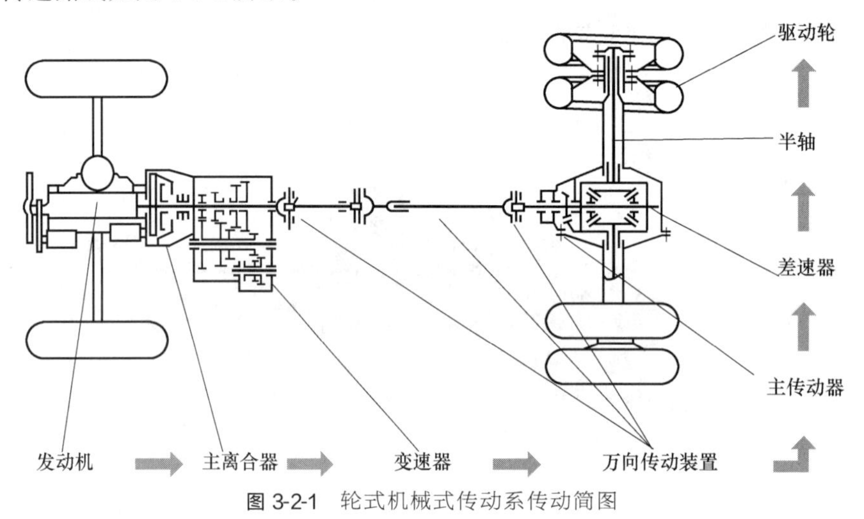

图 3-2-1 轮式机械式传动系传动简图

3.2.3.2 轮式工程机械液力机械式传动系

组成：液力变矩器、动力换挡变速器、万向传动装置、主传动器、差速器、半轴、轮边减速器、驱动车轮。

动力传递路线如图 3-2-2 所示。

机械式与液力机械式的结构区别：机械式采用主离合器和机械式变速器；液力机械式采用液力变矩器和动力换挡变速器。

机械式与液力机械式传动系性能比较：

（1）机械式传动系

优点：传动效率高，结构简单，制造方便，工作可靠，特殊情况下可以辅助铲掘。

缺点：操作频繁，一方面使驾驶人员疲劳，另一方面加快机械磨损，因而故障较多。

（2）液力机械式传动系

优点：能根据外载荷的变化自动改变牵引力矩大小，能吸收冲击载荷，使操作简单舒

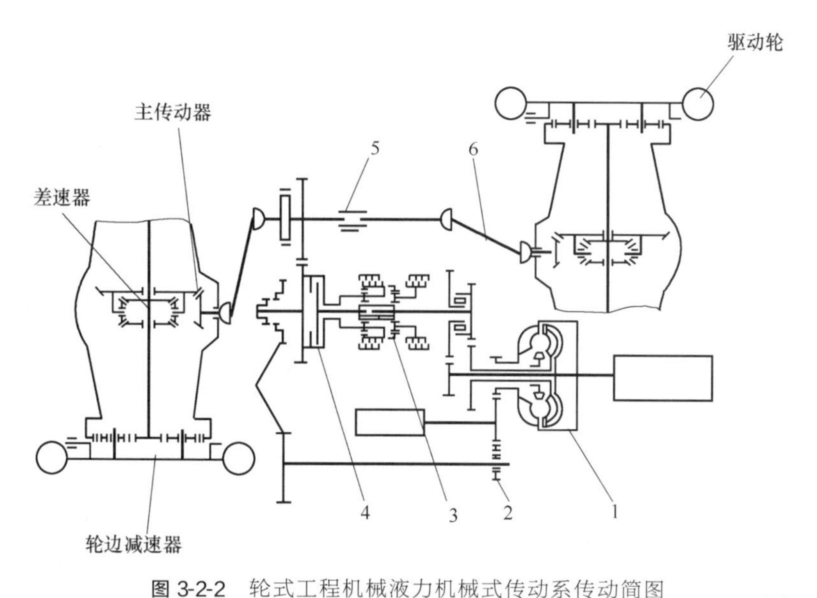

图 3-2-2　轮式工程机械液力机械式传动系传动简图

1—液力变矩器；2—超越离合器；3—动力换挡变速箱；4—换挡离合器；5—接合套；6—传动轴

适、设备寿命延长、生产率提高。

缺点：传动效率较低（变矩器本身的最高效率很少能达到 92%），结构复杂。使燃油消耗增加；制造精度要求高，使造价增加；维修技术要求高，使施工成本加大。

3.2.3.3　全液压式传动系

全液压式传动系如图 3-2-3 所示。

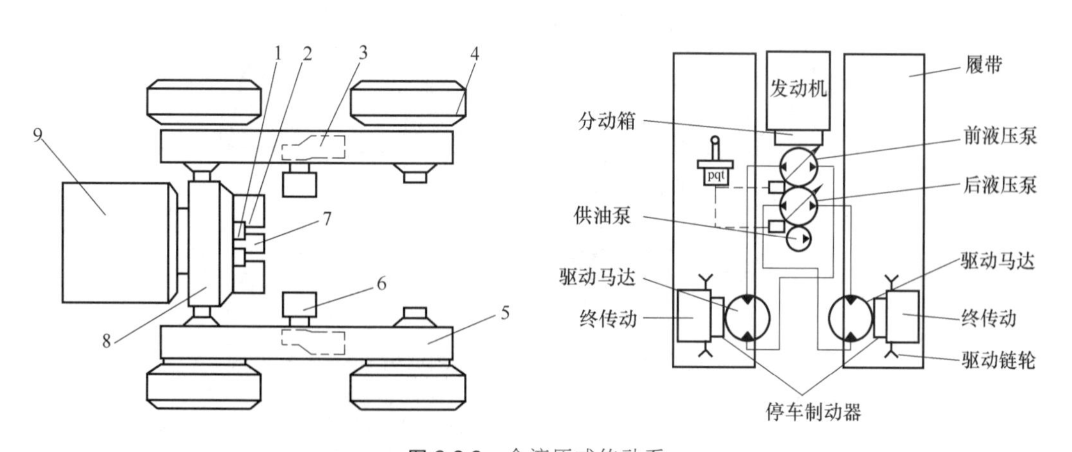

图 3-2-3　全液压式传动系

1—辅助齿轮泵；2—双向变量柱塞泵；3—小齿轮箱；4—行走轮；5—行走减速器；
6—液压马达；7—液压泵；8—分动箱；9—柴油机

3.2.3.4　电传动式传动系

电传动式传动系如图 3-2-4 所示。

3.2.4　主离合器

3.2.4.1　主离合器的功用

保证筑路机械能平稳起步，变速器能顺利换挡，并能防止传动系和发动机过载。分离能

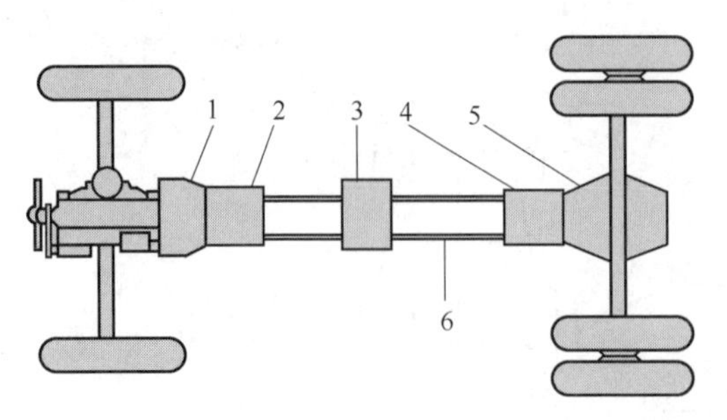

图 3-2-4 电传动式传动系简图

1—离合器；2—发动机；3—控制器；4—电动机；5—驱动桥；6—导线

使筑路机械短时间停车。

概况如下：平稳起步；便于换挡；过载保护；短时驻车。

3.2.4.2 主离合器的类型

① 按工作原理不同可分为：摩擦式主离合器、液力式主离合器、电力式主离合器。

② 按压紧机构的结构可分为：弹簧压紧常压式主离合器、杠杆压紧非常压式主离合器。

③ 按从动盘数目可分为：单片式主离合器、双片式主离合器、多片式主离合器。

④ 按摩擦表面的工作条件可分为：干式主离合器、湿式主离合器。

3.2.4.3 离合器的组成

组成：主动部分、从动部分、压紧机构、操作机构。

3.2.4.4 对离合器的要求

分离彻底迅速；结合平稳柔和；传递扭矩合适；散热效果良好；操纵轻便可靠。

3.2.4.5 主离合器的工作原理

（1）弹簧压紧式主离合器的工作原理（图 3-2-5）

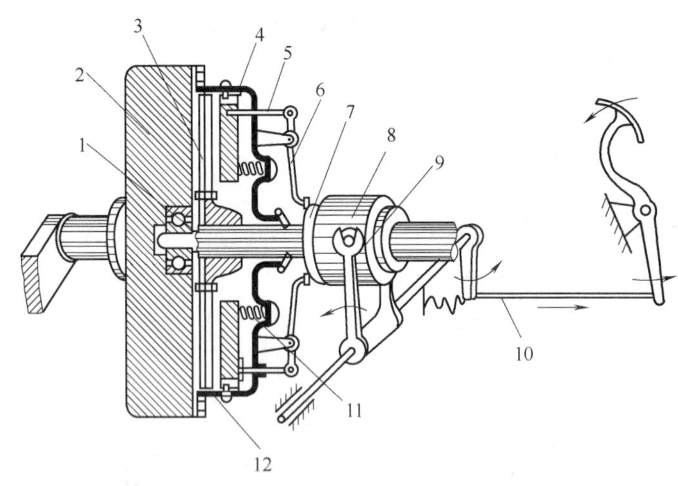

图 3-2-5 弹簧压紧式主离合器的结构原理图

1—离合器轴；2—飞轮；3—从动盘；4—压盘；5，6—分离杠杆；7，8—分离套筒；9—分离拨叉；10—拉杆；11—压紧弹簧；12—离合器盖

飞轮和压盘为主离合器的主动部分，压盘在转动的同时，还能做轴向移动。从动盘和离合器轴为主离合器的从动部分，从动盘的花键毂与离合器轴的花键相连接。离合器盖固定在飞轮上，盖与压盘之间沿圆周均布有压紧弹簧，在弹簧压紧力的作用下，压盘、从动盘和飞轮紧压在一起，发动机的动力便通过它们之间的摩擦力，由主动件传给从动件，并经离合器轴传给变速器。

分离过程：踏下踏板，分离轴承前移，推压分离杠杆内端，分离拉杆将压盘向后拉，摩擦表面间出现间隙，动力被切断。

接合过程：松开踏板，在弹簧压力作用下，压盘前移，压紧从动盘，动力被传递。

（2）杠杆压紧式主离合器的工作原理

主动盘为一圆盘，以外齿圈与飞轮的内齿圈啮合，其前后分别装有从动盘，后从动盘与前从动盘的轴用花键连接。

分离过程：扳动操纵杆，带动分离套筒右移，加压杠杆的凸缘离开后从动盘，主离合器分离，动力被切断。

接合过程：扳动操纵杆，带动分离套筒左移，弹性推杆转向垂直（中立）位置，加压杠杆的凸缘将后从动盘推向主动盘，使主动盘与前后从动盘均压紧，以三者之间产生的摩擦力传递扭矩。但此时整个加压杠杆系统不稳定，很小的振动就会使主离合器自行分离。故在正常工作中要用力推动分离套筒，使弹性推杆越过中立位置，此时虽然压力略小，但产生的自锁力能保证主离合器处于接合位置。

3.2.5　变速器

3.2.5.1　变速器的功用

① 变换挡位，改变发动机和驱动轮间的传动比，使机械的牵引力和行驶速度适应各种工况的需要。

② 实现倒挡，使机械能前进与倒退。

③ 实现空挡，可切断传动系统的动力，实现在发动机运转情况下，机械能长期停止，便于发动机起动和动力输出的需要。

概况如下：减速增扭；变速变扭；实现空挡；实现倒挡。

3.2.5.2　变速器基本类型

① 按传动比变化方式：有级式、无级式、综合式。

② 按操纵方式：人力换挡、动力换挡。

③ 按轮系形式：定轴式、行星式。

3.2.5.3　变速器的工作原理

变速器的工作原理如图3-2-6、图3-2-7所示。

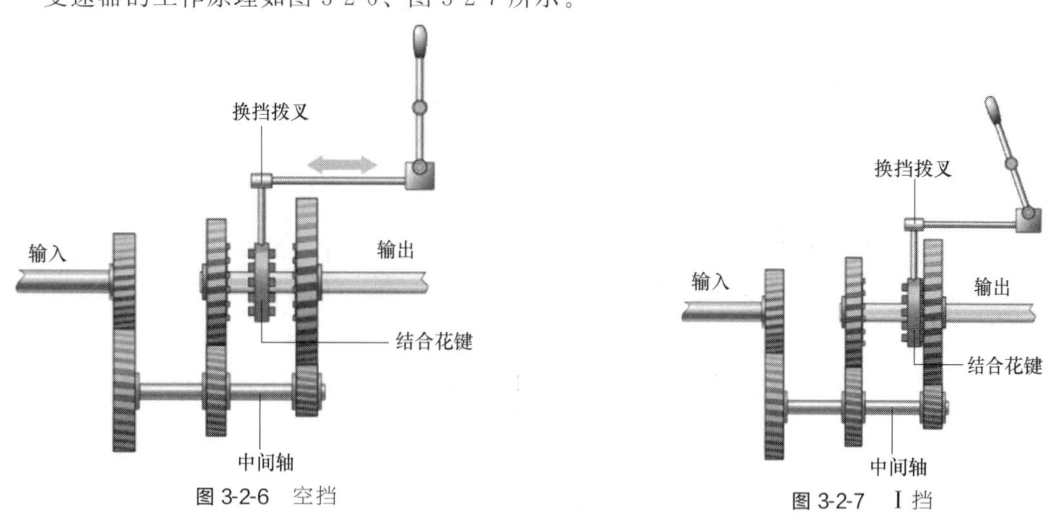

图3-2-6　空挡　　图3-2-7　Ⅰ挡

变速箱的变速换挡原理是借助不同齿轮的啮合传动，其传动比是主动齿轮转速，与从动齿轮转速之比，也等于从动齿轮齿数（或直径）与主动齿轮齿数（或直径）之比，即可实现增加转速、减小扭矩的作用；在一般机械上的变速箱主要是起减低转速增加扭矩的作用。

为了实现较大范围内变速，以满足机械不同作用工况的需要，通常变速箱采用多对齿轮组成不同的传动比（即不同挡位），并通过操纵机构来按需要变换传动比。

当主动齿轮处在不啮合的中间位置时，主动轴上的动力不传给从动轴，动力被切断，称为空挡。

当主动齿轮左移使齿轮相啮合，轴的动力经齿轮传给轴，便得到一个传动比（实现某一挡位）。

当主动齿轮右移使齿轮相啮合，轴的动力经齿轮传给轴，得到传动比不同的另一挡位。

为了实现机械倒退行驶，则须改变从动轴的转向，为此，只要在主动轴与从动轴之间再增加一次齿轮啮合，轴的方向就反过来了。设前进挡经一对齿轮啮合，若主动轴为顺时针，则从动轴为逆时针；倒退挡为三个齿轮两次啮合，主动轴顺时针旋转，而从动轴则变为顺时针旋转，即从动轴转向与前进挡相反。

3.2.6　万向传动装置

3.2.6.1　万向传动装置的功用

用于两不同心轴或有一定夹角的轴间，以及工作中相对位置不断变化的两轴间传递动力。

3.2.6.2　万向传动装置的组成

一般由万向节、传动轴以及中间支承组成。

3.2.6.3　万向传动装置的应用

万向传动装置的应用如图3-2-8所示。

变速器——→驱动桥

变速器——→分动器

驱动桥——→驱动轮

转向盘——→转向器

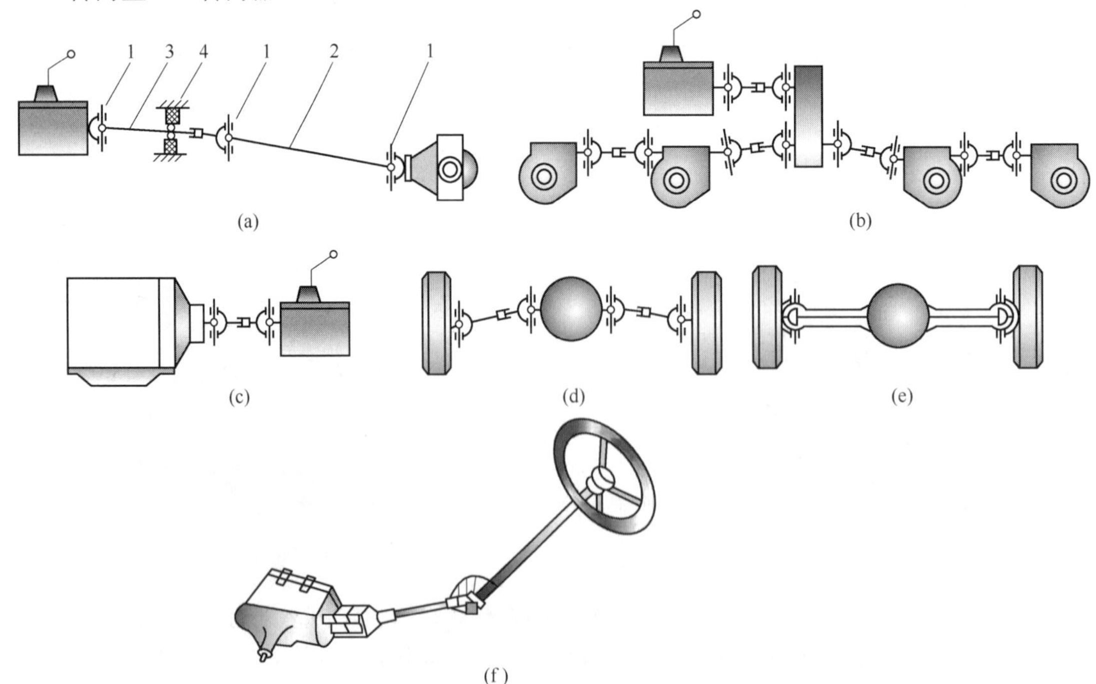

图3-2-8　万向传动装置的应用

1—万向节；2—传动轴；3—前传动轴；4—中间支承

3.2.6.4　万向节

万向节是实现变角度动力传递的机件，用于需要改变传动轴线方向的地方。按万向节在扭转方向上是否有明显的弹性可分为刚性万向节和挠性万向节两类。刚性万向节又可分为不等速万向节（常用的为普通十字轴式）、准等速万向节（如双联式、三销式万向节）和等速万向节（如球叉式、球笼式万向节）三种。

在工程机械与车辆传动系统中用得较多的是普通十字轴万向节。

普通十字轴万向节这种十字轴万向节结构简单，工作可靠，两轴间夹角允许大到15°～20°。

普通十字轴万向节由两个万向节叉和十字轴等零件组成。两万向节叉和孔分别活套在十字轴的两对轴颈上。

当主动轴转动时，从动轴既可随之转动，又可绕十字轴中心任意方向摆动，从而实现了万向传动的功能。

为了减少摩擦损失，提高传动效率，在十字轴轴颈和万向节叉孔间装有由滚针和套筒组成的滚针轴承（也有用滑动轴承）。为了防止轴承在离心力作用下从万向节叉内脱出，套筒用螺钉拧紧。为了润滑轴承，十字轴做成中空以贮存润滑油，并有油路通向轴颈。润滑油从油嘴注入十字轴内腔。为避免润滑油流出及尘土进入轴承，在十字轴的轴颈上套装着带金属座圈的毛毡油封。在十字轴的中部还装有带弹簧的安全阀。如果十字轴内腔的润滑油过多，以致油的压力超过允许值，安全阀即被顶开而润滑油外溢，以保护油封。

有的工程机械上采用的十字轴万向节，其万向节叉上与十字轴轴颈配合的圆孔不是一个整体，而是采用瓦盖式，两半之间用螺钉连接；也有的把万向节叉的两耳分别用螺钉和托盘连接在一起而组成十字轴万向节叉，这种结构的特点是拆装方便。

普通十字轴万向节传动的不等速性，将使从动轴及与它相连的传动件产生扭转振动，从而产生附加的反复载荷，影响部件寿命。为此，人们仍在实践中不断探索如何实现等速万向传动。

3.2.6.5　传动轴

传动轴如图3-2-9所示，有实心轴和空心轴之分。

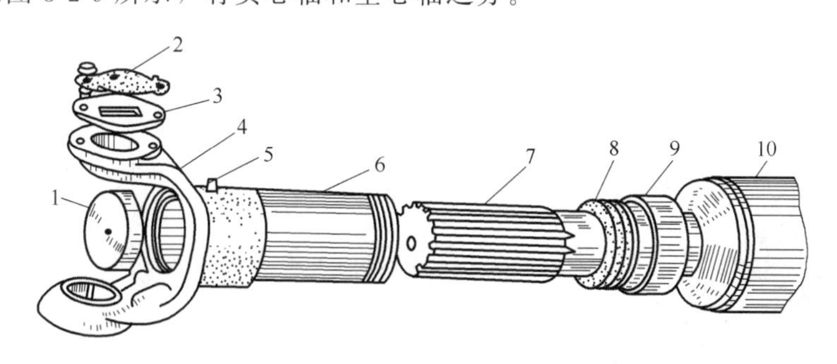

图3-2-9　传动轴结构图

1—盖子；2—盖板；3—盖垫；4—万向节叉；5—加油嘴；6—伸缩套；7—滑动花键槽；8—油封；9—油封盖；10—传动轴管

其结构特点如下：

① 大多采用空心轴，以减轻传动轴质量，节省材料，提高轴的强度。工程机械上的传动轴一般为无缝钢管，汽车传动轴的空心轴一般厚度为1.5～3.0mm且厚薄均匀的钢板卷焊而成。

② 传动轴一般长度较长、转速高，故与万向节装配后要进行动平衡试验。用焊平衡片的办法，提高其动平衡精度。故装配时要对记号，每端所焊接的平衡片最多不超过3片。另

外，万向节的螺钉、垫片等零件不应随意改变规格。

③ 传动轴由于所连接的两部件间的相对位置经常变化，传动轴的一端焊有实心花键轴，以实现传动轴的伸缩，以保证正常传动。对花键长度的要求：既不脱开，又不顶死。花键的润滑：定期注入润滑脂，用油封和油封盖密封。油封的作用：防止润滑脂外溢和灰尘、湿气内侵。花键处有防尘套，装配时其卡箍方向错开180°，以保证传动轴运转平稳。

④ 过长的传动轴中间加有中间支承。

⑤ 为减小花键轴和套管之间的摩擦，采用滚动花键代替滑动花键。

3.2.7 驱动桥

驱动桥是指位于变速器或传动轴之后、驱动轮之前的动力传递装置的总称。

3.2.7.1 驱动桥的功用

通过主传动器改变扭矩的方向，把扭矩传到驱动轮上；通过主传动器和最终传动将变速器输出轴的转速降低，扭矩增大；通过差速器解决两侧车轮的差速问题；通过转向离合器既传递动力，又执行转向任务；驱动桥壳起支承和传力作用。

概况如下：

① 通过主传动器或中央传动的锥齿轮改变动力传递方向。

② 通过主传动器和轮边减速器实现减速增扭。

③ 实现差速和动力分配。通过差速器解决左、右驱动轮差速问题；通过差速器和半轴将动力分传给左右驱动轮。

④ 行走支承。除传动作用外，驱动桥还是承重装置和行走支承装置。

3.2.7.2 驱动桥的组成

① 轮式驱动桥的组成。轮式驱动桥由主传动器、差速器、半轴、最终传动和桥壳组成。

② 履带式驱动桥的组成。它由主传动器、转向离合器、转向制动器、最终传动和桥壳组成。

3.2.7.3 轮式驱动桥的特点

① 轮式工程机械通常采用全桥驱动；

② 采用低压宽基大轮胎；

③ 驱动桥的速比大。其中轮式驱动桥的速比一般在12～38（汽车一般仅为6～15）。

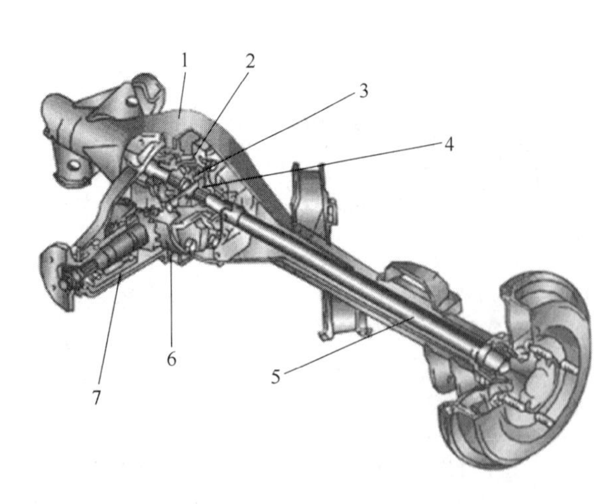

图3-2-10　轮式驱动桥的结构

1—后桥壳；2—差速器壳；3—差速器行星齿轮；
4—差速器半轴齿轮；5—半轴；
6—主减速器从动齿轮齿圈；7—主减速器主动小齿轮

3.2.7.4 轮式驱动桥的结构

轮式驱动桥的结构如图3-2-10所示。

3.2.7.5 主传动器

主传动器也叫主减速器。

（1）主传动器的功用

进一步降低转速，增大扭矩，并将动力传递方向改变90°，然后传给驱动轮。轮式机械采用较多的是单级主传动器和双级主传动器。

（2）主传动器的类型

按齿轮齿型分为：直齿锥齿轮、螺旋锥齿轮式、双曲面齿轮式、零度圆弧锥齿轮、延伸外摆线锥齿轮等五种。履带式驱动桥的中央传动一般采用直齿锥齿轮，轮式驱动桥中主传动器采用螺旋锥齿轮和双曲面锥齿轮较多。

① 单级主传动器。以 ZL50C 装载机单级主传动器为例。主动锥齿轮与输入轴制成一体，其前端支承在两个圆锥轴承驱动上，后端支承在圆柱轴承上，形成跨置式支承。环状的从动锥齿轮固定在差速器壳凸缘上，差速器用两个圆锥轴承支承在主传动器壳的座孔中。在正对从动锥齿轮与主动锥齿轮啮合处的背面，装有止推螺栓。从动锥齿轮背面与止推螺栓套头的间隙应调到 0.2～0.25mm。

主动锥齿轮支承轴承的预紧度通过增减调整垫片来调整，从动锥齿轮及差速器支承轴承的预紧度通过调整螺母来调整。调好后，齿轮转动灵活，轴向推动无间隙感觉。

② 双级主传动器。第一级为螺旋锥齿轮传动，两个锥齿轮分别用圆锥轴承支承，轴承的预紧度分别通过增减调整垫片来调整。增加垫片，轴承预紧度减小；反之，轴承预紧度增大。主、从动锥齿轮啮合间隙和啮合印痕的调整方法与单级主传动器相同。

主、从动锥齿轮啮合间隙的检查方法有两种：一是用百分表触杆与主动锥齿轮大端齿面接触，用手轻轻地来回转动主动锥齿轮（从动锥齿轮固定），百分表指针的摆差即为啮合间隙。二是用粗细合适的保险丝弯成“一”形，将其咬入啮合齿的相应啮合印痕的位置，然后取出保险丝，测量挤压后最薄处的尺寸即为啮合间隙。

检查啮合印痕时，擦净锥齿轮齿面油污，在从动锥齿轮齿的凸面上均匀涂一层红铅油。然后稍加制动，按柴油机旋转方向转动输入轴，让主动锥齿轮带动大螺旋锥齿轮转动，当小螺旋锥齿轮齿的凹面上清晰地印上红色印痕后，观察或用白纸片拓下印痕的大小及位置。检查点至少不少于均布的三点。

第二级为圆柱齿轮传动，主动齿轮与中间轴制成一体，从动齿轮固定在差速器壳上，用圆锥轴承支承在主传动器壳体上，轴承预紧度通过调整螺母来调整。拧入调整螺母，轴承预紧度增大；反之，轴承预紧度减小。

主传动器壳体出现裂纹时，应焊修或更换。变形超过规定时，一般应更换。壳体上支承孔磨损使配合间隙超过使用极限时，应换用新件。齿轮工作面磨损成阶梯形、有明显斑点或剥落、裂纹，齿轮轴轴颈磨损后或螺纹损伤等于或多于 2 牙时，均应更换。当更换锥齿轮时，应成对更换。齿轮工作面有轻微麻点、剥落，可用油石磨修。

3.2.7.6 差速器

轮式机械在行驶过程中，为了避免两侧驱动轮在滚动方向上产生滑动，经常要求它们能够分别以不同的角速度旋转，所以安装差速器。差速器的结构形式很多，常用的有普通行星齿轮式差速器、强制锁住式差速器等。

（1）普通行星齿轮式差速器

ZL50 型装载机普通行星齿轮式差速器。两个半轴齿轮装在差速器壳座孔中，四个行星齿轮松套在十字轴上，十字轴装在左右差速器壳端面凹槽所形成的孔内，左右差速器壳紧固在一起。主传动器的从动锥齿轮固定在差速器壳的凸缘上。动力由从动锥齿轮依次传给差速器壳、十字轴、行星齿轮、半轴齿轮，最后经左右半轴传给驱动轮。

（2）强制锁住式差速器

带刚性差速锁的差速器，它可分为两部分：中央箱内为普通行星齿轮式差速器，左边箱内为差速锁。需要使用差速锁时，操纵滑套右移与固定在差速器壳上的牙嵌啮合，将左半轴与差速器壳固定在一起，此时两根半轴被刚性地连为一根轴，这样未打滑的一侧车轮便可得到更多的，甚至全部的扭矩，使车轮能顺利摆脱打滑的困境。转弯时，应将差速锁脱开。

3.2.7.7 **最终传动**（轮边减速器）

轮边减速器是传动系中最后一级增扭减速机构。轮式机械的轮边减速器一般采用行星齿轮机构，其优点是可以布置在车轮轮毂内部，而不增加机械的外形尺寸，还可获得较大的传动比。

ZL50C装载机的轮边减速器即为行星齿轮机构。内齿圈用花键与轮架相连，外侧用挡板固定，轮架用花键连接在支承轴上。

3.2.7.8 **半轴**

轮式驱动桥的半轴是安装在差速器和最终传动之间传递动力的实心轴。不设最终传动的驱动桥，半轴外端直接和驱动轮相连。

① 作用：在差速器与驱动桥之间传递扭矩。

② 结构：实心轴。

③ 材料：40Cr、40CrMo、40MnB高频淬火。

④ 支承型式。

a. 全浮式半轴支承：半轴只承受转矩，不承受任何反力和弯矩。拆装方便，广泛用于各类货车；

b. 半浮式半轴支承：半轴内端不承受任何反力和弯矩，半轴外端承受各向反力和弯矩。结构紧凑、简单，但拆装不方便，广泛用于各类轿车。

根据半轴的支承型式及受力的不同，通常把半轴分为半浮式、3/4浮式和全浮式三种型式。

轮式机械广泛采用全浮式半轴，如ZL50型装载机。半轴外端借花键与太阳轮连接，通过行星减速机构，将动力传给轮毂。半轴的内端用花键与差速器半轴齿轮连接。

半轴的损伤主要有弯曲、断裂、花键磨损及扭曲等。

3.2.7.9 **桥壳**

驱动桥壳是一根空心梁，其功用是安装和保护主传动器、差速器、半轴等；并支承整机的重量；在行驶中，承受由车轮传来的路面反作用力和力矩，并传给机架。

3.3 转向系

3.3.1 转向系的功用

功用是操纵机械按照驾驶员的意图使机械保持直线行驶，或灵活准确地改变行驶方向。

3.3.2 转向系的类型

分为偏转车轮转向和铰接转向两大类。

偏转车轮转向分类如下：

① 偏转前轮转向。前轮转向半径大于后轮转向半径。各轮保持同一转向中心，两前轮偏转角不等。

② 偏转后轮转向。后轮转向半径大于前轮转向半径。

③ 偏转前后轮转向，也称全轮转向。一般采用前后轮偏转角度相等的结构，转向半径前后轮相等，机动性能好。

按操纵方式也可将转向系分为机械式、液压助力式和全液压式三种。

3.3.3　转向系的基本要求

① 要求有正确的运动规律；
② 工作可靠；
③ 具有较小的转弯半径；
④ 操纵轻便；
⑤ 转向灵敏；
⑥ 便于保养和调整；
⑦ 使用经济。

3.3.4　转向系的组成及工作原理

（1）偏转车轮转向系

由转向器和转向传动机构组成。

转向器由方向盘、转向轴、啮合传动副组成，作用是放大操纵力。

梯形机构由左右梯形臂、横拉杆和前轴组成，能使内外两侧转向车轮的偏转角不同。

传动杆件包括转向垂臂、直拉杆和直拉杆臂等，能将转向器的力传到梯形机构。

（2）铰接转向系

车架不再是整体，而是由前后车架用铰接销连在一起的铰接式车架，利用前后车架的相对偏转实现转向。

铰接转向系由转向器和动力转向系统组成。动力转向系统为液压系统，它主要由转向油缸、转向阀、油泵和油箱等组成。

转动方向盘，由转向器将力传至转向阀，转向阀使油泵与转向油缸的一腔及油箱与转向油缸的另一腔接通。在液压油的作用下，一个转向油缸伸长，另一个转向油缸缩短，使前车架绕铰接销相对转动实现转向。转向阀的回位可通过反馈杆、摇臂经转向器的传动副实现，以使机械转向的程度便于控制，这种通过反馈“信息”使转向阀回位的过程，通常称为“随动”。

3.3.5　机械式偏转车轮转向系统

3.3.5.1　主要组成和原理（图 3-3-1）

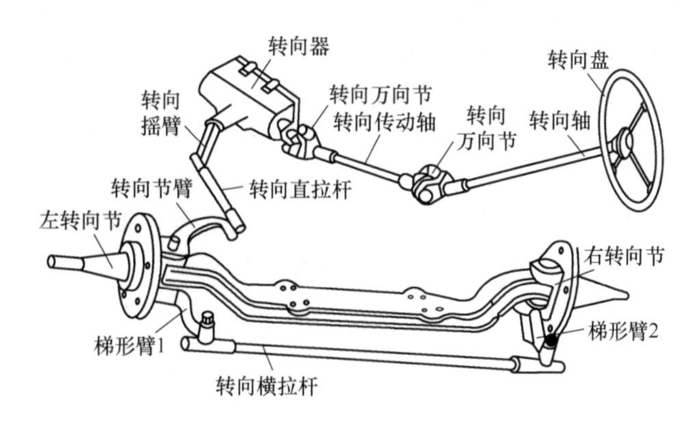

图 3-3-1　机械式偏转车轮转向系统

3.3.5.2　转向盘与转向轴

转向盘与转向轴如图 3-3-2 所示。

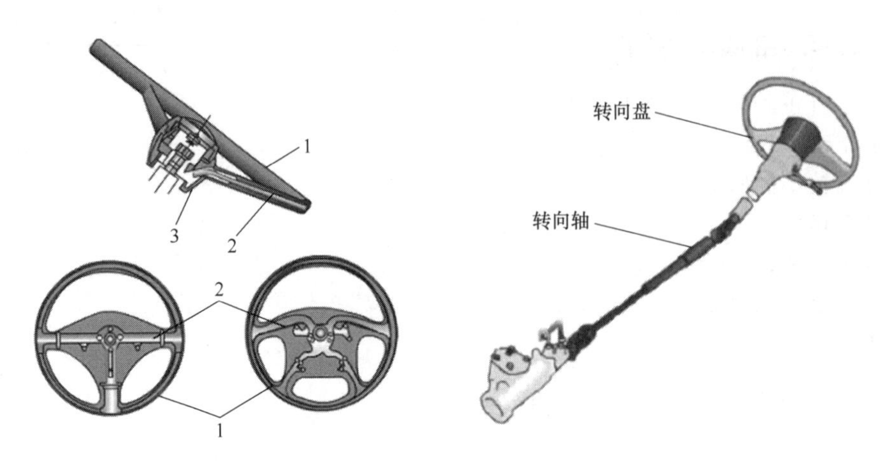

图 3-3-2 转向盘与转向轴

1—轮圈；2—轮辐；3—轮毂

3.3.5.3 转向器

轮式机械常用的转向器有蜗杆-曲柄销式、球面蜗杆-滚轮式、循环球式等。

蜗杆曲柄指销式转向器（双销式）如图 3-3-3 所示。

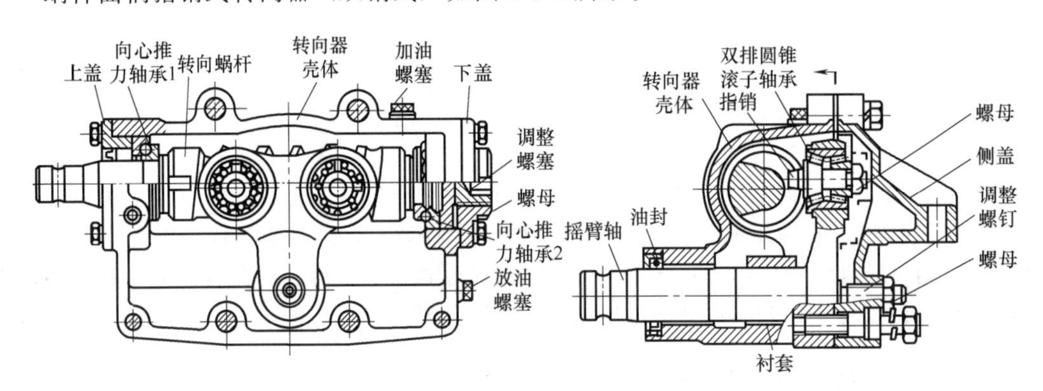

图 3-3-3 蜗杆曲柄指销式转向器

这种转向器可分为单销式和双销式两种。PY160 平地机双销式转向器，两个锥形销与蜗杆相啮合，蜗杆上有梯形螺纹，两端用球轴承支承在转向器壳体上，并用钢丝卡环固定住轴承圈，用轴承盖和壳体凸台作轴向定位。轴承的预紧度可由增减调整垫片来调整。两个锥形销均用双列滚子轴承支承在曲柄的座孔中，锥形销可绕自身轴线转动，调整螺母用来调整轴承的预紧度，使锥形销能自由转动且有一定的轴向间隙。锥形销和蜗杆的啮合间隙由调整螺钉调整。

转向时，操纵方向盘带动蜗杆转动，使锥形销绕着曲柄的轴线作圆弧运动，带动与曲柄制成一体的转向垂臂轴转动。通过转向传动机构或转向助力器使机械转向。

3.4 制动系

3.4.1 制动系的功用

根据需要在尽可能短的距离内降低行驶速度和停机。

制动系——为实现制动作用而设置的一系列专门装置称为制动系。

3.4.2 对制动系的要求

① 具有足够的制动力矩，工作可靠；
② 性能稳定，制动平稳，散热性能好；
③ 操作轻便省力，维修方便；
④ 避免在任何情况下自行制动。

3.4.3 制动系的类型

① 按制动作用不同分：行车制动系（脚制动）、驻车制动系（手制动）和辅助制动系；
② 按制动力源分：人力制动、动力制动（液压、气压、气推油式等）；
③ 按制动驱动机械分：机械式、液压式、气压式、电磁式、组合式等；
④ 按制动回路设置不同分：单回路制动、双回路制动、三回路制动；
⑤ 按耗散机械能量的方式分：摩擦式制动器、液力式制动器、电磁式制动器；摩擦式制动器分为：蹄式、盘式、带式。

3.4.4 制动系的组成及工作原理

轮式制动系的工作原理如图 3-4-1 所示。

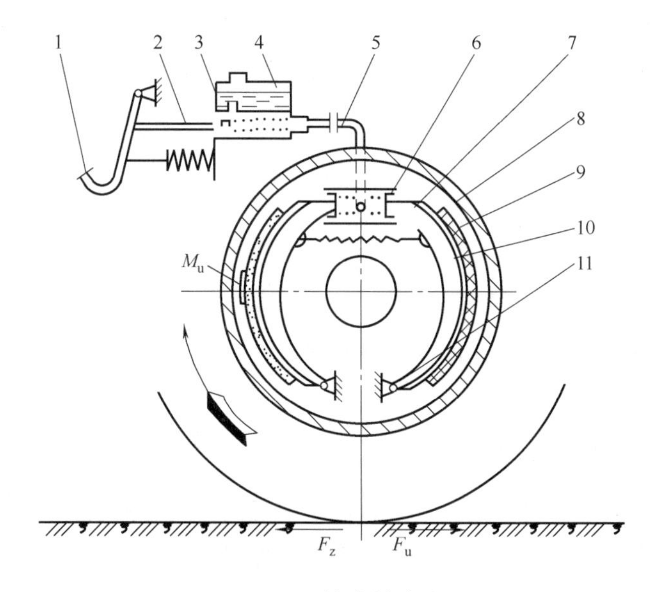

图 3-4-1　轮式制动系

1—制动踏板；2—推杆；3—制动总泵活塞；4—制动总泵；5—油管；6—制动分泵；7—制动蹄复位弹簧；8—制动鼓；9—摩擦片；10—制动蹄；11—支承销；M_u—摩擦力矩；F_z—制动力；F_u—摩擦力

3.4.4.1 组成——制动器和制动传动机构

（1）制动器

各类轮式筑路机械上所用的制动器，绝大多数是摩擦式制动器。摩擦式制动器按摩擦副的结构特点可分为鼓式、盘式和带式三种。

鼓式制动器有简单非平衡式、平衡式、自动增力式等多种型式。

盘式制动器按其结构可分为全盘式和钳盘式两种。钳盘式制动器又可分为固定钳型和浮动钳型，其旋转零件都是制动盘。全盘式制动器固定零件是端面铆有环形摩擦片的圆盘；钳盘式制动器固定零件则是位于制动盘两侧的一对或数对装有摩擦片的制动块，这些制动块及传动装置的制动分泵都装在横跨制动盘两侧的夹钳形支架中，总称为制动钳。目前盘式制动器的使用越来越广泛。

（2）传动机构（图 3-4-2）

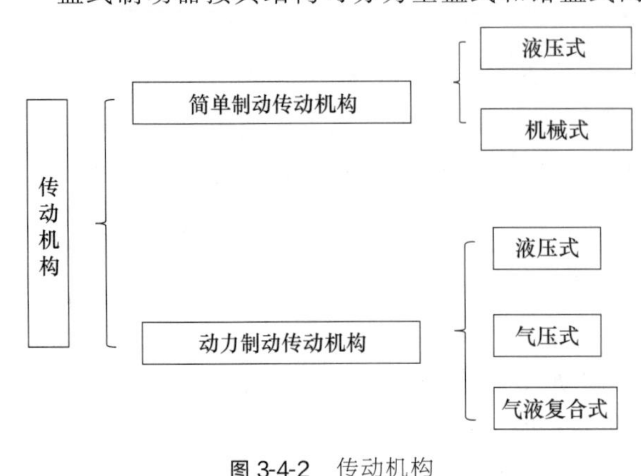

图 3-4-2　传动机构

3.4.4.2　工作原理

制动鼓固定在轮毂上，随车轮一起旋转。在固定不动的制动底板上，有两个支承销，支承着两个制动蹄的下端。制动蹄上装有摩擦片。制动底板上还装有制动分泵，用油管与制动总泵相连。总泵可通过制动踏板机构来操纵。制动系不工作时，制动鼓与摩擦片之间保持一定的间隙，使车轮和制动鼓可以自由旋转。

制动时，踩下制动踏板，通过推杆推动总泵活塞，使总泵中的油液经油管流入分泵，迫使两个分泵活塞推动两个制动蹄的摩擦片压紧在制动鼓的内圆面上。这样，制动蹄对制动鼓作用一个与车轮旋转方向相反的摩擦力矩（制动力矩），迫使机械减速。当放开制动踏板时，回位弹簧将制动蹄拉回原位，摩擦力矩消失，制动作用解除。

制动系中，用来直接产生摩擦力矩的部分称为制动器，其余部分称为制动传动机构。

3.5　行驶系

3.5.1　行驶系的功用

支承整机的重量和载荷，并保证机械行驶和进行各种作业。

概况如下：①承重；②传力；③吸振、缓冲。

3.5.2　行驶系的组成及分类

行驶系有轮式行驶系和履带式行驶系，这里主要讲轮式行驶系。

轮式机械行驶系通常是由车架、车桥、悬架和车轮等组成，如图 3-5-1 所示。

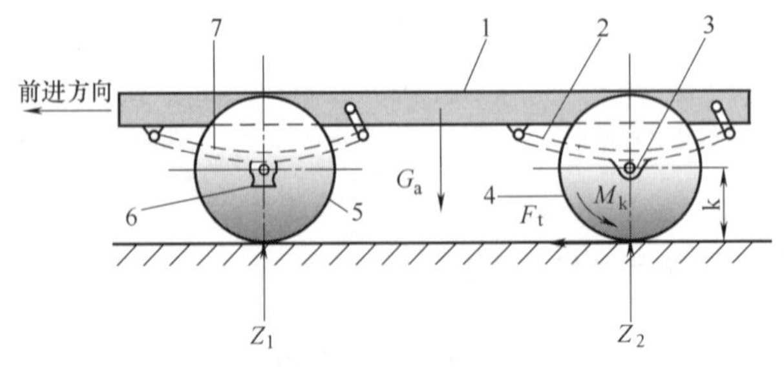

图 3-5-1　轮式行驶系

1—车架；2—后悬架；3—驱动桥；4—后轮；5—前轮；6—从动桥；7—前悬架；

G_a—重力；F_t—摩擦力；M_k—驱动力矩

3.5.2.1　**车架**

车架是机械的基础，机械所有的零部件及总成都直接或间接地安装在它的上面，并承受来自车内外的各种载荷。车架必须具有足够的强度和刚度，其构造还应满足整机布置和整机性能要求。

轮式机械的车架一般分为铰接式和整体式。

（1）铰接式车架（图3-5-2）

由于其转弯半径小，前后桥通用，工作装置容易对准工作面等优点，在铲土运输机械中得到广泛应用。

铰接式车架的前后车架铰接点形式有销套式、球铰式、锥柱轴承式。

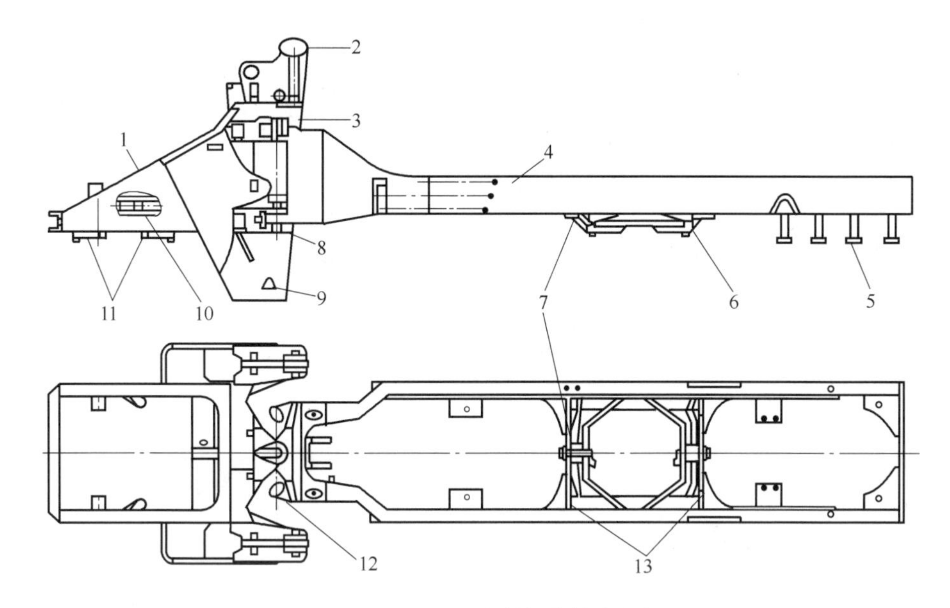

图3-5-2　ZL50型装载机铰接式车架

1—前车架；2—动臂铰点；3—上铰销；4—后车架；5—螺钉；6—副车架；7—水平销轴；8—下铰销；9—动臂液压缸铰销；10—转向液压缸前铰点；11—限位块；12—转向液压油缸后铰点；13—横梁

（2）整体式车架（图3-5-3）

整体式车架一般用于车速较高的工程机械上，机种不同，结构也就不同。下面以QY-16型汽车起重机车架为例进行介绍。

整体式车架是一个完整的车架，由两根纵梁和七根横梁焊接而成。纵梁根据受力不同，从左到右逐步加高，其断面形状左端为槽型，右端为箱型。整个纵梁全部采用钢板焊接而成，也有采用钢板冲压成形后焊接而成。

3.5.2.2　**车轮与轮胎**

（1）车轮

车轮由轮辋、轮盘、轮毂组成。

根据连接部分的构造不同，车轮可分为盘式和辐式两种，盘式车轮在工程机械中应用较广。在盘式车轮中，用以连接轮毂和轮辋的钢制圆盘成为轮盘。轮盘大多数是冲压的，与轮辋焊成一体或直接制成一体，通过螺栓孔与螺栓固定在轮毂上。有的辐式车轮的轮辐和轮毂铸成一个钢制空心辐条，轮毂做成可拆卸的，用螺栓装在轮辐上，如图3-5-4、图3-5-5所示。

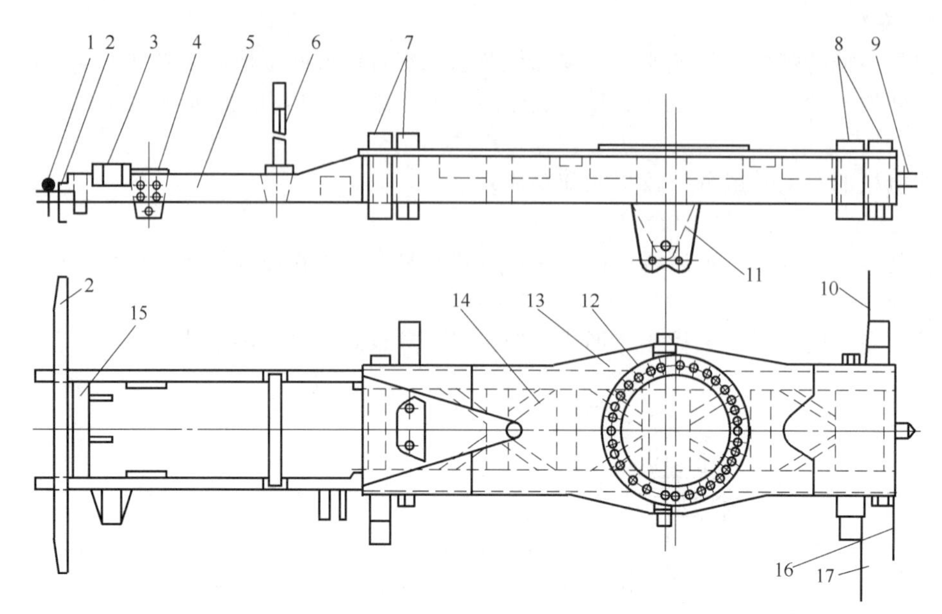

图 3-5-3 QY-16 型汽车起重机车架

1—前拖钩；2—保险杠；3—转向机支座；4—发动机支座板；5—纵梁；6—吊臂支架；7,8—支脚架；9—牵引钩；10—右尾灯架；11—平衡轴支架；12—圆垫板；13—上盖板；14—斜梁；15—第一横梁；16—左尾灯架；17—牌照灯架

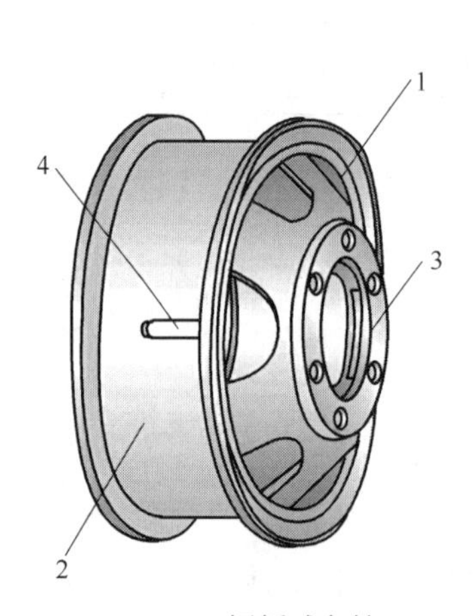

图 3-5-4 辐板式车轮

1—挡圈；2—轮辋；3—辐板；4—气门嘴伸出口

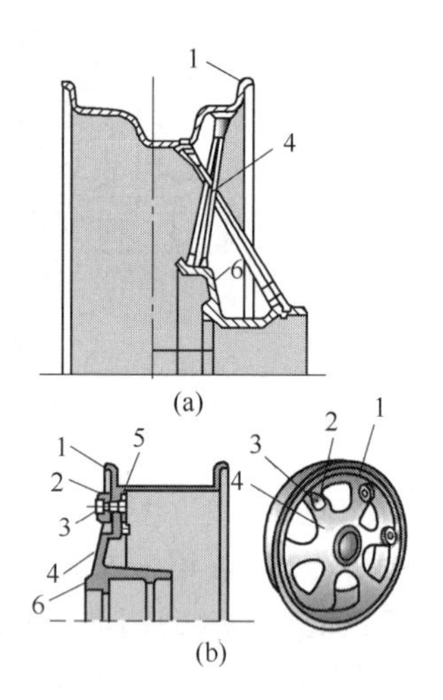

图 3-5-5 辐条式车轮

1—轮辋；2—衬块；3—螺栓；4—辐条；5—配合锥面；6—轮毂

（2）轮胎

轮胎除了支承机械重量与行驶外，还兼有缓冲作用，因此，行驶速度较低的铲土运输机械，可省去悬架。轮式机械常用的是有内胎轮胎，它由外胎、内胎、衬带组成，如图 3-5-6 所示。

① 轮胎的分类。

a. 根据轮胎的用途可分为：G——路面平整用；L——装载、推土机用；C——路面压实用；E——土、石方与木材运输用；ML——矿石、木材运输与公路车辆用五大类。

b. 根据轮胎的断面尺寸可分为：标准胎、宽基胎、超宽基胎三种。

c. 根据轮胎的充气压力可分为：高压胎、低压胎、超低压胎三种。气压在 0.5～0.7MPa 者为高压胎；气压在 0.15～0.45MPa 者为低压胎；气压小于 0.15MPa 者为超低压胎。

d. 根据轮胎帘线的排列可分为：斜交胎（普通胎）(图 3-5-7)、子午线胎、带束斜交胎。

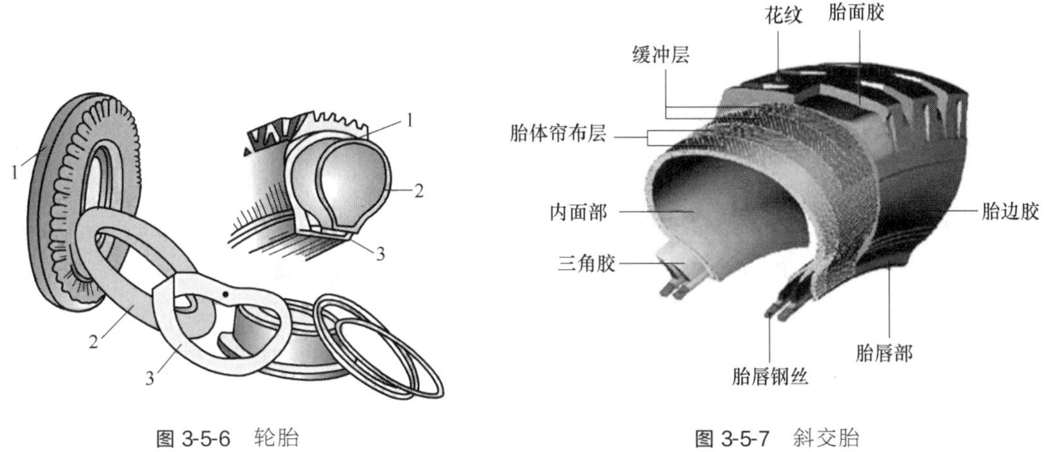

图 3-5-6　轮胎
1—外胎；2—内胎；3—衬带

图 3-5-7　斜交胎

② 轮胎的标记（图 3-5-8）。

低压轮胎标记为 B-d。B 为轮胎断面宽度，d 为轮胎内径，“-”表示低压胎，例如：17.5-25 表示断面宽度为 17.5 英寸，内径为 25 英寸的低压胎。高压胎标记为 $D\times B$。D 为轮胎外径，“×”表示高压胎，例如：34×7 表示外径为 34 英寸，断面宽度为 7 英寸的高压胎。图 3-5-8 中 H 为断面高度。

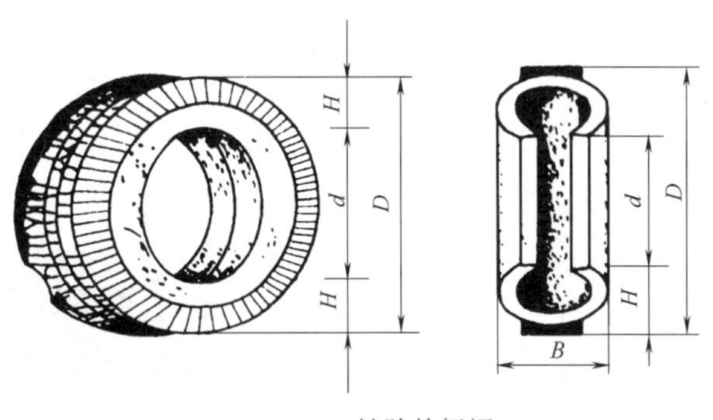

图 3-5-8　轮胎的标记

3.5.2.3　悬架（图 3-5-9）

悬架用来连接车架和台车架，把机体重量传给台车架，并有缓冲作用，可减轻行走装置产生的冲击振动传到传动系。

悬架有弹性悬架、半刚性悬架、刚性悬架之分。它由台车架和弹性元件组成。弹性元件有钢板弹簧、橡胶弹簧和螺旋弹簧等。

（1）半刚性悬架

① 橡胶弹簧悬架　由橡胶块和平衡梁组成。

承载能力大，减振作用强，结构简单，寿命长，不需特殊的维护，成本较低，履带推土机应用较多。

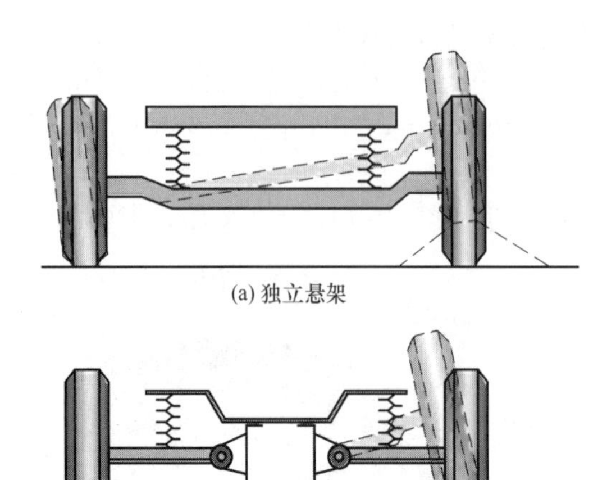

图 3-5-9　悬架

② 钢板弹簧悬架。

(2) 刚性悬架

支重轮和机体完全是刚性连接，无缓冲能力，只用于挖掘机等不经常移动，即使移动，其速度也很低的履带式机械，由于无弹性元件，避免了机体的晃动，在工作中定位精确、稳定性好。

(3) 弹性悬架

与全梁式车架、多台车架式行走装置相配合，台车架经弹性元件和车架相连，每个支重轮均可独立地上下运动，机体质量全部经弹性元件传给支重轮。可分为平衡式和独立式两种。

3.5.2.4　车桥

(1) 车桥的功用

① 通过与车架连接以支承机械的质量；

② 将车轮所受到的各种外力或力矩传到车架；

③ 承受路面对车轮的冲击。

(2) 车桥的类型

车桥的类型，按车桥两端车轮的作用不同，车桥分四种类型：

① 转向桥：承载、转向；

② 驱动桥：承载、驱动；

③ 转向驱动桥（越野车、装载机前桥）：承载、转向、驱动；

④ 支承桥（只起支承作用的车桥）：承载。

下面以转向桥为例进行说明，如图 3-5-10 所示。

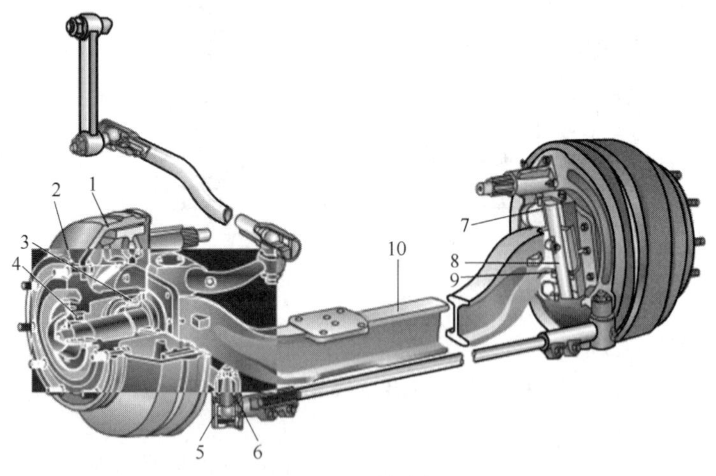

图 3-5-10　转向桥

1—制动鼓；2—轮毂；3,4—轮毂轴承；5—转向节；6—油封；7—衬套；8—主销；9—滚子止推轴承；10—前轴

对于前轮是转向轮的整体车架的工程机械，为了保证机械能保证直线行驶的稳定性、转向操纵较轻便，同时减少行驶中路面对轮胎的磨损，在制造时将转向轮、主销相对于前轴倾

斜一定的角度，这种具有一定相对位置的安装叫转向轮定位。

转向轮的定位包括主销内倾、主销后倾、转向轮外倾和转向轮前束。

主销内倾的作用：提高机械直线行驶的稳定性和转向操纵的轻便性，如图 3-5-11 所示。

主销后倾的作用：增加机械直线行驶的稳定性，使机械转向轮具有自动回正能力，如图 3-5-12 所示。

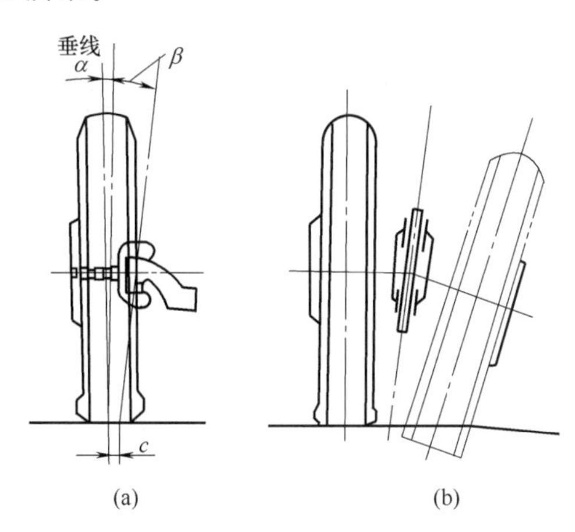

图 3-5-11　主销内倾

α—转向轮外倾角；β—转向轮内倾角；c—1/2 轮宽

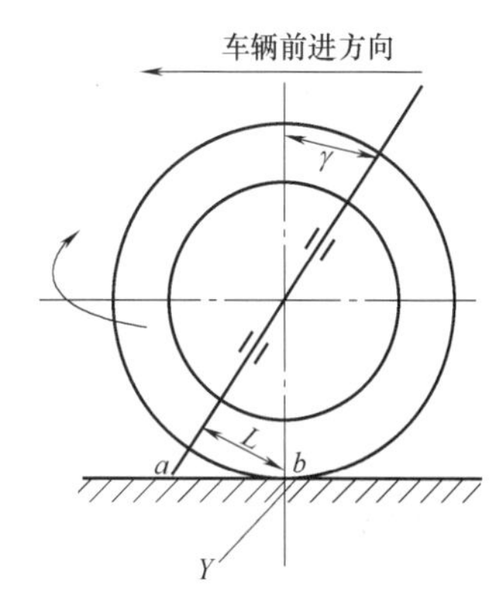

图 3-5-12　主销后倾

γ—主销后倾角

转向轮外倾的作用：让机械的载重负荷和路面对车轮的冲击载荷主要集中在转向节根部大轴承上，使转向节不易折断；防止承载后车轮内倾所造成的小轴承、轮胎螺栓、轮毂锁紧螺母过载和轮胎的过早磨损，保证行车安全，如图 3-5-13 所示。

转向轮前束的作用：保证机械行驶的稳定性并减少轮胎磨损，如图 3-5-14 所示。

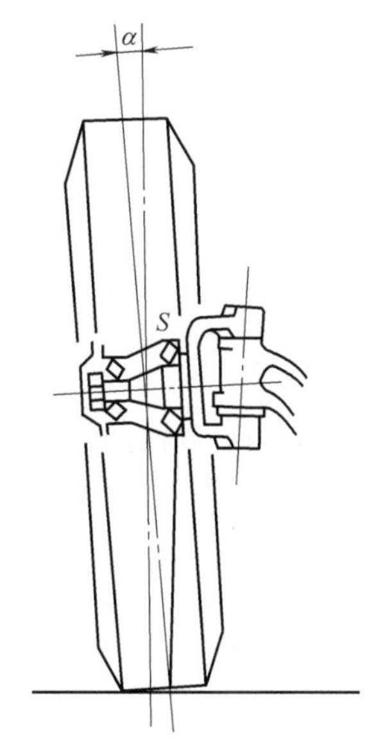

图 3-5-13　转向轮外倾

α—转向轮外倾角

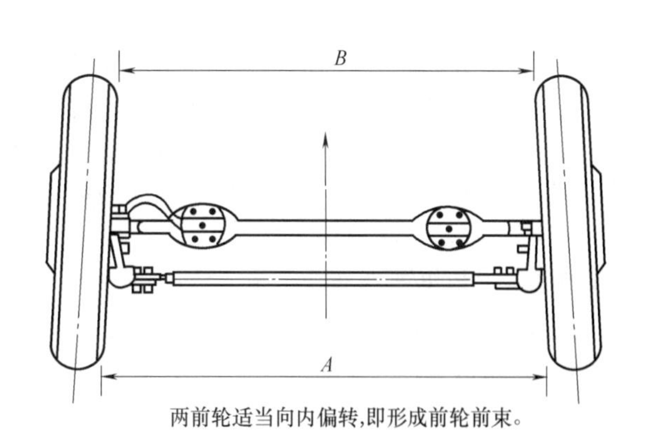

图 3-5-14　转向轮前束

A—同一轴的两侧车轮轮辋的后端距离；

B—同一轴的两侧车轮轮辋的前端距离

第4章

电气设备基本知识

4.1 电源系统

4.1.1 电源系统的组成

工程机械电源系统由蓄电池、发电机及调节器、相关线路等组成。

4.1.2 蓄电池

4.1.2.1 蓄电池的作用

(1) 起动前

① 向所有的用电设备供电；

② 工程机械起动时，向起动机和其他用电装置供电，在短时间内（5～10s）为起动机提供强大的起动电流（800～1000A）。

(2) 起动后

① 发动机低速运转时，向用电设备和发电机磁场绕组供电（应用中应避免）。

② 发动机运转时，将发电机剩余电能转化为化学能储存起来。

③ 发电机过载时，协助发电机向用电设备供电。

④ 蓄电池相当于一个大电容器，能吸收电路中出现的瞬时过电压，保护电子元件，保持工程机械电器系统电压稳定。

4.1.2.2 对蓄电池的要求

起动发动机时，蓄电池在5～10s内，要向起动机连续供给强大电流（汽油机200～600A，柴油机800～1000A）。因此，对蓄电池的要求是：容量大、内阻小、有足够的起动能力。

4.1.2.3 蓄电池的构造

蓄电池的构造如图4-1-1所示。

蓄电池的基本构造主要由外壳、正极板与负极板、隔板、桩头、加水通气盖、充电指示器、电解液组成。

① 极板：蓄电池的基本部件，由它接收充入的电能和向外释放电能。

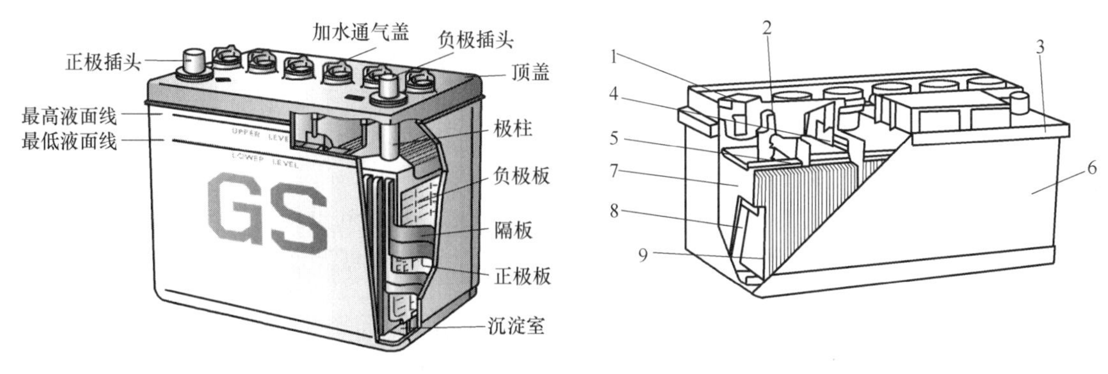

图 4-1-1　蓄电池的构造

1—排气栓；2—负极柱；3—电池盖；4—穿壁连接；5—汇流条；6—整体槽；7—负极板；8—隔板；9—正极板

极板分正极板和负极板两种。

正极板上的活性物质是二氧化铅，呈棕红色；负极板上的活性物质是海绵状纯铅，呈青灰色。

栅架一般由铅锑合金铸成，其作用是固结活性物质。

将正、负极板各一片浸入电解液中，可获得 2V 左右的电动势。为了增大蓄电池的容量，常将多片正、负极板分别并联，组成正、负极板组。

在每个单格电池中，正极板的片数要比负极板少一片，这样每片正极板都处于两片负极板之间，可以使正极板两侧放电均匀，避免因放电不均匀造成极板拱曲。

② 隔板：为了避免相互接触而短路，正负极板之间要用绝缘的隔板隔开。

隔板材料应具有多孔性结构，以便电解液自由渗透，而且化学性能应稳定，具有良好的耐酸性和抗氧化性。

③ 电解液：由高纯度的硫酸和蒸馏水按规定的比例配制而成。通过电解液与极板上活性物质发生化学反应，实现电能与化学能互相转换。电解液的密度、温度和纯度是影响蓄电池性能、寿命和还原系数的重要因素。

铅酸蓄电池的电解液为稀硫酸，其相对密度为 1.26 或 1.28。使用相对密度计测量电解液的相对密度。

密度一般在 $1.24\sim1.30\text{g/cm}^3$ 的范围之内。

在气温高的地区和季节，应采用较低密度的电解液，而在气温低的地区或季节，应采用较高密度的电解液，不同地区、不同季节时电解液密度是不同的。

蓄电池的电解液是用相对密度为 1.83～1.84 的化学纯净硫酸和合格的蒸馏水配制而成的

配制时，应注意以下几点：

a. 配制电解液时，操作人员必须穿戴防护眼镜、防酸手套、防酸围裙和高筒胶靴。如有硫酸溅到皮肤或衣服上，应立即用 10％的苏打（Na_2CO_3）水溶液擦洗，然后用清水冲净。

b. 配制电解液时，所用的器皿必须是耐酸及耐热的有釉陶瓷缸、玻璃缸、硬橡胶或铅质容器、塑料槽内等进行配制。

c. 配制时切记必须先将需用的蒸馏水加入容器内，然后再将硫酸缓缓注入蒸馏水中，并不断地用玻璃棒搅拌，以使混合均匀，散热迅速。如温度升高过快时，可暂缓加入硫酸，待温度低于 55℃后再配制，禁止将蒸馏水倒入浓硫酸中，以免引起溶液沸腾飞溅，造成腐蚀物体和灼伤事故。

d. 初配好的电解液，温度可高达80℃左右，故不可立刻注入电池槽内，必须冷却到室温或比室温高5℃左右再用。同时检查电解液相对密度，检查电解液密度时，可用吸式密度计测量，并换算成15℃时规定的相对密度。相对密度低则加入相对密度为1.40的稀硫酸溶液、相对密度高则加入蒸馏水予以调整至规定值。

④ 外壳：蓄电池外壳为一整体式结构的容器，极板、隔板和电解液均装入外壳内。

蓄电池电压一般有6V和12V两种规格，因此，外壳内由间壁分成3个和6个互不相通的单格。

外壳应耐酸、耐热、耐寒、抗振动，并具有足够的机械强度。以黑色硬橡胶或透明塑胶制成，透明塑胶可看出内部电解液的高度。外壳内部分成许多小室，互不相通，12V蓄电池有六个小室。

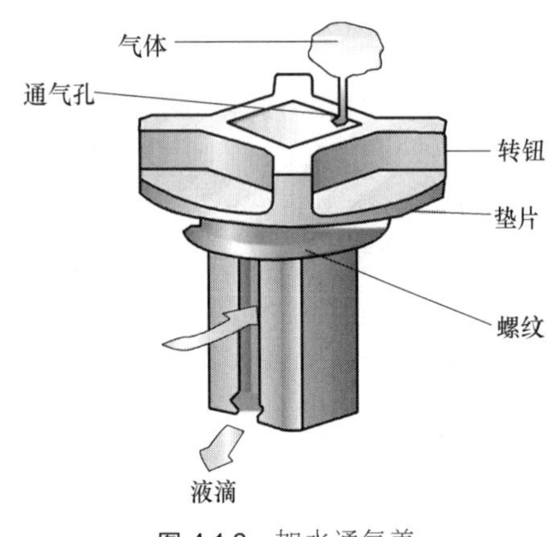

图 4-1-2　加水通气盖

⑤ 桩头：凸出蓄电池顶盖上两个粗大的接头，称为桩头，有圆形及扁形两种。正极桩头较粗，有“＋”记号；负极桩头较细，有“－”记号。在接线时，绝不可接错桩头。

⑥ 加水通气盖（图4-1-2）：供添加蒸馏水或供检验电解液用。在充电时，使产生的氢气及氧气能逸出，以防聚积过多气体而发生爆炸。加水通气盖上方的转钮很占空间，目前广泛采用的免维护蓄电池已不使用此转钮。

充电指示器（图4-1-3）：由视窗、塑胶管、绿色浮球及浮球室等组成。

充电指示器的作用如图4-1-4所示。

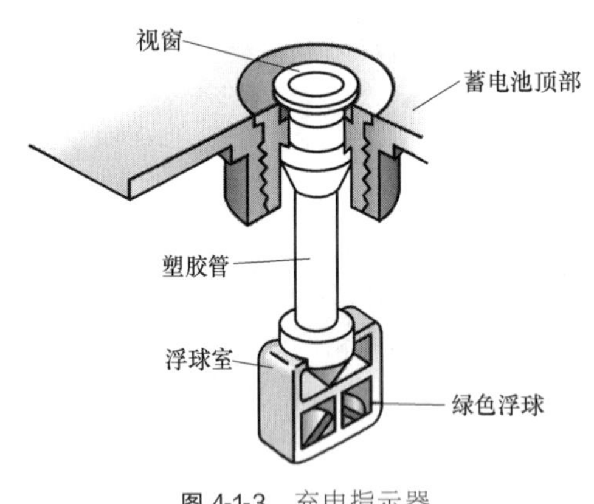

图 4-1-3　充电指示器

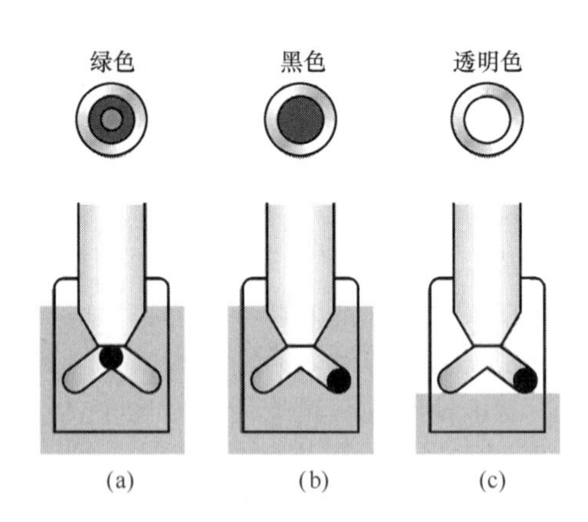

图 4-1-4　充电指示器的作用

当蓄电池液面及充电正常时，绿色浮球在中央最高点，从视窗中在黑色区可看到绿色圆圈。

当蓄电池液面正常，但充电不足时，绿色浮球在球室下方，从视窗中看不到绿色圆圈，整个是黑色。

当蓄电池液面过低时，视窗中看到的是透明色，表示蓄电池需换新。

4.1.2.4　蓄电池的型号规格

铅蓄电池产品型号分为三段。

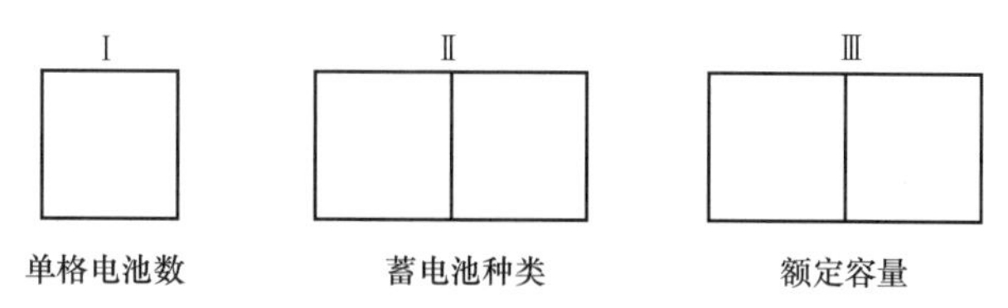

（1）型号：【6-Q-105】

含义：由 6 个单格组成，额定电压 12V，额定容量 105A·h 的起动型蓄电池。

（2）型号：【6-QA-60】

含义：由 6 个单格电池组成，额定电压 12V，额定容量 60A·h 的起动型干式荷电型蓄电池。

（3）型号：【6-QW-54A】

含义：由 6 个单格电池组成，额定电压 12V，额定容量为 54A·h 的免维护蓄电池。

4.1.2.5　蓄电池的工作原理

蓄电池的工作原理是双极硫酸盐化理论。

蓄电池中参与化学反应的物质，正极板上是 PbO_2，负极板上是 Pb，电解液是硫酸水溶液。

蓄电池放电时，正极板上的 PbO_2 和负极板上的 Pb 都变成 $PbSO_4$ 水溶液，电解液中的 H_2SO_4 减少，相对密度下降。蓄电池充电时，则按相反的方向变化。

蓄电池的化学反应方程式为：

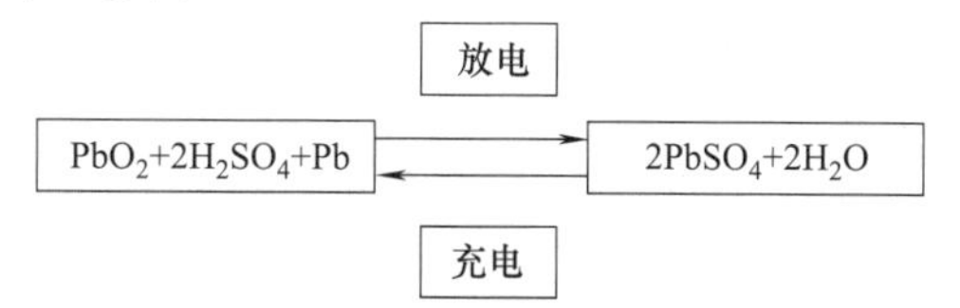

放电过程：将蓄电池的化学能转换成电能的过程称为放电过程。

蓄电池向外供电，产生化学反应，将正负极板上的活性物质转换成了硫酸铅，消耗了硫酸生成了水，电解液的密度下降。

如果将蓄电池与外电路的负荷接通，电子 e 从负极板经过外电路的负荷流往正极板，使正极板的电位下降，从而破坏了原有的平衡状态，发生电化学反应。从理论上说，蓄电池这种放电过程将极板上所有物质全部转变为硫酸铅，但实际转化的只有 20%～30%。

充电过程：将电能转换成蓄电池化学能的过程称为充电过程，它是放电反应的逆过程。

外电向蓄电池供电，正负极板上的硫酸铅又转换成了二氧化铅和纯铅，析出了硫酸，消耗了水，电解液的密度在增加。

充电时蓄电池的正负两极接通直流电源。当电源电压高于蓄电池的电动势 E 时，电流由蓄电池的正极流入，从蓄电池的负极流出，也就是电子由正极板经外电路流往负极板。这时正负极板发生的化学反应正好与放电过程相反，其化学反应过程如上。

蓄电池充放电过程结论：

蓄电池在放电时，电解液中的硫酸将逐渐减少，而水将逐渐增多，电解液相对密度下降。

蓄电池在充电时，电解液中的硫酸将逐渐增多，而水将逐渐减少，电解液相对密度增加。

在充放电时，电解液浓度发生变化，主要是由于正极板的活性物质化学反应的结果，因此要求正极板处的电解液流动性要好。

在装配蓄电池时，应将隔板有沟槽的一面对着正极板，以便电解液流通。

4.1.2.6 蓄电池的维护

（1）三抓

① 抓及时、正确充电。装车使用电池定期充电，放电程度冬季不超过25%，夏季不超过50%；带电液存放的蓄电池定期充电。

② 抓正确使用操作。每次起动时间不超过5s，起动间隔时间15s，最多连续起动3次；从车上拆卸蓄电池时，应先拆下负极接线柱，安装时相反。

③ 抓清洁保养。及时清除蓄电池表面的酸液，经常疏通通气孔。

（2）五防

① 防止过度充电和充电电流过大；

② 防止过度放电；

③ 防止电解液液面过低；

④ 防止电解液密度过大；

⑤ 防止电解液内混入杂质。

4.1.3 发电机

4.1.3.1 发电机的功用

发电机是工程机械的主要电源，其功用是在发动机正常运转时（怠速以上），向所有用电设备（起动机除外）供电，同时向蓄电池充电。

4.1.3.2 发电机的分类

工程机械用发电机可分为直流发电机和交流发电机，由于交流发电机在许多方面优于直流发电机，直流发电机已被淘汰，目前所有工程机械（汽车）均采用交流发电机，交流发电机按照不同的分类方法分为以下几类：

（1）按结总体结构分五类

① 普通交流发电机（使用时需要配装电压调节器的发电机）例如JF132，(EQ140用)。

② 整体式交流发电机（发电机和调节器制成一个整体的发电机）。

③ 带泵交流发电机（和汽车制动系统用真空助力泵安装在一起的发电机），例如JFZB292发电机。

④ 无刷交流发电机（不需要电刷的发电机），例如JFW1913。

⑤ 永磁交流发电机（磁极为永磁铁制成的发电机）。

（2）按整流器结构分四类

① 六管交流发电机；

② 八管交流发电机；

③ 九管交流发电机；

④ 十一管交流发电机。

（3）按磁场绕组搭铁形式分两类

① 内搭铁型交流发电机。磁场绕组的一端（负极）直接搭铁（和壳体相连）。

② 外搭铁型交流发电机。磁场绕组的一端（负极）接入调节器，通过调节器后再搭铁。

4.1.3.3 发电机的型号

交流发电机型号组成如下：

① 产品代号。

② 电压等级代号。

产品代号用中文字母表示，例：

JF——普通交流发电机；

JFZ——整体式（调节器内置）交流发电机；

JFB——带泵的交流发电机；

JFW——无刷交流发电机。

电压等级代号用一位阿拉伯数字表示：

1 表示 12V 系统；

2 表示 24V 系统；

6 表示 6V 系统。

4.1.3.4　交流发电机工作原理

（1）磁生电的原理

① 导体在磁场内运动切割磁力线，在导体中会产生感应电压。如果将导体连成完整电路，则电路中会有电流，如图 4-1-5 所示。

② 在导线中放置磁铁，并使磁铁旋转，则旋转的磁力线切割导线，在导线中会产生电流，如图 4-1-6 所示。

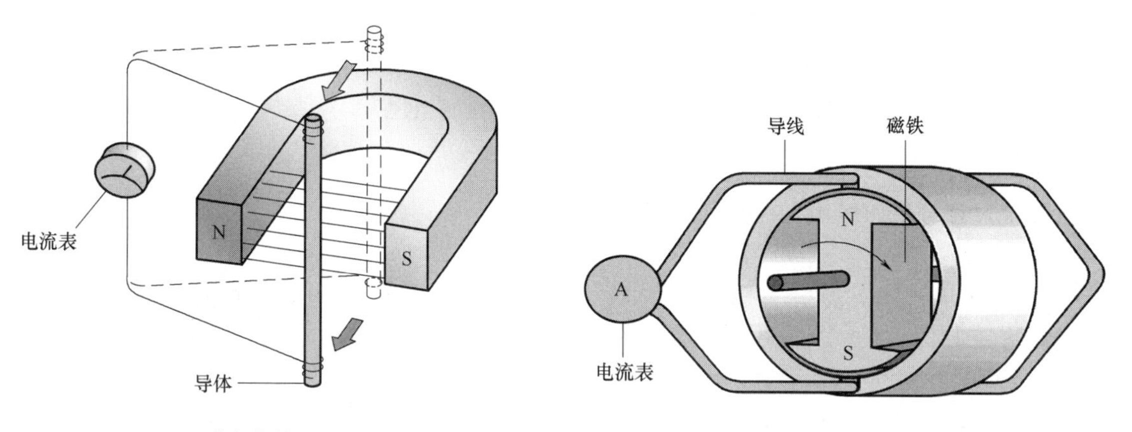

图 4-1-5　磁生电的原理（一）

图 4-1-6　磁生电的原理（二）

③ 磁力线切割线圈，能在线圈中产生感应电压（电动势），这种现象称为电磁感应。发电机由电磁感应产生感应电压，因而产生电压与电流。

基本工作原理：通电导体在磁场中切割磁力线，产生感应电动势。

（2）三相交流发电机工作原理（图 4-1-7）

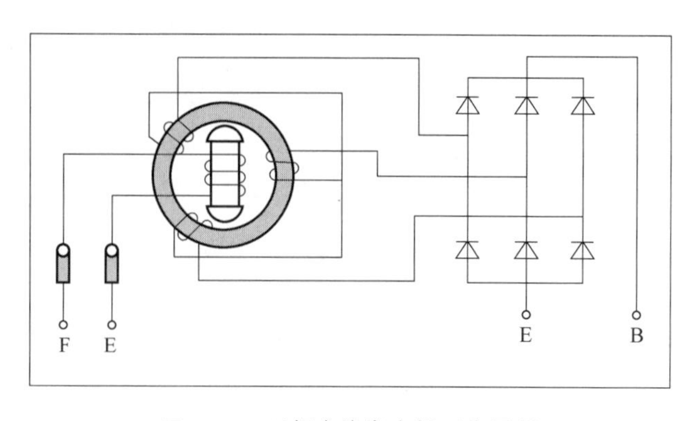

图 4-1-7　三相交流发电机工作原理

B—电源；E—接地；F—接线圈

① 在发电机内部有一个由发动机带动转子（旋转磁场）。

② 磁场外有一个定子绕组，绕组有 3 组线圈（3 相绕组），3 相绕组彼此相隔 120°。

③ 当转子旋转时，旋转的磁场使固定的定子绕组切割磁力线（或者说使电枢绕组中通过的磁通量发生变化）而产生电动势。

（3）整流原理（图 4-1-8）

整流原理是利用硅二极管具有的单向导电性。

交流发电机定子的三相绕组中，感应产生的是交流电；是靠六只二极管组成的三相桥式整流电路变为直流电的。

二极管具有单项导电性，当给二极管加上正向电压时，二极管导通，当给二极管加上反向电压时，二极管截止，二极管的导通原则如下：

当三只二极管负极端相连时，正极端电位最高者导通；

当三只二极管正极端相连时，负极端电位最低者导通。

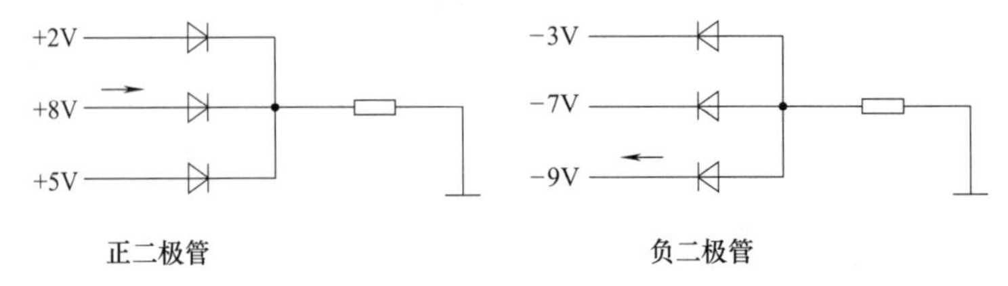

图 4-1-8　整流原理

整流过程分析如图 4-1-9 所示。

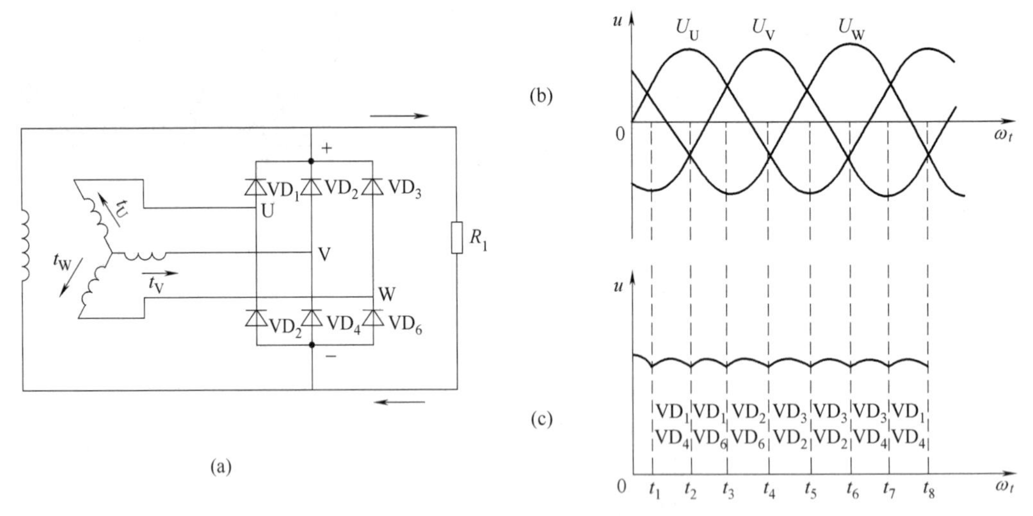

图 4-1-9　整流过程分析

整流时二极管导通条件：

对于三个正极管子（VD_1、VD_3、VD_5 正极和定子绕组始端相连），在某瞬时，电压最高一相的正极管导通。

对于三个负极管子（VD_2、VD_4、VD_6 负极和定子绕组始端相连），在某瞬时，电压最低一相的负极管导通。

但同时导通的管子总是两个，正、负管子各一个。

整流过程：三相桥式整流电路中二极管的依次循环导通，使得负载 R_L 两端得到一个比较平稳的脉动直流电压。

发电机输出的直流电压平均值为：

$$U=1.35UL=2.34U\Phi$$

中性点电压（图 4-1-10）：中性点电压通常是指三相绕组的中心抽头“N”对外壳（即搭铁）的电位之差，一般用来控制各种继电器和充电指示灯等。即 $U_N=1/2U$。

实际上发电机工作时，中性点电压除了直流成分外，还含有交流成分，当发电机高速运转时，可有效利用中性点电压来增加发电机的输出功率。

中性点电压的瞬时值是一个三次谐波电压，中性点电压的平均值为发电机输出电压（平均值）的一半。

中性点作用：带有中性点接线柱的发电机可用中性点电压来控制各种用途的继电器。

有的发电机没有中性点接线柱，但是也把中性点电压充分地利用了（如夏利、桑塔纳发电机），这些发电机在中性点处接上两只整流二极管，和三相绕组的六只整流二极管一起输出，可提高发电机功率。

4.1.3.5　普通交流发电机的结构（图 4-1-11）

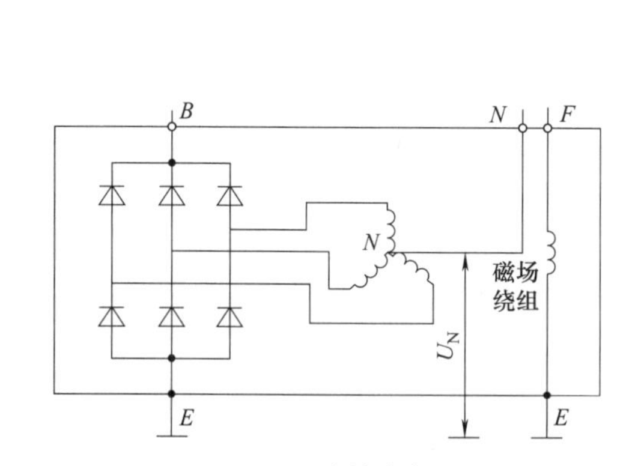

图 4-1-10　中性点电压

B—电源；E—接地；F—接线圈；N—中性点电压

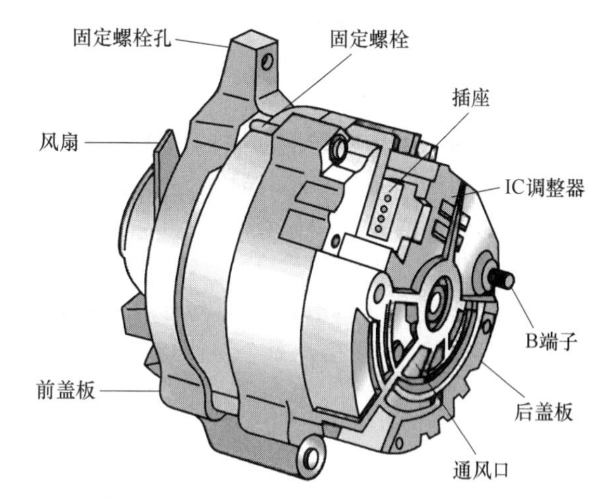

图 4-1-11　普通交流发电机的结构

交流发电机一般由转子、定子、整流器、端盖四部分组成。

转子的功用是产生旋转磁场。

转子由爪极、磁轭、磁场绕组、集电环、转子轴组成，如图 4-1-12 所示。

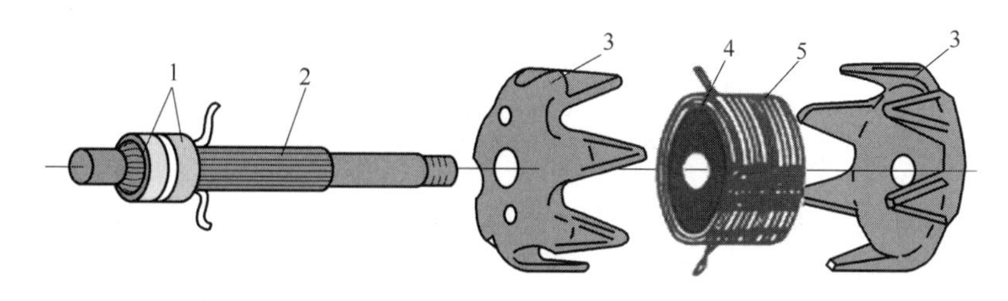

图 4-1-12　转子

1—集电环；2—转子轴；3—爪极；4—磁轭；5—磁场绕组

转子轴上压装着两块爪极，两块爪极各有六个鸟嘴形磁极，爪极空腔内装有磁场绕组（转子线圈）和磁轭。

集电环由两个彼此绝缘的铜环组成，集电环压装在转子轴上并与轴绝缘，两个集电环分别与磁场绕组的两端相连。

转子产生旋转磁场。当两集电环通入直流电时（通过电刷），磁场绕组中就有电流通过，并产生轴向磁通，使一块爪极被磁化为 N 极，另一块被磁化为 S 极，从而形成六对相互交错的磁极。当转子转动时，就形成了旋转的磁场。

定子的功用是产生交流电。

定子由定子铁心和定子绕组成，如图 4-1-13 所示。

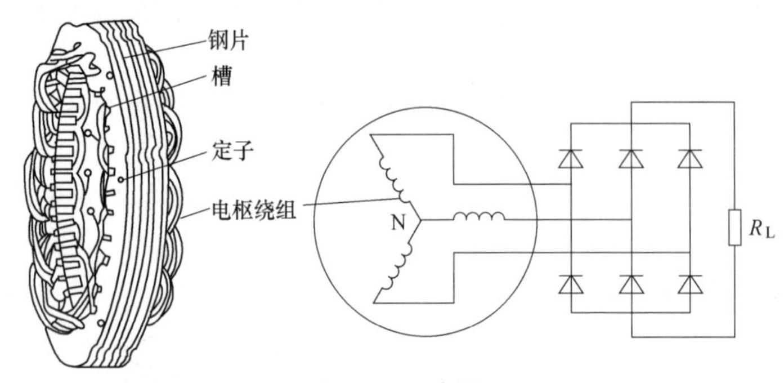

图 4-1-13 定子

定子铁芯由内圈带槽的硅钢片叠成，定子绕组的导线就嵌放在铁芯的槽中。定子绕组有三相，三相绕组采用星形接法或三角形（大功率）接法，都能产生三相交流电。

三相绕组必须按一定要求绕制，才能使之获得频率相同、幅值相等、相位互差 120°的三相电动势。

三角形联接（图 4-1-14），定子绕组线圈首尾相接，每相电压为对应绕组的端电压。

星形联接/Y 联接，每个绕组的尾端接于一点，每相电压为对应的两个绕组的端电压的矢量和。

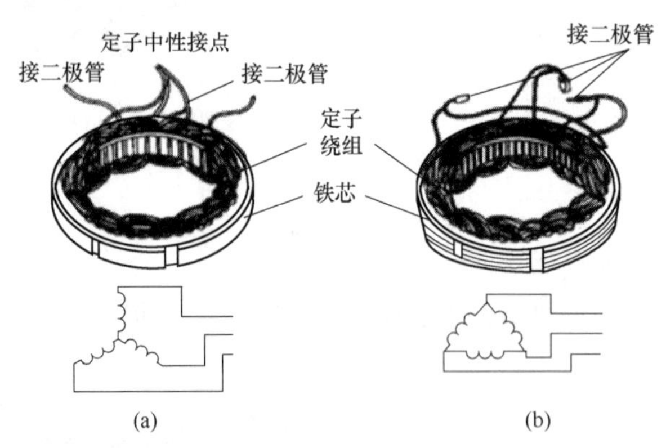

图 4-1-14 定子绕组联接方式

星形联接与三角形联接的区别：三角形联接每相电流大，但每相电压与相应的绕组电压相同。

星形联接/Y 联接：电压为两相绕组电压矢量和，比绕组电压高，但每相电流与绕组电流相同。

定子绕组：

① 每个线圈的两个有效边之间的距离应和一个磁极占据的空间距离相等。

② 每相绕组相邻线圈始边之间的距离应和一对磁极占据的距离相等或成倍数。

③ 三相绕组的始边应相互间隔 $2\pi+120^{\circ}$ 电角度（一对磁极占有的空间为 360° 电角度）。

整流器：交流发电机整流器的作用是将定子绕组的三相交流电变为直流电。6 管交流发电机的整流器是由 6 只硅整流二极管组成三相全波桥式整流电路。6 只整流管分别压装（或焊装）在两块板上。

端盖及电刷架：端盖一般分两部分（前端盖和后端盖），起固定转子、定子、整流器和电刷组件的作用。

端盖一般用铝合金铸造，一是可有效地防止漏磁，二是铝合金散热性能好。

后端盖上装有电刷组件，有电刷、电刷架和电刷弹簧组成。电刷的作用是将电源通过集电环引入磁场绕组。

磁场绕组的内搭铁型和外搭铁型如图 4-1-15 所示。内搭铁型交流发电机：磁场绕组负电刷直接搭铁的发电机（和壳体直接相连）。外搭铁型交流发电机：磁场绕组的两只电刷都和壳体绝缘的发电机。

外搭铁型交流发电机的磁场绕组负极（负电刷）接调节器，通过后再搭铁。

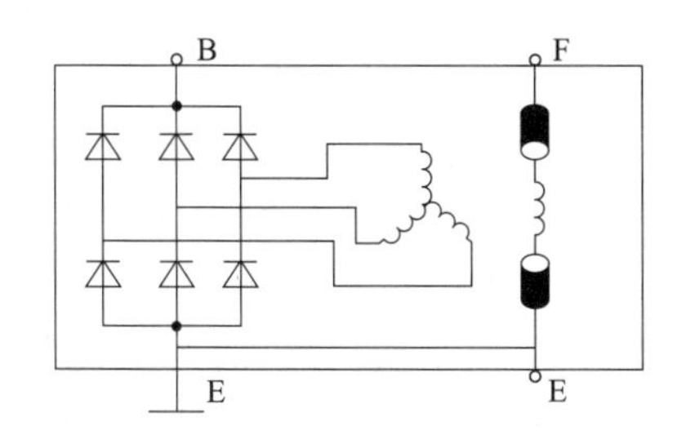

(a) 内搭铁型交流发电机

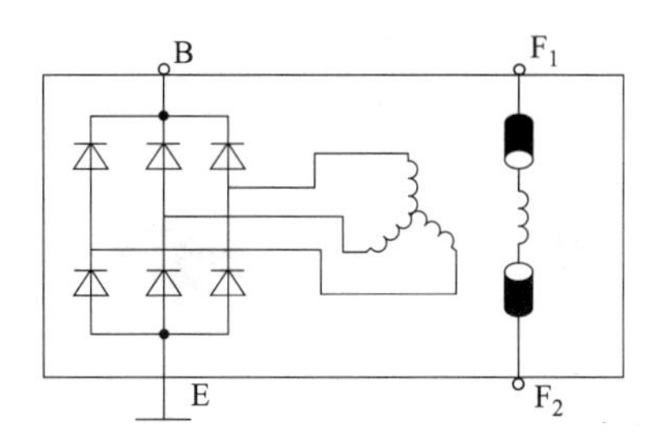

(b) 外搭铁型交流发电机

图 4-1-15　交流发电机的搭铁型式

4.2　照明系统

工程机械的照明系统主要由灯具、电源和电路（包括控制开关）三大部分组成，而灯具大体分为照明用的灯具和信号及标志用的灯具。

照明用的灯具有前照灯、防雾灯、后照灯、示宽灯、牌照灯、顶灯、仪表灯和工作灯等。

信号及标志用灯具有转向信号灯、制动灯、小灯、尾灯、指示灯和警报灯等。

(1) 外部照明装置

前照灯（大灯，headlamp）：用于汽车夜间行车照明，有两灯制和四灯制之分。

防雾灯（fog lamp）：在有雾、下雪、暴雨或尘埃弥漫时改善道路的照明情况。每车为一只或两只。

示宽灯（小灯，side marker Lamp）：夜间行车指示汽车的宽度。

牌照灯（license plate lamp）：夜间行车为汽车牌照照明。

(2) 内部照明装置

仪表灯（instrument light）：仪表照明。

顶灯（interior light）：室内照明。

其他辅助用灯（门控灯，door courtesy light）：如发动机维修灯、行李箱照明灯等。

（3）报警装置

尾灯（tail light）：夜间行驶时，显示车辆的位置，警示后面的车辆。

制动灯（stop light）：制动时，发出较强的红光，以示制动。

转向灯（turn signal light）：指示汽车的行驶方向，一般前后都有，一般为橙色，接通时闪烁发亮。遇到紧急情况时，前后转向灯同时闪烁。

停车灯（hazard warning light）：停车时点亮，提醒来往的车辆和行人。

倒车灯（back light）：照亮车后路面，提醒车后的行人和车辆。

喇叭（horn）：行车时发出声音提醒来往的行人和车辆。

其他报警装置：倒车报警等。

4.2.1 前照灯

前照灯的照明要求：

① 前照灯应保证车前有明亮而均匀的照明，使驾驶员能看清车前100m以内路面上的任何障碍物。随着高速公路的建成，汽车行驶速度的提高，要求汽车前照灯的照明距离也相应的增长，现代有些汽车的前照灯照明距离已达到200～250m。

② 应具有防止眩目的装置，确保夜间两车迎面相遇时，不使对方驾驶员因产生眩目而造成事故。

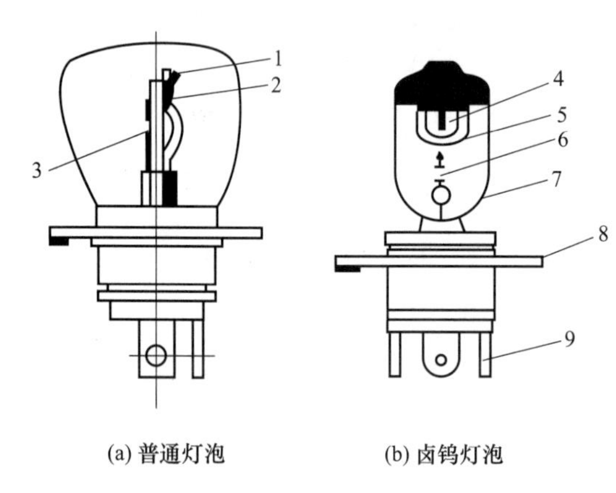

图 4-2-1 前照灯的结构

1,7—配光屏；2,4—近光灯丝；3,5—远光灯丝；6—定焦盘；8—泡壳；9—插片

前照灯的结构（图 4-2-1）：前照灯由光源（灯泡）、反光镜、配光镜三部分组成。

灯泡的灯丝由功率大的远光灯丝和功率较小的近光灯丝组成。

由钨丝制作成螺旋状，以缩小灯丝的尺寸，有利于光束的聚合。

灯泡：充气灯泡的周围抽成真空并充满了惰性气体。但是灯丝的钨质点仍然要蒸发，使灯丝损耗。而蒸发出来的钨沉积在灯泡上，使灯泡发黑。新型的卤钨灯泡（是在灯泡内充以惰性气体中渗入某种卤族元素（指碘、溴、氯、氟等元素）。

反射镜：反射镜一般用0.6～0.8mm的薄钢板冲压而成。反射镜的表面形状呈旋转抛物面，其内表面镀银、铝或镀铝，然后抛光。由于镀铝的反射系数可以达到94%以上，机械强度也较好，所以现在一般采用真空镀铝。

由于前照灯灯泡灯丝发出的光度有限，功率仅45～60W。如无反射镜，那只能照清汽车灯前6m左右的路面。而有了反射镜之后，使前照灯照距可达150m。

配光镜：配光镜又称散光玻璃，它是用透光玻璃压制而成，是很多块特殊的棱镜和透镜的组合。其几何形状比较复杂，外形一般为圆形和矩形。

配光镜的作用是将反射镜反射出的平行光束进行折射，使车前路面和路线都有良好而均匀的照明。

前照灯避免眩目的措施：

① 前照灯采用远近光变光措施，远光位于反射镜焦点上，近光位于焦点的上方偏右，如图 4-2-2 所示。

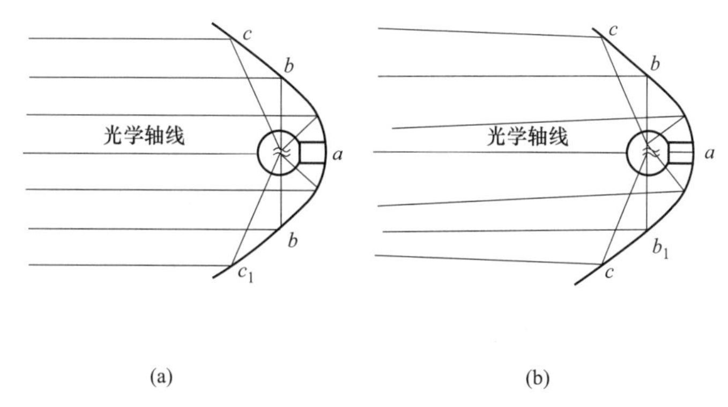

图 4-2-2　前照灯避免眩目

② 采用配光镜和反射镜实现对光线的合理分配。

③ 采用装有遮光罩的双丝灯泡和偏转配光镜实现非对称性配光。

前照灯的类型：通常按前照可分为可拆式、半封闭式和封闭式前照灯三种。此外还有反射式前照灯和投影式前照灯。投射式前照灯用透镜和反射镜取代配光镜。

高亮度弧光灯这种灯的灯泡里没有灯丝，取而代之的是装在石英管内的两个电极，管内充有氙及微量金属（或金属卤化物），如图 4-2-3 所示。

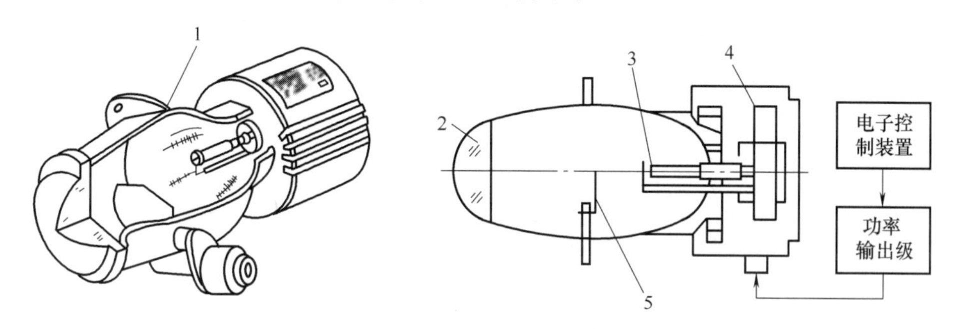

图 4-2-3　高亮度弧光灯

1—总成；2—透镜；3—弧光灯；4—引燃及稳弧部件；5—遮光灯

4.2.2　转向信号灯和闪光器

在转向或危急报警信号系统中，用于控制信号灯闪光的装置称为闪光器。

闪光器的种类如下：

机械式：电热式闪光器、电容式闪光器、翼片式闪光器。

电子式：有触点晶体管闪光器、无触点晶体管闪光器、集成电路电子闪光器。

4.2.3　电喇叭

（1）电喇叭的分类

电喇叭按照有无触点分为普通电喇叭和电子电喇叭、筒型普通电喇叭。

盆型普通电喇叭如图 4-2-4 所示。

工作情况：盆形电喇叭工作原理与螺旋形相同，当接通电路时，线圈产生吸力，上铁芯被吸下与下铁芯碰撞，产生较低的基本频率，并激励与膜片一体的共鸣板产生共鸣，从而发出比基本频率强得多且分布比较集中的谐音。

电子电喇叭如图 4-2-5 所示：

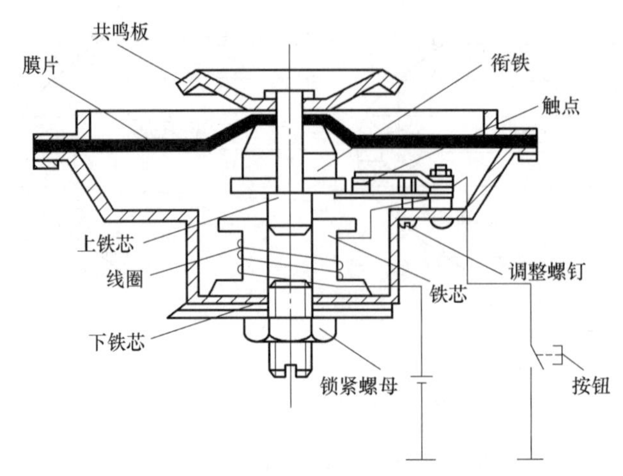

图 4-2-4 盆型普通电喇叭

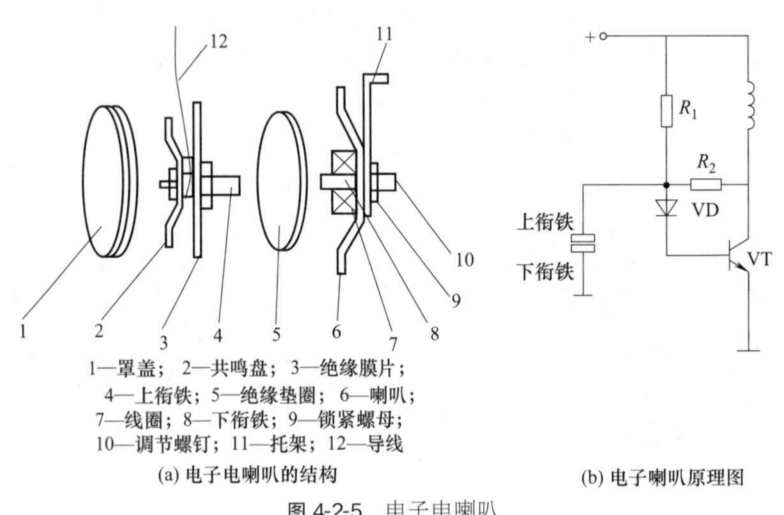

1—罩盖；2—共鸣盘；3—绝缘膜片；
4—上衔铁；5—绝缘垫圈；6—喇叭；
7—线圈；8—下衔铁；9—锁紧螺母；
10—调节螺钉；11—托架；12—导线

(a) 电子电喇叭的结构

(b) 电子喇叭原理图

图 4-2-5 电子电喇叭

工作原理：当喇叭电路接通电源后，由于晶体管 VT 加正向偏压而导通，线圈中便有电流通过，产生电磁力，吸引上衔铁，同绝缘膜片和共鸣板一起动作，当上衔铁与下衔铁接触而直接搭铁时，晶体管 VT 失去偏压而截止，切断线圈中的电流，电磁力消失，膜片与共鸣板在弹力作用下复位，上、下衔铁又回复为断开状态，晶体管 VT 又导通，如此周而复始的动作，膜片不断振动发出响声。

（2）喇叭的调整

① 音调的调整：音调的高低取决于膜片振动的频率，而膜片的振动是由衔铁来驱动的，通过改变衔铁与铁芯之间的间隙可以改变膜片的振动频率，从而改变音调。间隙增大，频率下降，音调降低，反之升高。

② 音量的调整：喇叭音量的大小取决于流过喇叭的电流。电流越大，音量也越大，反之则小。喇叭音量的调整是通过改变触点间的压力来调整电流大小的。

第5章

液压系统基本知识

5.1 液压系统的工作原理及组成

5.1.1 液压传动的基本概念

一部完整的机器是由原动机、传动机构及控制部分、工作机（含辅助装置）组成。传动机构分为机械传动、电气传动和流体传动机构。

流体传动是以流体为工作介质进行能量转换、传递和控制的传动。它包括液压传动、液力传动和气压传动。

液压传动（Hydraulics）是以液体为工作介质，通过驱动装置将原动机的机械能转换为液压的压力能，然后通过管道、液压控制及调节装置等，借助执行装置，将液体的压力能转换为机械能，驱动负载实现直线或回转运动。

5.1.2 液压传动的工作原理

举升重物的液压千斤顶，是一种简单的液压传动装置，液压传动的工作原理可用其工作原理来说明。

如图 5-1-1 所示，液压千斤顶由油箱、大活塞、小活塞、大油缸、小油缸、止回阀 1 和止回阀 2、杠杆手柄、放油阀组成。活塞与油缸之间能实现可靠的密封，小油缸、大油缸、油箱以及它们之间的连接通道构成一个密闭的容器，里面充满液压油。

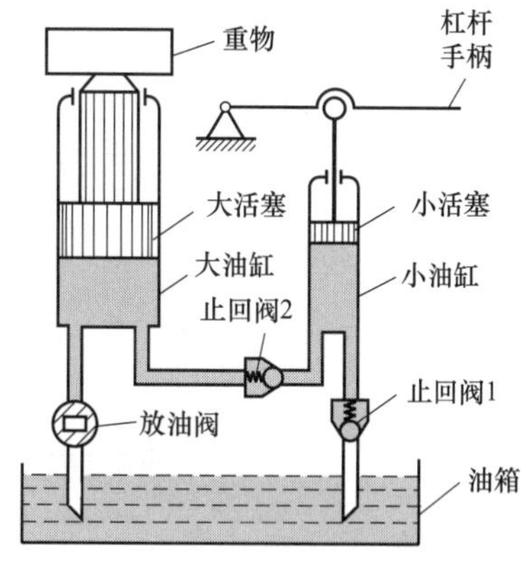

图 5-1-1 液压千斤顶工作原理图（一）

如图 5-1-2 所示，放油阀关闭，当抬起杠杆手柄时，带动小活塞向上运动，小活塞下腔密封容积增大，形成局部真空，止回阀 2 在负载的作用下处于关闭状态，油箱中的液体在大气压力的作用下，经过打开的止回阀 1 进入小油缸，实现吸油。

如图 5-1-3 所示，放油阀关闭，当压下杠杆手柄时，小活塞向下运动挤压小油缸下腔的油液，密封容积减小，油压升高，止回阀 1 处于关闭状态，压力油经打开的止回阀 2 进入大油缸内，推动大柱塞上移，从而顶起重物，完成压油。再次提起杠杆手柄时，大油缸内的压力油倒流入小油缸，此时止回阀 2 自动关闭，使油液不能倒流，保证了重物不致自动落下。

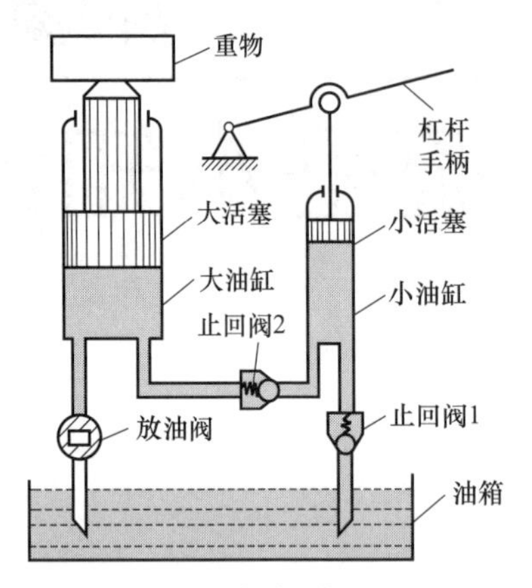

图 5-1-2　液压千斤顶工作原理图（二）

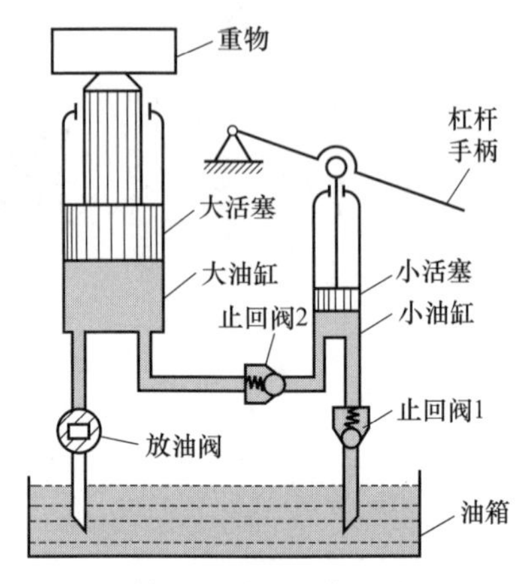

图 5-1-3　液压千斤顶工作原理图（三）

反复提起和压下手柄时，小油缸不断交替进行吸油和压油过程，压力油不断进入大油缸，将重物不断顶起，达到起重的目的。当需放下重物时，打开放油阀，大活塞在自重和负载的作用下下移，将大油缸的油液排回油箱。这就是液压千斤顶的工作过程。

5.1.3　液压系统的组成

液压系统就是按机械的工作要求，用管路将各具特定功能的液压元件以某种方式组合成的整体。通常一个液压系统由以下五部分组成（图 5-1-4）。

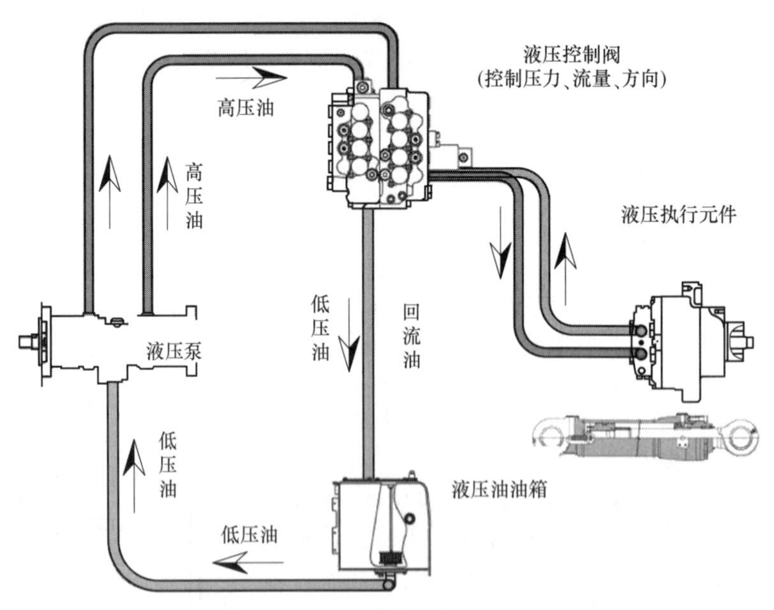

图 5-1-4　液压系统的组成示意图

① 工作介质——液压油。实现运动和动力的传递。

② 动力元件——液压泵。将原动机的机械能转换为液压能，是液压系统的动力源。

③ 执行元件——液压缸、液压马达。将液压能转换为机械能，在压力油的推动下输出

力和速度（或力矩和转速）。液压缸带动负载作往复运动，液压马达带动负载作回转运动。

④ 控制调节元件——各种液压控制阀（压力阀、流量阀、方向阀）。用以控制液压系统中油液的压力、流量和方向，以满足液压系统的工作要求。

⑤ 辅助元件——油箱、油管、管接头、滤油器、密封件、压力表、流量表等。用以储油、散热、输油、连接、过滤、密封工作液体，测量压力、流量，保证系统正常工作。

由以上可见：液压传动是以液压油作为工作介质，通过动力元件（油泵），将发动机的机械能转换为油液的压力能，通过管道、控制元件，借助执行元件，将油液的压力能转换成机械能，驱动负载实现所需的运动（图 5-1-5）。

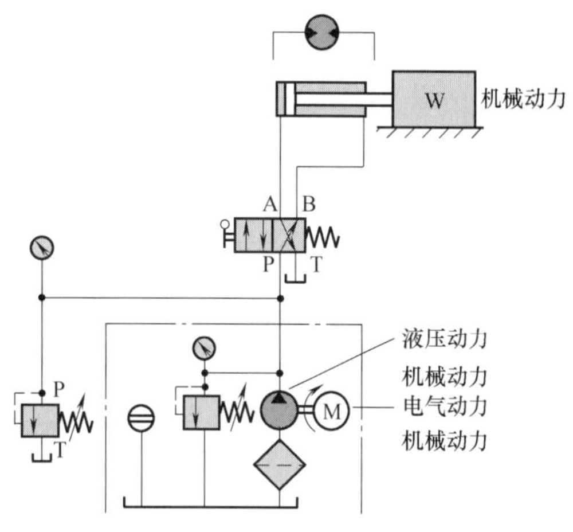

图 5-1-5　液压系统动力转换示意图

5.1.4　液压元件符号

前面的液压元件（图 5-1-4）基本上是用半结构图形画出来的，其特点是较直观、易理解，但图形复杂，元件较多时显得烦琐，绘制困难。为简化液压系统图的绘制，把每一个元件都用一种符号来表示，并将各元件的符号用通路连接起来组成液压系统图，以表示液压传动的原理，简单明了，便于阅读、分析和绘制。

常见液压元件符号如表 5-1-1 所示。

表 5-1-1　常见液压元件符号

（1）液压泵、液压马达和液压缸

名称		符号	说明	名称		符号	说明
液压泵	液压泵		一般符号	液压马达	液压马达		一般符号
	单向定量液压泵		单向旋转、单向流动、定排量		单向定量液压马达		单向流动，单向旋转
	双向定量液压泵		双向旋转，双向流动，定排量		双向定量液压马达		双向流动，双向旋转，定排量
	单向变量液压泵		单向旋转，单向流动，变排量		单向变量液压马达		单向流动，单向旋转，变排量
	双向变量液压泵		双向旋转，双向流动，变排量		双向变量液压马达		双向流动，双向旋转，变排量

续表

(1) 液压泵、液压马达和液压缸

名称		符号	说明
液压马达	摆动马达	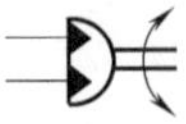	双向摆动，定角度
泵-马达	定量液压泵-马达	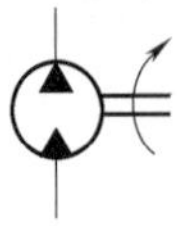	单向流动，单向旋转，定排量
	变量液压泵-马达	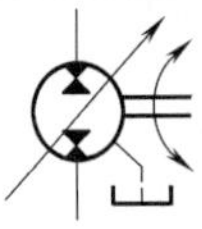	双向流动，双向旋转，变排量，外部泄油
	液压整体式传动装置	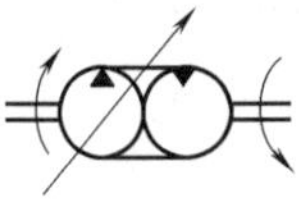	单向旋转，变排量泵，定排量马达
单作用缸	单活塞杆缸	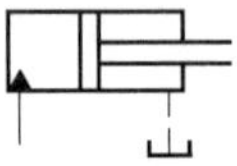	详细符号
		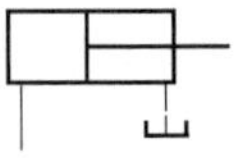	简化符号
	单活塞杆缸（带弹簧复位）	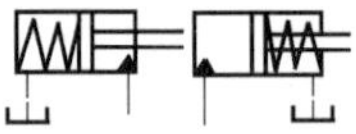	详细符号
		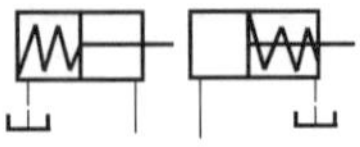	简化符号
	柱塞缸	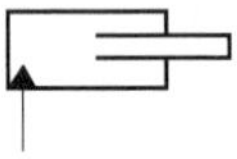	
	伸缩缸	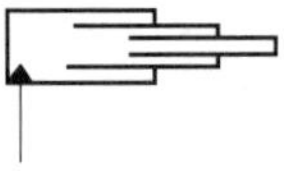	
双作用缸	单活塞杆缸	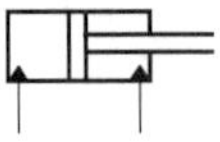	详细符号
		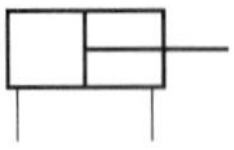	简化符号
	双活塞杆缸	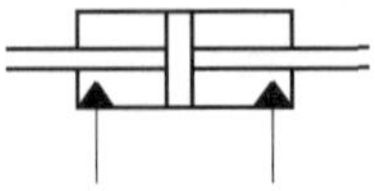	详细符号
		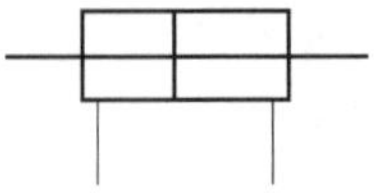	简化符号

名称		符号	说明
双作用缸	不可调单向缓冲缸	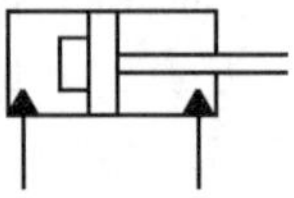	详细符号
		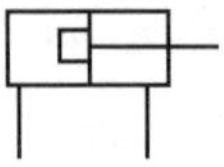	简化符号
	可调单向缓冲缸	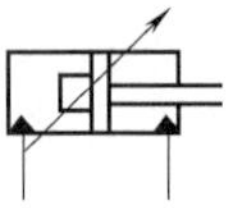	详细符号
		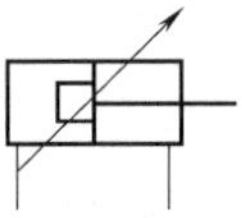	简化符号
	不可调双向缓冲缸	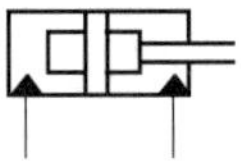	详细符号
		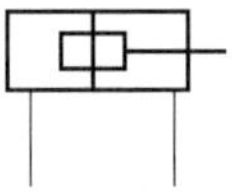	简化符号
	可调双向缓冲缸	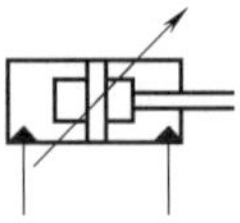	详细符号
		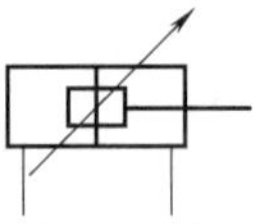	简化符号
	伸缩缸		
压力转换器	气-液转换器		单程作用
		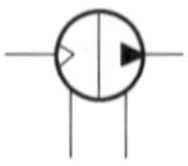	连续作用
	增压器	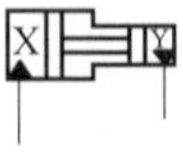	单程作用
		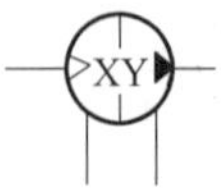	连续作用

续表

（1）液压泵、液压马达和液压缸

名称		符号	说明	名称		符号	说明
蓄能器	蓄能器		一般符号	能量源	液压源		一般符号
	气体隔离式				气压源		一般符号
	重锤式	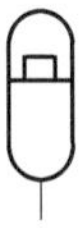			电动机	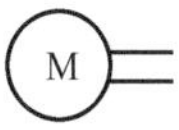	
	弹簧式	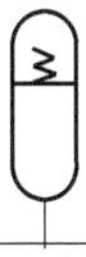			原动机	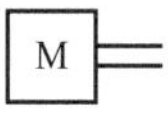	电动机除外
辅助气瓶		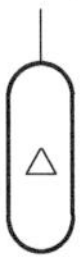					
气罐							

（2）机械控制装置和控制方法

名称		符号	说明	名称		符号	说明
机械控制件	直线运动的杆		箭头可省略	人力控制方法	人力控制	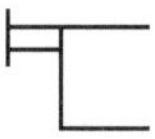	一般符号
	旋转运动的轴	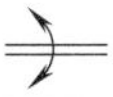	箭头可省略		按钮式	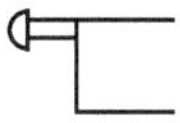	
	定位装置	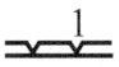			拉钮式	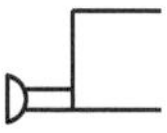	
	锁定装置	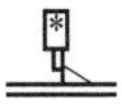	* 为开锁的控制方法		按-拉式	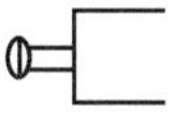	
	弹跳机构				手柄式	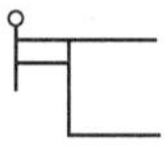	
机械控制方法	顶杆式				单向踏板式	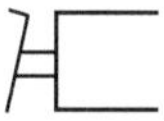	
	可变行程控制式				双向踏板式	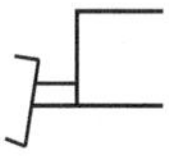	
	弹簧控制式						
	滚轮式	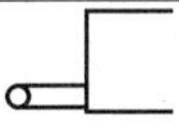	两个方向操作				
	单向滚轮式	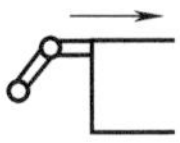	仅在一个方向上操作，箭头可省略				

续表

（2）机械控制装置和控制方法			
名称		符号	说明
直接压力控制方法	加压或卸压控制		
	差动控制	2 1	
	内部压力控制	45°	控制通路在元件内部
	外部压力控制		控制通路在元件外部
先导压力控制方法	液压先导加压控制		内部压力控制
	液压先导加压控制		外部压力控制
	液压二级先导加压控制		内部压力控制，内部泄油
	气-液先导加压控制		气压外部控制，液压内部控制，外部泄油
	电-液先导加压控制		液压外部控制，内部泄油
	液压先导卸压控制		内部压力控制，内部泄油
			外部压力控制（带遥控泄放口）
	电-液先导控制		电磁铁控制、外部压力控制，外部泄油
	先导型压力控制阀		带压力调节弹簧，外部泄油，带遥控泄放口
先导压力控制方法	先导型比例电磁式压力控制阀		先导级由比例电磁铁控制，内部泄油
电气控制方法	单作用电磁铁		电气引线可省略，斜线也可向右下方
	双作用电磁铁		
	单作用可调电磁操作（比例电磁铁，力矩马达等）		
	双作用可调电磁操作（力矩马达等）		
	旋转运动电气控制装置	M	
反馈控制方法	反馈控制		一般符号
	电反馈		由电位器、差动变压器等检测位置
	内部机械反馈		如随动阀仿形控制回路等

续表

（3）压力控制阀

名称		符号	说明
溢流阀	溢流阀	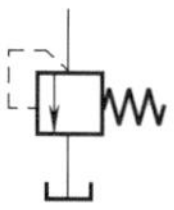	一般符号或直动型溢流阀
	先导型溢流阀		
	先导型电磁溢流阀		常闭
	直动式比例溢流阀	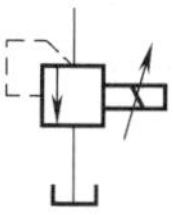	
	先导比例溢流阀		
	卸荷溢流阀		$p_2 > p_1$ 时卸荷
	双向溢流阀	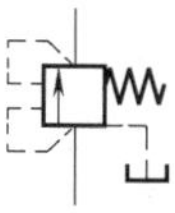	直动式，外部泄油
减压阀	减压阀	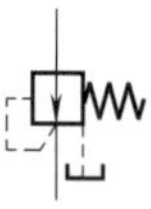	一般符号或直动型减压阀
	先导型减压阀	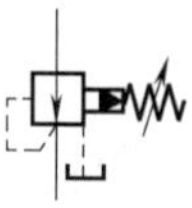	
	溢流减压阀		
	先导型比例电磁式溢流减压阀		
	定比减压阀	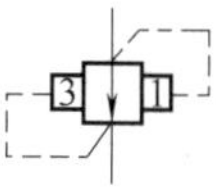	减压比 1/3
	定差减压阀	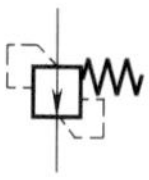	
顺序阀	顺序阀	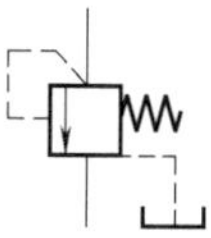	一般符号或直动型顺序阀
	先导型顺序阀		
	单向顺序阀（平衡阀）		
卸荷阀	卸荷阀	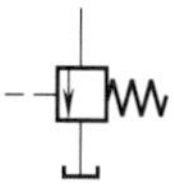	一般符号或直动型卸荷阀
	先导型电磁卸荷阀	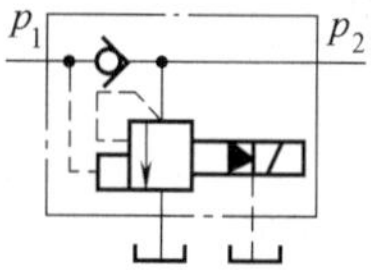	$p_1 > p_2$
制动阀	双溢流制动阀	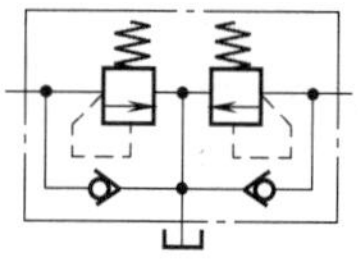	
	溢流油桥制动阀	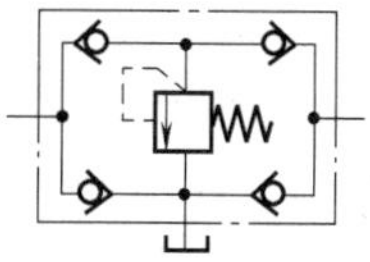	

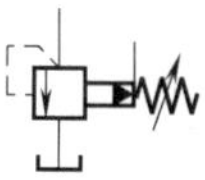

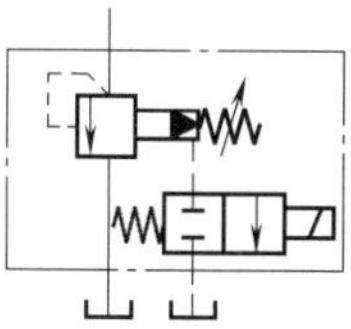

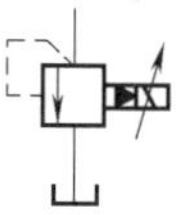

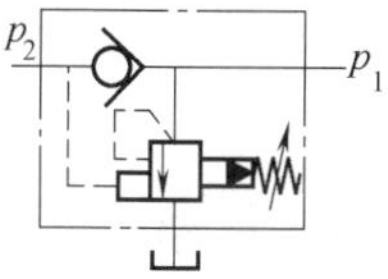

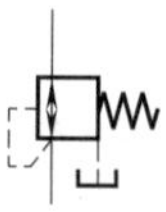

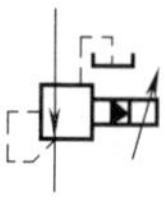

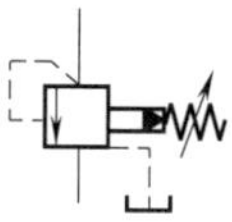

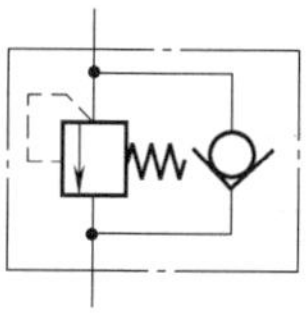

续表

（4）方向控制阀

名称		符号	说明	名称		符号	说明
单向阀	单向阀		详细符号	换向阀	二位三通电磁阀		
			简化符号（弹簧可省略）		二位三通电磁球阀		
液压单向阀	液控单向阀		详细符号（控制压力关闭阀）		二位四通电磁阀		
			简化符号		二位五通液动阀		
			详细符号（控制压力打开阀）		二位四通机动阀		
			简化符号（弹簧可省略）		三位四通电磁阀		
	双液控单向阀				三位四通电液阀		简化符号（内控外泄）
梭阀	或门型		详细符号		三位六通手动阀		
			简化符号		三位五通电磁阀		
换向阀	二位二通电磁阀		常断		三位四通电液阀		外控内泄（带手动应急控制装置）
			常通		三位四通比例阀		节流型，中位正遮盖
					三位四通比例阀		中位负遮盖

续表

（4）方向控制阀

名称		符号	说明	名称		符号	说明
换向阀	二位四通比例阀			换向阀	四通电液伺服阀	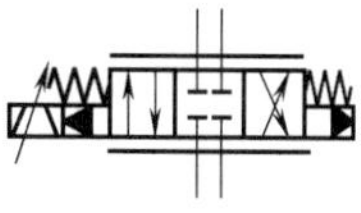	二级
	四通伺服						带电反馈三级

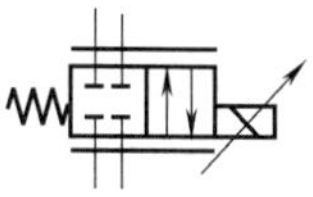

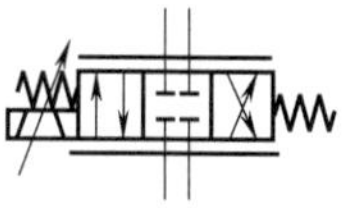

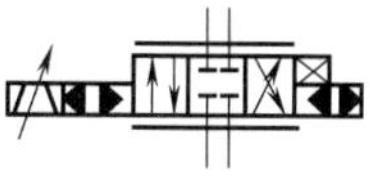

（5）流量控制阀

名称		符号	说明	名称		符号	说明
节流阀	可调节流阀	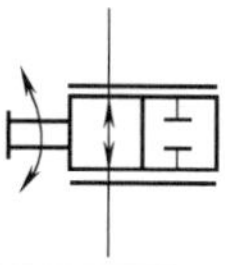	详细符号	调速阀	旁通型调速阀		简化符号
			简化符号		温度补偿型调速阀		简化符号
	不可调节流阀		一般符号		单向调速阀	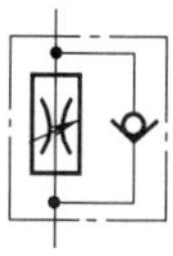	简化符号
	单向节流阀			同步阀	分流阀		
	双单向节流阀				单向分流阀		
	截止阀				集流阀		
	滚轮控制节流阀（减速阀）				分流集流阀		
调速阀	调速阀		详细符号				
			简化符号				

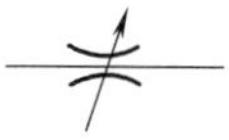

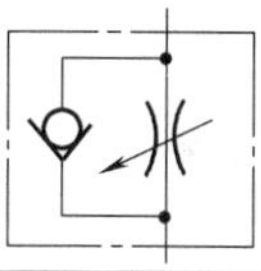

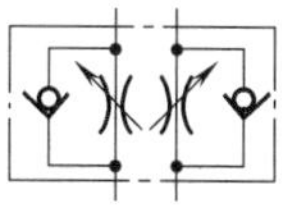

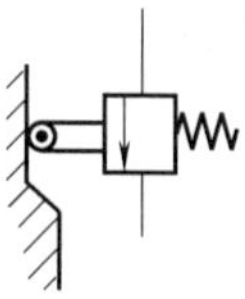

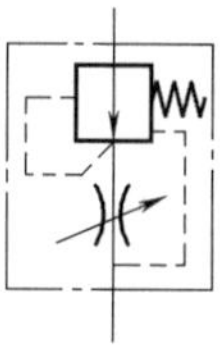

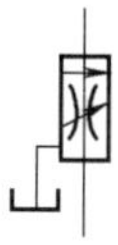

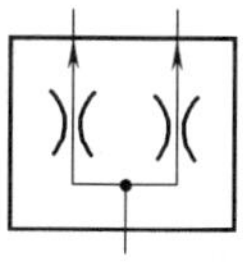

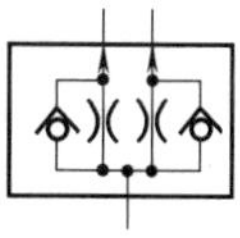

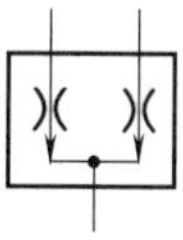

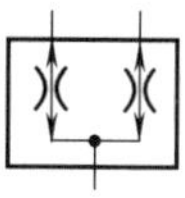

续表

（6）油箱

名称		符号	说明
通大气式	管端在液面上		
	管端在液面下		带空气过滤器

名称		符号	说明
油箱	管端在油箱底部		
	局部泄油或回油		
	加压油箱或密闭油箱		三条油路

（7）流体调节器

名称		符号	说明
过滤器	过滤器		一般符号
	带污染指示器的过滤器		
	磁性过滤器		
	带旁通阀的过滤器		
	双筒过滤器		p_1：进油 p_2：回油

名称		符号	说明
过滤器	空气过滤器		
温度调节器			
冷却器	冷却器		一般符号
	带冷却剂管路的冷却器		
加热器			一般符号

（8）检测器、指示器

名称		符号	说明
压力检测器	压力指示器		
	压力表（计）		

名称		符号	说明
压力检测器	电接点压力表（压力显控器）		
	压差控制表		

续表

(8) 检测器、指示器

名称		符号	说明
液位计			
流量检测器	检流计（液流指示器）		
	流量计		
	累计流量计		

名称	符号	说明
温度计		
转速仪		
转矩仪		

(9) 其它辅助元器件

名称		符号	说明
压力继电器（压力开关）			详细符号
			一般符号
行程开关			详细符号
			一般符号
联轴器	联轴器		一般符号
	弹性联轴器		

名称		符号	说明
压差开关			
传感器	传感器		一般符号
	压力传感器		
	温度传感器		
放大器			

(10) 管路、管路接口和接头

名称		符号	说明
管路	管路		压力管路回油管路
	连接管路		两管路相交连接
	控制管路		可表示泄油管路

名称		符号	说明
管路	交叉管路		两管路交叉不连接
	柔性管路		
	单向放气装置（测压接头）		

续表

（10）管路、管路接口和接头							
名称		符号	说明	名称		符号	说明
快换接头	不带单向阀的快换接头	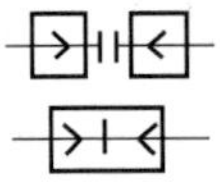		旋转接头	单通路旋转接头	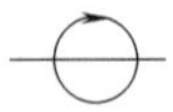	
	带单向阀的快换接头	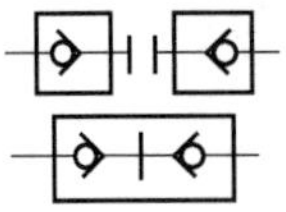			三通路旋转接头	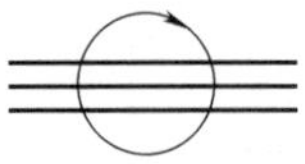	

值得注意的方面如下：

① 液压系统图图形符号只表示元件的功能、连接系统的通路，不表示元件的具体结构、参数、系统管路的具体位置及元件的安装位置；

② 符号通常均以元件的静止位置或零位置表示；符号在系统中的布置除有方向性的元件（油箱、仪表）外，根据具体情况可水平或垂直绘制；

③ 当需要标明元件的名称、型号和参数时，一般在系统图的零件表中说明，必要时可标注在元件符号旁边。

液压系统原理图都应按照国标制定的图形符号标准绘制，对于标准中没有规定的图形符号或需特殊说明时，允许局部采用结构简图表示。另外，若液压元件无法用图形符号表达时，仍允许采用结构原理图表示。

5.1.5　液压系统的特点

5.1.5.1　优点

① 单位质量输出功率大，易获得大的力和转矩。

② 操纵控制方便，易于实现无级调速且调速范围大。

③ 可与机、电操纵配合使用，容易完成复杂的控制。

④ 易于设置过载保护装置防止过载，使用安全可靠。

⑤ 传动介质为油液，润滑性、防锈性优良。

⑥ 液压元件易于实现标准化、系列化和通用化。

5.1.5.2　缺点

① 液压传动的传动效率低。

② 油温的变化引起油液黏度的变化，会影响液压系统的工作稳定性。

③ 若液压油吸入气泡，会增加可压缩性，严重时发生气蚀现象会损坏液压元件，导致系统发生故障。

④ 液压元件配合精度要求高，加工制作复杂，成本高，发生故障时，不易查找原因，维修也较困难。

5.1.6　液压油的种类与工作性能

液压油的种类与工作性能如表 5-1-2 所示。

表 5-1-2 液压油的种类与工作性能

液压油	特点	使用场合	常用牌号
普通液压油	黏温特性较好，抗氧化稳定性好	环境温度 0℃以上的中高压系统	L-HL32、L-HL46、L-HL68
抗磨液压油	良好的抗氧化、防锈和抗磨性能	中压、高压工程机械、车辆的液压系统及户外温度不低于－15℃的场合	L-HM32、L-HM46、L-HM68
低温液压油	良好的黏温性能（黏度指数不小于 160）和较低的凝点（不高于－35℃），良好的抗氧化、抗泡、抗磨、防锈和一定的抗剪切性能	寒区（－30℃以上）或温度变化范围较大的野外作业的工程机械和车辆的中、高压液压系统	L-HV32、L-HV46、L-HV68
拖拉机传动、液压两用油	适宜的黏度、良好的黏温性能，较好的抗磨性，较好的抗氧化、抗乳化、抗泡和防腐性能，较高的油膜强度	传动与液压系统同用一个油箱的大、中型拖拉机和工程机械	68、100 和 100D

5.2 工程机械液压元件的结构

工程机械的液压元件包括动力元件、执行元件、控制元件和辅助元件。

5.2.1 动力元件的结构与工作原理

液压动力元件是液压传动系统的核心元件之一，其主要作用是向整个液压系统提供动力源。

液压传动系统以液压泵作为向系统提供一定流量和压力的动力元件，液压泵将原动机输出的机械能转换为工作液体的压力能，是一种能量转换装置。

5.2.1.1 液压泵

（1）液压泵的分类

常用液压泵如表 5-2-1 所示。

表 5-2-1 液压泵的分类

序号	一级分类	二级分类	图形
1	齿轮泵	外啮合齿轮泵	
		内啮合齿轮泵	
2	叶片泵	单作用式叶片泵	
		双作用式叶片泵	

续表

序号	一级分类	二级分类	图形
3	柱塞泵	径向柱塞泵	
		轴向柱塞泵	

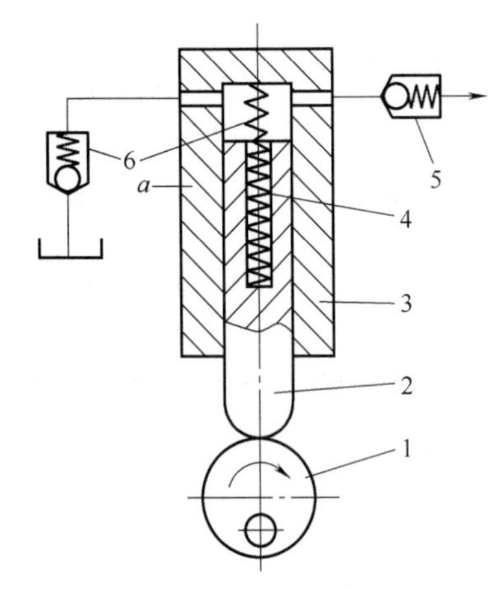

图 5-2-1 单柱塞液压泵的工作原理图
1—偏心轮；2—柱塞；3—缸体；
4—弹簧；5，6—单向阀；a—密封油腔

（2）液压泵的工作原理

以单柱塞液压泵来说明液压泵的工作原理，如图 5-2-1 所示。

液压泵依靠密封容积变化的原理来进行工作，故一般称为容积式液压泵。原动机驱动偏心轮不断旋转，液压泵就不断地吸油和压油。

图中柱塞 2 装在缸体 3 中形成一个密封油腔 a，柱塞在弹簧 4 的作用下始终压紧在偏心轮 1 上。原动机驱动偏心轮 1 旋转使柱塞 2 做往复运动，使密封油腔 a 的大小发生周期性的交替变化。当 a 腔由小变大时就形成部分真空，使油箱中油液在大气压的作用下，经吸油管顶开单向阀 6 进入油腔 a 而实现吸油；反之，当 a 腔由大变小时，a 腔中吸满的油液将顶开单向阀 5 流入系统而实现压油。这样液压泵就将原动机输入的机械能转换成液体的压力能，原动机驱动偏心轮不断旋转，液压泵就不断地吸油和压油。

（3）液压泵的图形符号（图 5-2-2）

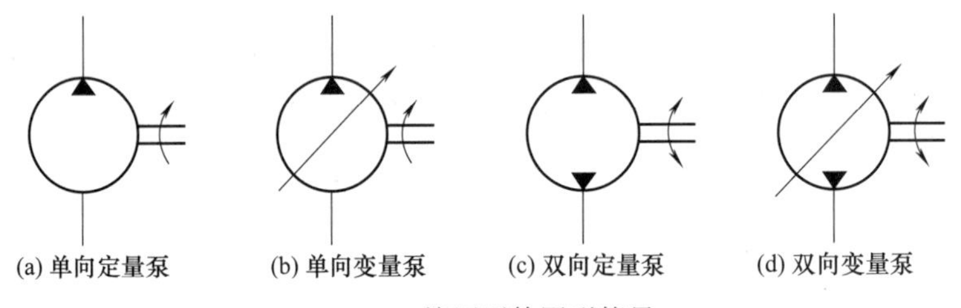

图 5-2-2 液压泵的图形符号

（4）液压泵的特点

① 具有若干个密封且又可以周期性变化的空间。

② 油箱内液体的绝对压力必须恒等于或大于大气压力。

③ 具有相应的配油机构。

5.2.1.2 齿轮泵

齿轮泵是液压系统中广泛采用的一种泵，作为定量泵使用。按结构不同，齿轮泵分为外啮合式和内啮合式两种，其中外啮合齿轮泵应用最广。

（1）外啮合齿轮泵的结构（图 5-2-3）

在壳体内装有一对齿轮，齿轮两侧有端盖，壳体、端盖和齿轮的各个齿间槽组成了许多密封工作腔。

（2）外啮合齿轮泵的工作原理（图 5-2-4）

当齿轮按图示方向旋转时，右侧吸油腔由于相互啮合的轮齿逐渐脱开，密封工作容积逐渐增大，形成部分真空，因此油箱中的油液在外界大气压力的作用下，经吸油管进入吸油腔，将齿间槽充满，并随着齿轮旋转，把油液带到左侧压油腔内。在压油区一侧，由于轮齿在这里逐渐进入啮合，密封工作腔容积不断减小，油液便被挤出去，从压油腔输送到压力管路中去。在齿轮泵的工作过程中，只要两齿轮的旋转方向不变，其吸、排油腔的位置也就确定不变。这里啮合点处的齿面接触线一直分隔高、低压两腔起着配油作用，因此在齿轮泵中不需要设置专门的配流机构，这是它和其他类型容积式液压泵的不同之处。

图 5-2-3　外啮合齿轮泵的结构

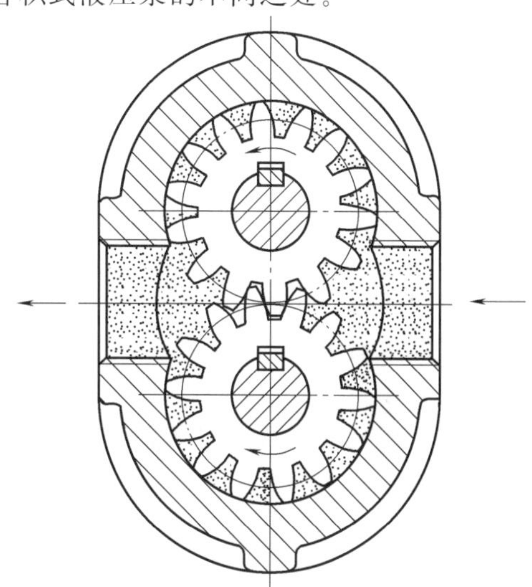

图 5-2-4　外啮合齿轮泵工作原理

5.2.1.3　叶片泵

叶片泵的结构较齿轮泵复杂。工作压力较高，且流量脉动小，寿命较长，工作平稳，噪声较小，在工程机械的低压液压系统中有使用。以双作用叶片泵来说明其工作原理。

（1）双作用叶片泵结构（图 5-2-5）

双作用叶片泵由于有两个吸油腔和两个压油腔，并且各自的中心夹角是对称的，作用在转子上的油液压力相互平衡，因此双作用叶片泵又称为卸荷式叶片泵。为使径向力完全平衡，密封空间数（即叶片数）应当保持双数，一般取叶片数为 12 片或 16 片。双作用叶片泵为定量泵。

（2）双作用叶片泵工作原理（图 5-2-6）

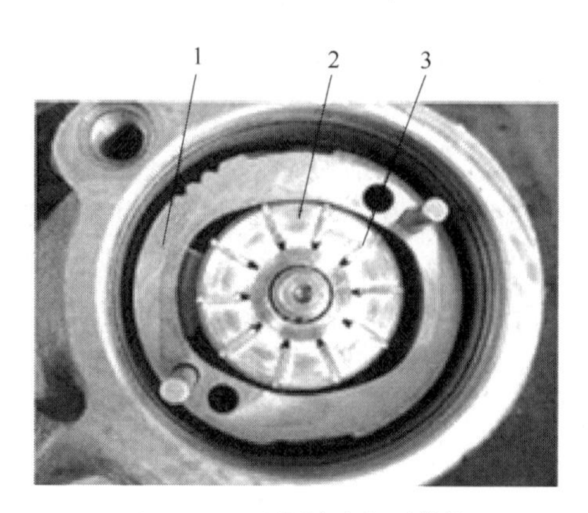

图 5-2-5　双作用叶片泵结构
1—定子；2—转子；3—叶片

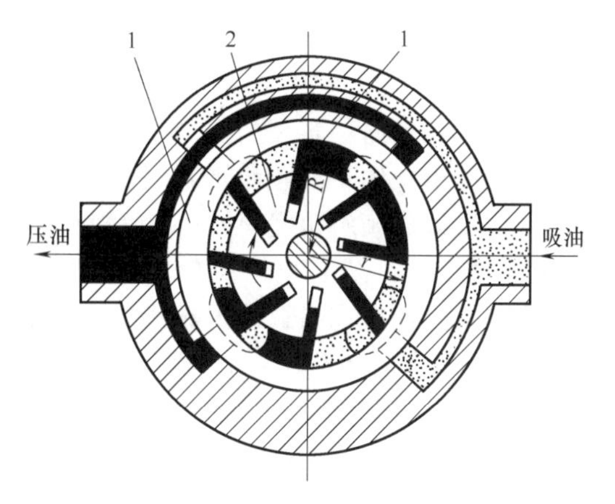

图 5-2-6　双作用叶片泵工作原理
1—定子；2—转子；3—叶片

当转子转动时，叶片在离心力和（建压后）槽底部压力油的作用下，在转子槽内向外移动而压向定子内表面，在叶片、定子的内表面、转子的外表面和两侧配油盘间就形成若干个密封空间。当转子按图示方向顺时针旋转时，处在小圆弧上的密封空间经过渡曲线而运动到大圆弧的过程中，叶片外伸，密封空间的容积增大，要吸入油液；再从大圆弧经过渡曲线运动到小圆弧的过程中，叶片被定子内壁逐渐压进槽内，密封空间容积变小，将油液从压油口压出。因而，转子每转一周，每个工作空间要完成两次吸油和压油，称之为双作用叶片泵。

（3）双作用叶片泵的结构特点

① 叶片沿旋转方向前倾。

② 叶片底部通以压力油。

③ 转子上的径向负荷平衡。

④ 配油盘上开有三角槽，避免困油。

⑤ 双作用泵只作定量泵用。

5.2.1.4 柱塞泵

柱塞泵是通过柱塞在缸体中做往复运动造成密封容积的变化来实现吸油与压油的一种液压泵。

柱塞泵按柱塞相对于驱动轴位置的排列方向不同，可分为径向柱塞泵和轴向柱塞泵两种，挖掘机一般采用轴向柱塞泵。

（1）轴向柱塞泵的结构

轴向柱塞泵是将多个柱塞轴向配置在一个共同缸体的圆周上，并使柱塞中心线和缸体中心线平行的一种泵。

轴向柱塞泵有两种形式：斜盘式和斜轴式，如图 5-2-7 所示。

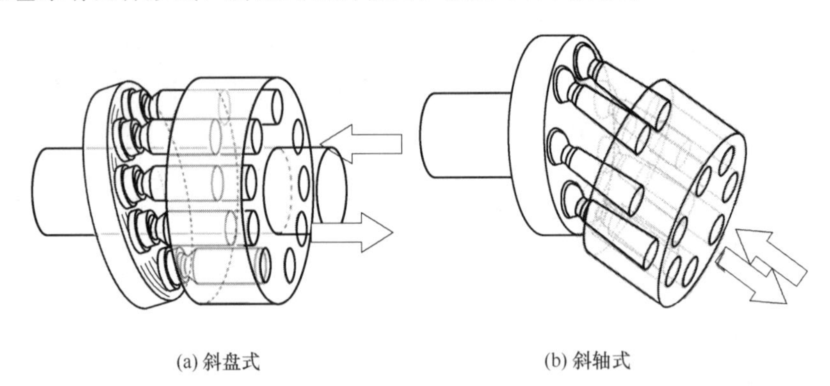

(a) 斜盘式　　(b) 斜轴式

图 5-2-7　轴向柱塞泵的类型

（2）斜盘式轴向柱塞泵的工作原理（图 5-2-8）

此泵主要由缸体 1、配油盘 2、柱塞 3 和斜盘 4 组成。柱塞沿圆周均匀分布在缸体内。斜盘与缸体轴线成倾斜角度 γ，柱塞靠机械装置或低压油作用压紧在斜盘上（图中为弹簧压紧），配油盘 2 和斜盘 4 固定不转，发动机通过传动轴带动缸体 1 和柱塞 3 一起转动，由于斜盘的作用，迫使柱塞在缸体内做往复运动，并通过配油盘的配油窗口进行吸油和压油。如图 5-2-8 中所示方向转动，当缸体转角在 $\pi \sim 2\pi$ 范围内，柱塞向外伸出，柱塞底部的密封工作容积增大，通过配油盘的吸油窗口吸油；缸体转角在 $0 \sim \pi$ 范围内，柱塞被斜盘推入缸体，使密封容积减小，通过配油盘的压油窗口压油。缸体每转一周，每个柱塞各完成吸、压油一次。如改变斜盘倾角 γ，可改变液压泵的排量；改变斜盘倾角方向，就能改变吸油和压油的方向，成为双向变量泵。

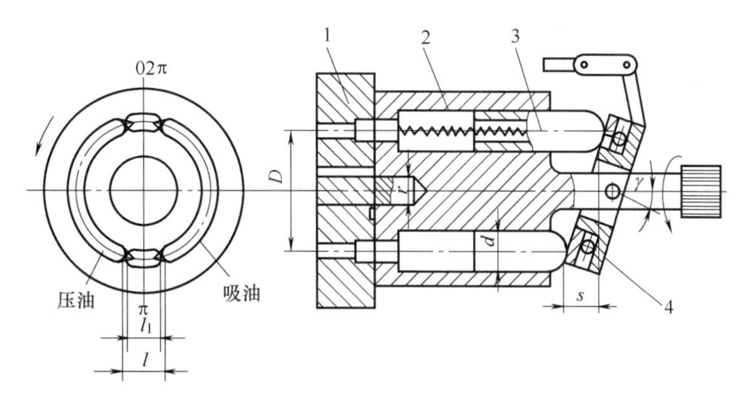

图 5-2-8 斜盘式轴向柱塞泵的工作原理

1—缸体；2—配油盘；3—柱塞；4—斜盘

(3) 柱塞泵的特点

① 构成密封容积的零件为圆柱形的柱塞和缸孔，加工方便，可得到较高的配合精度，密封性能好，泵的内泄漏很小，在高压条件下工作具有较高的容积效率，所容许的工作压力高；

② 只需改变柱塞的工作行程就能改变流量，易于实现变量；

③ 柱塞泵中的主要零件均受压应力作用，材料强度性能可得到充分利用。

5.2.2 执行元件的结构及工作原理

液压执行元件包括液压马达和液压缸，它们将液体的压力能转换为机械能。做旋转运动的称为液压马达，其输出为力与速度或转矩与转速；作往复直线运动的和摆动的称为液压缸。

5.2.2.1 液压马达

(1) 液压马达的分类

液压马达按其额定转速分为高速和低速两大类，额定转速高于 500r/min 的属于高速液压马达，额定转速低于 500r/min 的属于低速液压马达。

液压马达按其结构类型来分，可以分为齿轮式、叶片式和柱塞式。

高速液压马达的基本型式有齿轮式、叶片式和轴向柱塞式等。它们的主要特点是转速较高、转动惯量小，便于起动和制动，调速和换向的灵敏度高。通常高速液压马达的输出转矩不大（仅几十牛米到几百牛米），所以又称为高速小转矩液压马达。

低速液压马达的基本形式是径向柱塞式。例如单作用曲轴连杆式、液压平衡式和多作用内曲线式等。低速液压马达的主要特点是排量大、体积大、转速低（有时可达每分钟几转甚至零点几转）。因此，低速液压马达可直接与工作机构连接，不需要减速装置，从而使传动机构大为简化。通常低速液压马达输出转矩较大（可达几千牛米到几万牛米），所以又称为低速大转矩液压马达。

(2) 斜盘式轴向柱塞马达的工作原理

轴向柱塞马达的结构形式基本上与轴向柱塞泵一样，可分为斜盘式轴向柱塞马达和斜轴式轴向柱塞马达两类。

斜盘式轴向柱塞马达工作原理如图 5-2-9 所示。

斜盘固定不动，马达轴与缸体相连一起旋转。当压力油进入液压马达的高压腔之后，工作柱塞便受到油压作用力 P（P 为油压力，A 为柱塞面积），通过滑靴压向斜盘，其反作用

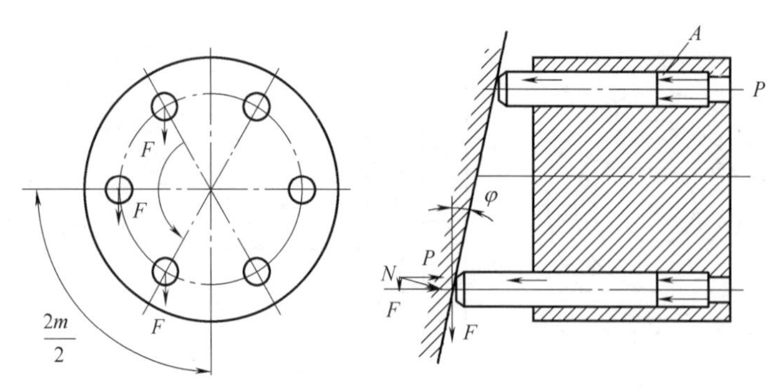

图 5-2-9　斜盘式轴向柱塞液压马达的工作原理图

力为 F。F 力分解成两个分力，沿柱塞轴向分力 P，与柱塞所受液压力平衡。另一分力 N，则使柱塞对缸体中心产生一个转矩，带动马达逆时针方向旋转。轴向柱塞马达产生的瞬时总转矩是脉动的，若改变马达压力油的输入方向，马达轴按顺时针方向旋转。改变斜盘倾角，不仅影响马达的转矩，而且影响它的转速和转向。斜盘倾角越大，产生的转矩越大，转速越低。

（3）液压马达的图形符号（图 5-2-10）

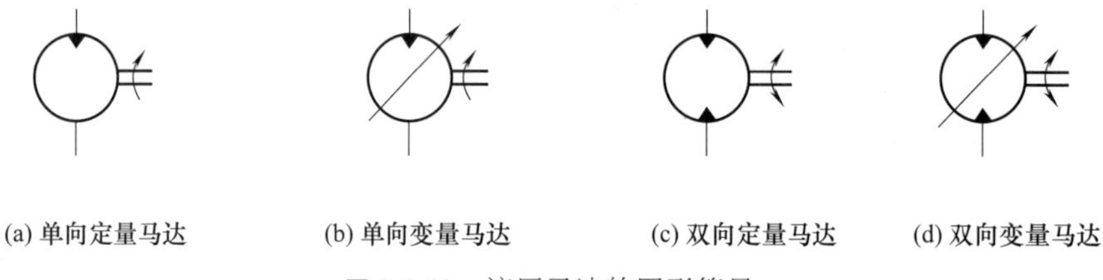

(a) 单向定量马达　(b) 单向变量马达　(c) 双向定量马达　(d) 双向变量马达

图 5-2-10　液压马达的图形符号

5.2.2.2　液压缸

液压缸是液压传动系统中的执行元件，是将液压能转换为机械能的能量转换装置，主要用来实现往复直线运动。

（1）液压缸的分类

液压缸按其作用方式的不同分单作用缸和双作用缸两类，如图 5-2-11 所示。

在压力油作用下只能作单方向运动的液压缸称为单作用缸。单作用缸的回程须借助于运动件的自重或其他外力（如弹簧力）的作用实现。往两个方向的运动都由压力油作用实现的液压缸称为双作用缸。

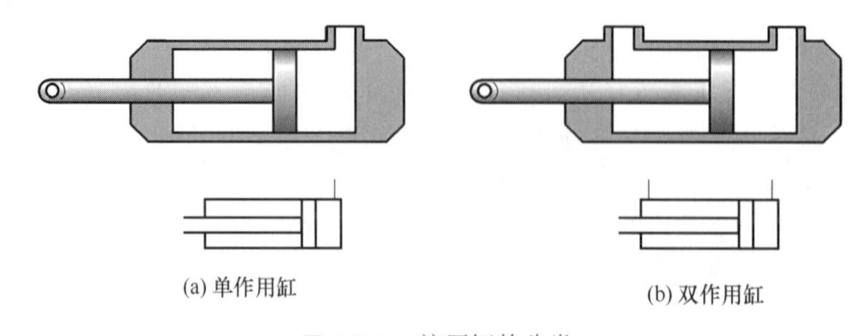

(a) 单作用缸　(b) 双作用缸

图 5-2-11　液压缸的分类

液压缸按结构形式的不同，有活塞式、柱塞式、摆动式、伸缩式等形式，其中以活塞式液压缸应用最多。

活塞式液压缸有双杆式和单杆式两种。按其安装方式的不同，又有缸体固定式（缸固式）和活塞杆固定式（杆固式）两种。

（2）双活塞杆液压缸的结构和工作原理（图 5-2-12）

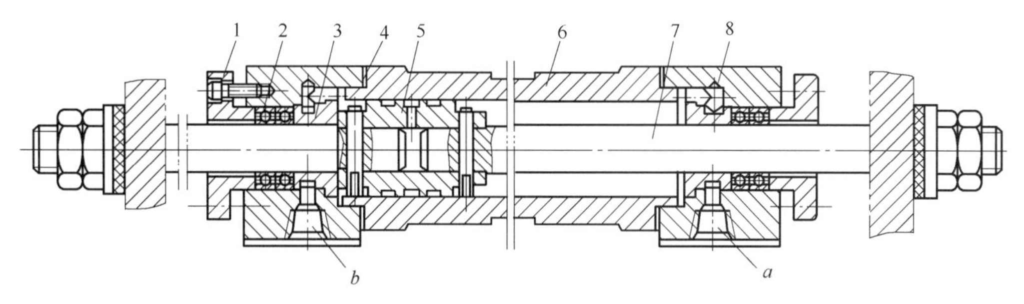

图 5-2-12　实心双活塞杆液压缸的结构

1—压盖；2—密封圈；3—导向套；4—密封纸垫；5—活塞；6—缸体；7—活塞杆；8—端盖

液压缸由缸体 6、两个端盖 8、活塞 5、两实心活塞杆 7 和密封圈 2 等组成。缸体固定不动，两活塞杆都伸出缸外并与运动构件（如工作台）相连。端盖与缸体间用纸垫密封，活塞杆与端盖间用密封圈密封，活塞与缸体之间则采用环形槽间隙密封。两进出油口 a 和 b 设置在两端盖上。当压力油从进出油口交替输入液压缸的左右油腔时，压力油推动活塞运动，并通过活塞杆带动工作台做往复直线运动。

（3）液压缸的符号

常用液压缸的图形符号如表 5-2-2 所示。

表 5-2-2　常用液压缸的图形符号

单作用缸			双作用缸		
单活塞杆缸	单活塞杆缸（带弹簧）	伸缩缸	单活塞杆缸	双活塞杆缸	伸缩缸
详细符号 简化符号	详细符号 详细符号		详细符号 简化符号	详细符号 简化符号	

5.2.3　控制元件的结构及工作原理

液压的控制元件是液压控制阀，主要包括方向控制阀、压力控制阀和流量控制阀。

5.2.3.1　液压控制阀

（1）液压控制阀的作用

液压控制阀是液压系统的控制元件，其作用是控制和调节液压系统中液体流动的方向、压力的高低和流量的大小，以满足执行元件的工作要求。

（2）液压控制阀的分类

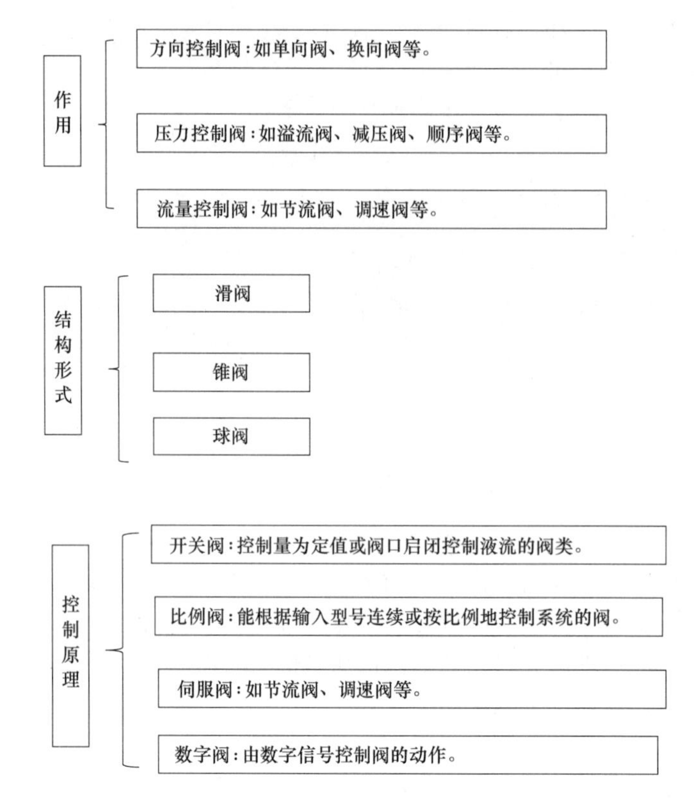

5.2.3.2 方向控制阀

（1）方向控制阀的作用

方向控制阀是用于控制液压系统中油路的接通、切断或改变液流方向的液压阀（简称方向阀），主要用以实现对执行元件的起动、停止或运动方向的控制。

（2）方向控制阀的分类

常用的方向控制阀有单向阀和换向阀。

① 单向阀。

a. 单向阀的作用是控制油液的单向流动。

b. 单向阀的分类（图 5-2-13、图 5-2-14）。单向阀有普通单向阀和液控单向阀两种。单向阀的阀芯分为钢球式和锥式两种。钢球式阀芯结构简单，价格低，但密封性较差，一般仅用在低压、小流量的液压系统中。锥式阀芯阻力小，密封性好，使用寿命长，所以应用较广，多用于高压、大流量的液压系统中。

普通单向阀一般由阀体、阀芯和弹簧等零件构成。在液压系统中，有时需要使被单向阀

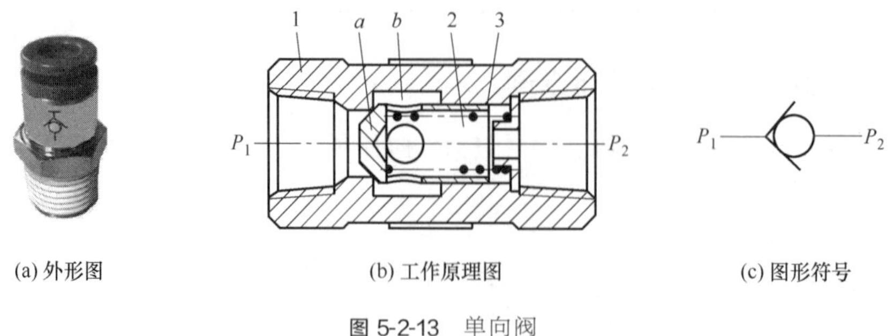

图 5-2-13 单向阀

1—阀体；2—阀芯；3—弹簧

所闭锁的油路重新接通，为此可把单向阀做成闭锁方向能够控制的结构，这就是液控单向阀。

c. 单向阀的工作原理，以液控单向阀的工作原理来说明，工作原理图如图 5-2-14 所示。

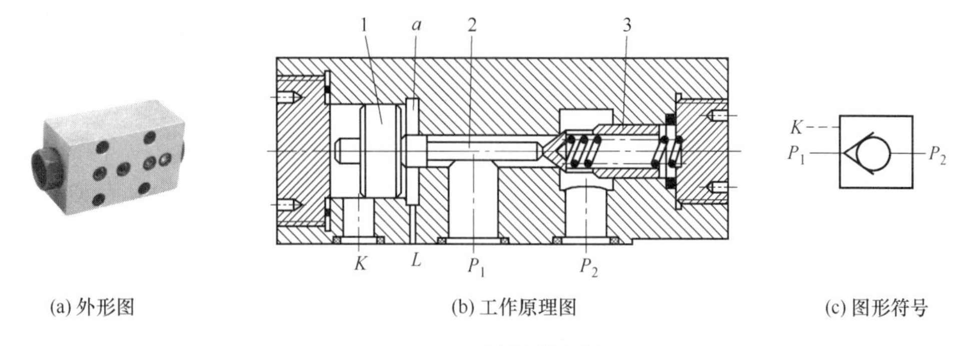

(a) 外形图　(b) 工作原理图　(c) 图形符号

图 5-2-14　液控单向阀

1—活塞；2—顶杆；3—阀芯

当控制口 K 处无压力油通入时，它的工作原理和普通单向阀一样，压力油只能从 P_1 流向 P_2，反向截止；当控制口 K 有控制压力油时，因控制活塞 1 右侧 a 腔通泄油口 L，活塞 1 右移，推动顶杆 2 顶开阀芯 3，使通口 P_1 和 P_2 接通，油液就可在两个方向自由流通。

d. 单向阀的应用。

(a) 普通单向阀装在液压泵的出口处，可以防止油液倒流而损坏液压泵。

(b) 隔开油路之间不必要的联系，防止油路相互干扰。

(c) 普通单向阀装在回油管路上作背压阀，使其产生一定的回油阻力，以满足控制油路使用要求或改善执行元件的工作性能。

(d) 由单向阀和节流阀组成复合阀，叫单向节流阀。在单向节流阀中，单向阀和节流阀共用一阀体。

(e) 利用两个液控单向阀，既不影响缸的正常动作，又可完成缸的双向闭锁。锁紧缸的办法虽有多种，用液控单向阀的方法是最可靠的一种。

② 换向阀。

a. 换向阀的作用。换向阀通过改变阀芯和阀体间的相对位置，控制油液流动方向，接通或关闭油路，从而改变液压系统的工作状态的方向。

常用的换向阀阀芯在阀体内做往复滑动，称为滑阀。滑阀结构如图 5-2-15 所示，滑阀 1 是一个有多段环形槽的圆柱体，其直径大的部分称为凸肩 4，凸肩与阀体 3 的内孔相配合。阀体 3 内孔中加工有若干段沉割槽 2，阀体 3 上有若干个与外部相通的通路口，并与相应的沉割槽相通。

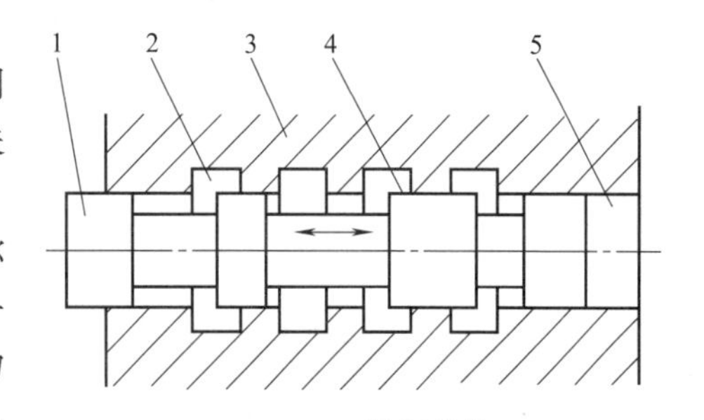

图 5-2-15　滑阀结构

1—滑阀；2—沉割槽；3—阀体；4—凸肩；5—油腔

b. 换向阀的分类。这里指介绍常用的换向阀，如图 5-2-16～图 5-2-20 所示。

手动换向阀是用人力控制方法来改变阀芯工作位置的换向阀，有二位二通、二位四通和三位四通等多种形式。如图 5-2-16 所示为一种三位四通手动换向阀。

机动换向阀又称行程换向阀，是用机械控制方法改变阀芯工作位置的换向阀，常用的有二位二通（常闭和常通）、二位三通、二位四通和二位五通等多种。如图 5-2-17 所示为二位二通常闭式行程换向阀。

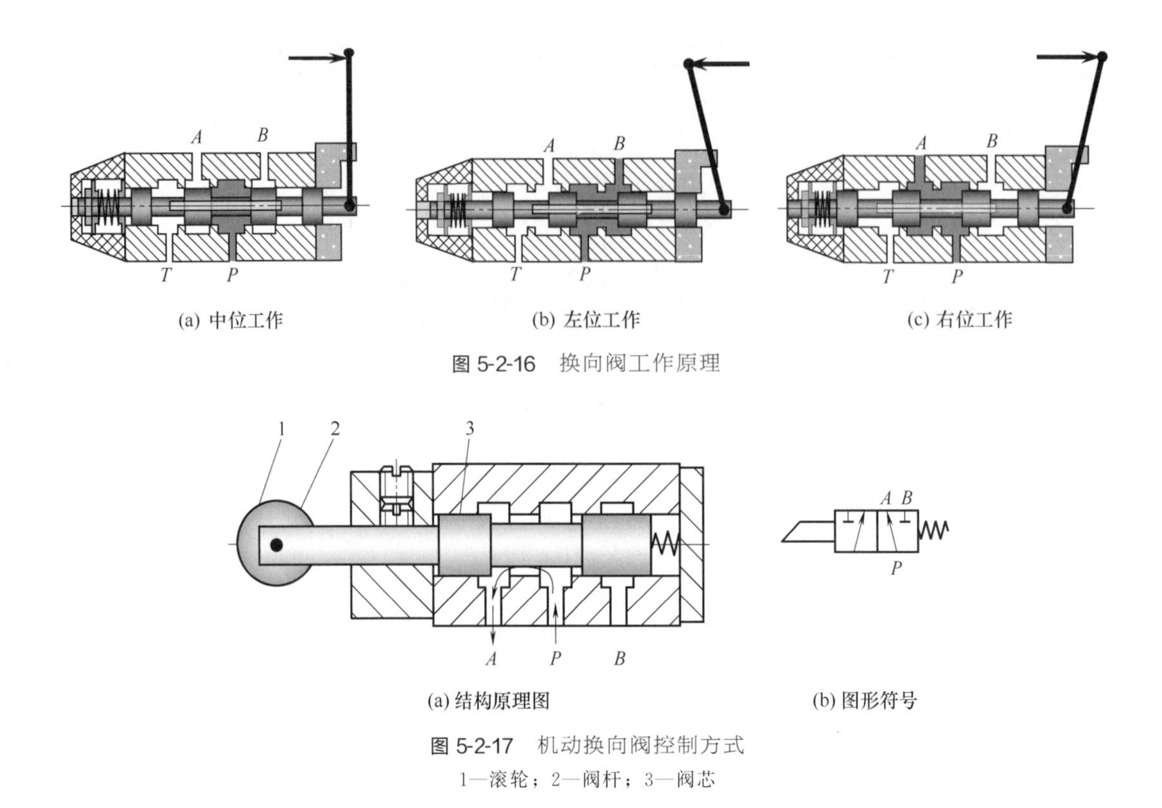

(a) 中位工作　(b) 左位工作　(c) 右位工作

图 5-2-16　换向阀工作原理

(a) 结构原理图　(b) 图形符号

图 5-2-17　机动换向阀控制方式

1—滚轮；2—阀杆；3—阀芯

电磁换向阀简称电磁阀，是用电气控制方法改变阀芯工作位置的换向阀。如图 5-2-18 所示为三位四通电磁换向阀。

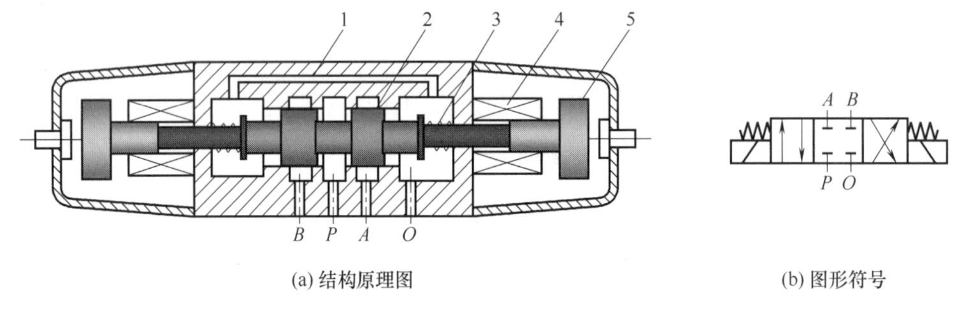

(a) 结构原理图　(b) 图形符号

图 5-2-18　三位四通电磁换向阀工作原理图

1—阀体；2—阀芯；3—弹簧；4—电磁线圈；5—衔铁

液动换向阀是用直接压力控制方法改变阀芯工作位置的换向阀。如图 5-2-19 所示为三位四通液动换向阀。

电液换向阀是用间接压力控制（又称先导控制）方法改变阀芯工作位置的换向阀，如图 5-2-20 所示为三位四通电液换向阀。

电液换向阀由电磁换向阀和液动换向阀组合而成。电磁换向阀起先导作用，称先导阀，用来控制液流的流动方向，从而改变液动换向阀（称为主阀）的阀芯位置，实现用较小的电磁铁来控制较大的液流。

c. 换向阀的工作原理。以电液换向阀为例进行说明，如图 5-2-20 所示。

当先导阀右电磁铁通电时，电磁阀芯左移，控制油路的压力油进入主阀右控制油腔，使主阀阀芯左移（左控制油腔油液经先导阀泄回油箱），使进油口 P 与油口 B 相通，油口 A

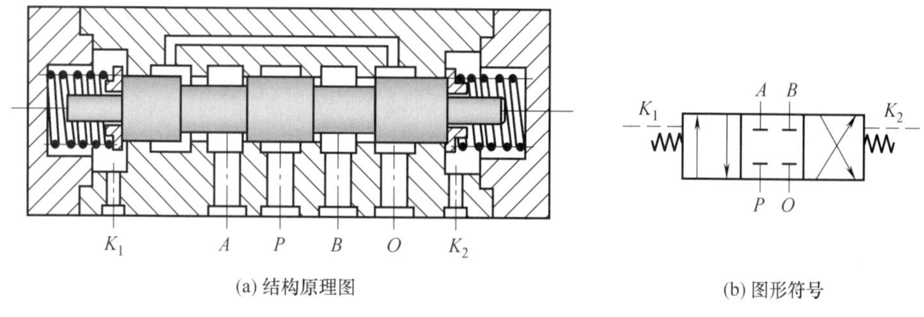

(a) 结构原理图　　(b) 图形符号

图 5-2-19　三位四通液动换向阀工作原理图

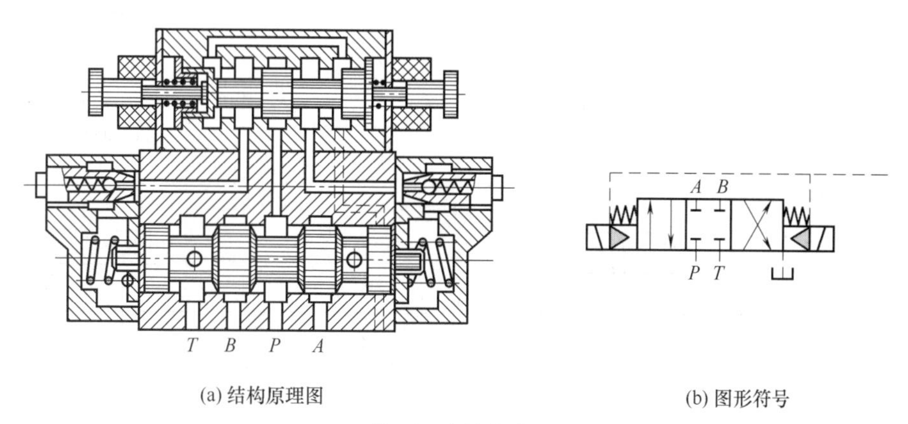

(a) 结构原理图　　(b) 图形符号

图 5-2-20　三位四通电液换向阀工作原理图

与回油口 T 相通；当先导阀左端电磁铁通电时，阀芯右移，控制油路的压力油进入主阀左控制油腔，推动主阀阀芯右移，使进油口 P 与油口 A 相通，油口 B 与回油口 T 相通，实现换向。

d. 换向阀的图形符号。换向阀滑阀的工作位置数称为“位”，与液压系统中油路相连通的油口数称为“通”。图 5-2-16 所示的换向阀称为三位四通手动换向阀。在中位时进油口 P 与工作油口 A 和 B 不通；右位时进油口 P 与工作油口 B 相通，回油口 T 则与工作油口 A 相通；同理滑阀在左位时 P 与 A 相通，T 与 B 相通。阀芯移到的控制方式为手动控制，当不操作时，在弹簧的作用下阀芯自动回位，图形符号表示为：

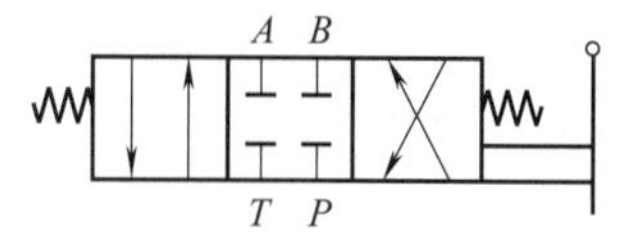

一个换向阀的完整图形符号应具有表明工作位置数、油口数和在各工作位置上油口的连通关系、控制方法以及复位、定位方法的符号。换向阀图形符号的规定和含义如下：

（a）用方框表示阀的工作位置数，有几个方框就是几位阀。

（b）在一个方框内，箭头“↑”或堵塞符号“┬”或“┴”与方框相交的点数就是通路数，有几个交点就是几通阀，箭头“↑”表示阀芯处在这一位置时两油口相通，但不一定是油液的实际流向，“┬”或“┴”表示此油口被阀芯封闭（堵塞）不通流。

（c）三位阀中间的方框、两位阀画有复位弹簧的那个方框为常态位置（即未施加控制信号以前的原始位置）。在液压系统原理图中，换向阀的图形符号与油路的连接，一般应画在常态位置上。工作位置应按“左位”画在常态位的左面，“右位”画在常态位右面的规定。

同时在常态位上应标出油口的代号。

（d）控制方式和复位弹簧的符号画在方框的两侧。

（e）一般用 P 表示进油口，T 或 O 表示回油口，A、B 等表示与执行元件连接油口，用 K 表示控制油口。

常用的换向阀种类有：二位二通、二位三通、二位四通、二位五通、三位三通、三位四通、三位五通和三位六通等，常用换向阀的图形符号见表 5-2-3。

表 5-2-3　常用换向阀的图形符号

名称	图形符号	名称	图形符号
二位二通	A P	二位五通	A B T_1 P T_2
二位三通	A B P	三位四通	A B P T
二位四通	A B P T	三位五通	A B T_1 P T_2

控制滑阀移动的方法有人力、机械、电气、直接压力和先导控制等，常用换向阀芯控制方法的图形符号见图 5-2-21。

(a) 手动式　(b) 电动式　(c) 弹簧式　(d) 液动式　(e) 液压先导控制式

图 5-2-21　换向阀芯控制方法的图形符号

e. 换向阀的应用

（a）换向回路：只需在泵与执行元件之间采用标准的普通换向阀即可。

（b）锁紧回路：锁紧回路可使活塞在任一位置停止，可防其窜动。

5.2.3.3　压力控制阀

（1）压力控制阀的作用

压力控制阀是用于控制油液压力的液压阀。

（2）压力控制阀的分类（图 5-2-22～图 5-2-25）

压力控制阀按功用不同分为溢流阀、减压阀和顺序阀等。它们的共同特点是利用油液的液压作用力与弹簧力相平衡的原理进行工作，通过调节阀的开口量来实现控制系统压力的目的。

① 溢流阀。

a. 溢流阀的作用。溢流阀是通过对油液的溢流，使系统的压力保持恒定，从而实现系统的稳压。

b. 溢流阀的分类。常用的溢流阀按其结构形式和基本动作方式有直动式和先导式两种。

c. 溢流阀的工作原理，以先导式溢流阀来说明其工作原理，如图 5-2-23 所示。

压力油从 P 口进入，通过油道 b、a 后作用在导阀阀芯 3 上，当进油口压力较低，作用

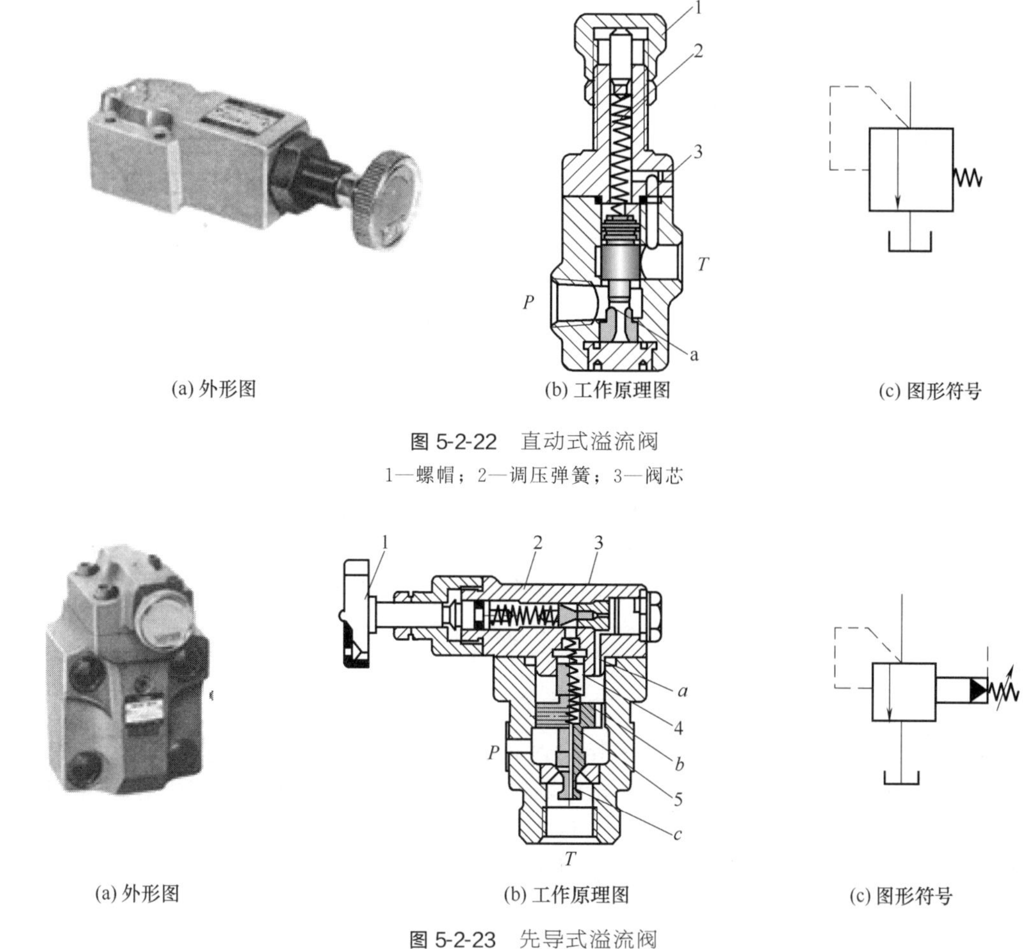

(a) 外形图　(b) 工作原理图　(c) 图形符号

图 5-2-22　直动式溢流阀

1—螺帽；2—调压弹簧；3—阀芯

(a) 外形图　(b) 工作原理图　(c) 图形符号

图 5-2-23　先导式溢流阀

1—调节手轮；2—导阀弹簧；3—导阀阀芯；4—主阀弹簧；5—主阀芯

在导阀上的液压力不足以克服导阀弹簧 2 的作用力时，导阀关闭，没有油液流过阻尼孔 c，主阀芯 5 处于最下端位置，溢流阀阀口 P 和 T 隔断，没有溢流。当进油口压力升高到作用在导阀阀芯 3 上的液压力大于导阀弹簧 2 作用力时，导阀打开，压力油就可通过阻尼孔 c 流回油箱。由于阻尼孔的作用，使主阀芯 5 上端的液压力小于下端压力，即主阀芯两端产生压差，主阀芯 5 便在压差作用下克服主阀弹簧 4 的弹簧力上移，主阀进、回油口接通，达到溢流和稳压作用。通过调节手轮 1 可以调节导阀弹簧 2 的预压缩量，从而调整系统压力。

② 减压阀。

a. 减压阀的作用。减压阀是用来降低液压系统中某一分支油路的压力，使之低于液压泵的供油压力，以满足执行机构的需要，并保持基本恒定。使其出口压力降低且恒定的减压阀称为定压（定值）减压阀，简称减压阀。

b. 减压阀的分类。减压阀根据结构和工作原理不同，分为直动型减压阀和先导型减压阀两类，一般用先导型减压阀。

c. 减压阀的工作原理，以先导型减压阀为例进行说明，如图 5-2-24 所示。

P_1 口是进油口，P_2 口是出油口。通过调节手轮 1 设定压力值，当出口压力低于先导阀弹簧 2 的调定压力时，先导阀呈关闭状态，先导阀芯 3 不动，阀的进、出油口是相通的，亦即阀是常开的，此时减压阀口开度最大，不起减压作用。若出口压力增大到先导阀调定压力

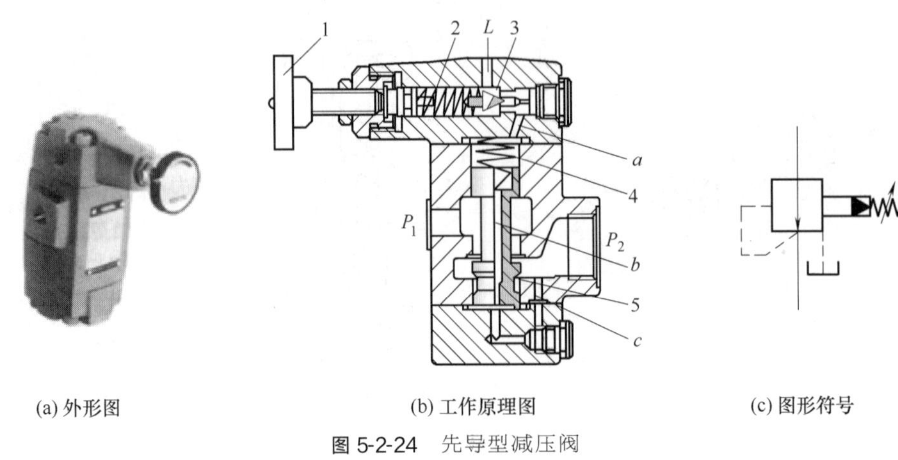

(a) 外形图　(b) 工作原理图　(c) 图形符号

图 5-2-24　先导型减压阀

1—调节手轮；2—先导阀弹簧；3—先导阀芯；4—主阀芯弹簧；5—主阀芯

时，先导阀芯 3 移动，阀口打口，主阀弹簧腔的液压油经过油道 a，然后由外泄口 L 流回油箱，同时出油口 P_2 处的液压油流过油道 c、阻尼孔 b，使主阀芯 5 两端产生压力降，主阀芯 5 在压降的作用下，克服主阀芯弹簧 4 的弹簧力抬起，减压阀口减小，压降增大，使出口压力下降到调定值。同理，出口压力减小，阀芯就下移，开大阀口，阀口处阻力减小，压降减小，使出口压力回升到调定值。

③ 顺序阀。

a. 顺序阀的作用。顺序阀是以压力作为控制信号，自动接通或切断某一油路的压力阀。由于它经常被用来控制执行元件动作的先后顺序，故称顺序阀。顺序阀是控制液压系统各执行元件先后顺序动作的压力控制阀，实质上是一个由压力油液控制其开启的二通阀。

b. 顺序阀的分类。顺序阀根据结构和工作原理不同，可以分为直动型顺序阀和先导型顺序阀两类，目前直动型（图 5-2-25）应用较多。

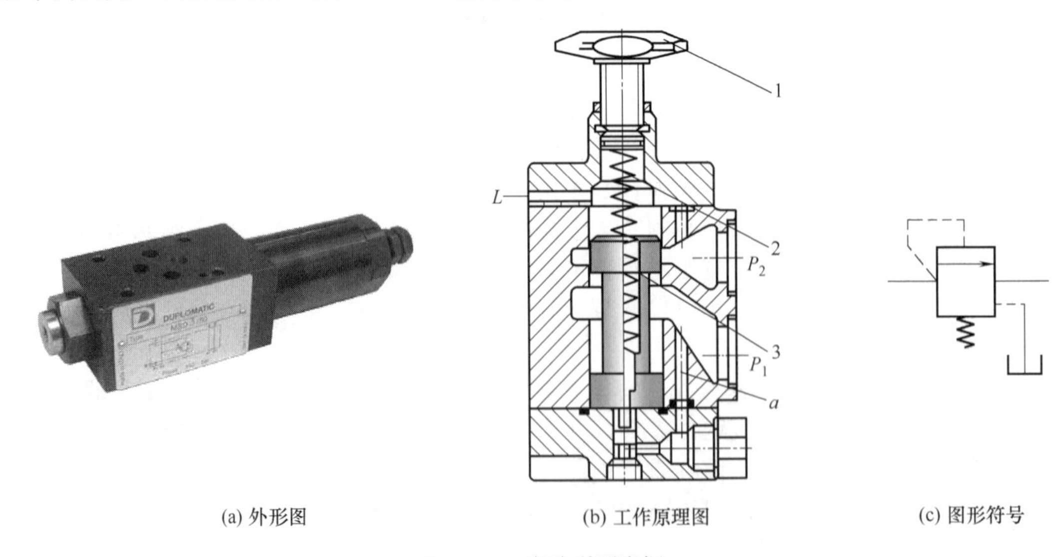

(a) 外形图　(b) 工作原理图　(c) 图形符号

图 5-2-25　直动型顺序阀

1—调节手轮；2—弹簧；3—阀芯

c. 顺序阀的工作原理。以直动顺序阀为例进行说明，如图 5-2-25 所示。

液压油从进油口 P_1 流入，经阀体上的油道 a 流到阀芯 3 的下面，当进油口压力 P 较低时，阀芯3在弹簧作用下处于下端位置，进油口 P_1 和出油口 P_2 不相通。当作用在阀芯3下端的液压油的压力大于阀芯弹簧2的预紧力时，阀芯3向上移动，阀体上腔的液压油通过外泄口 L 流回油箱，阀口打开，油液便经阀口从出油口流出，从而操纵另一执行元件或其他元件动作。阀芯弹簧2的压力值通过调节手轮1设定。

5.2.3.4 流量控制阀

（1）流量控制阀的作用

在液压系统中，控制工作液体流量。流量控制阀通过改变节流口的开口大小调节通过阀口的流量，从而改变执行元件的运动速度，通常用于定量液压泵液压系统中。

（2）流量控制阀的分类（图5-2-26、图5-2-27）

常用的流量控制阀有节流阀、调速阀、分流阀等，其中节流阀是最基本的流量控制阀。

① 节流阀。

a. 节流阀的作用。节流阀是利用油液流动时的液阻来调节阀的流量的。

b. 节流阀的分类。常用的节流阀的类型可调节流阀、不可调节流阀、可调单向节流阀等。

c. 节流阀的工作原理。以可调单向节流阀为例进行说明，如图5-2-26所示。

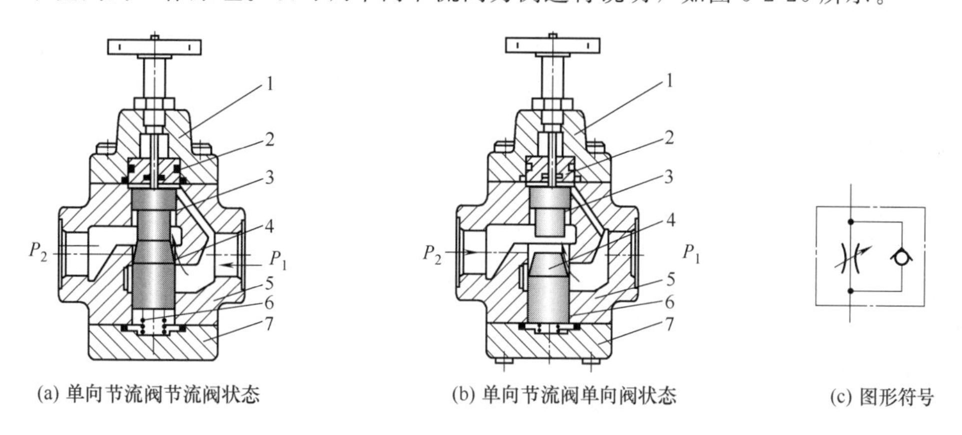

(a) 单向节流阀节流阀状态　(b) 单向节流阀单向阀状态　(c) 图形符号

图5-2-26　可调单向节流阀

1—流量调整手轮；2—顶杆；3—上阀芯；4—下阀芯；5—下阀体；6—弹簧；7—阀盖

当压力油从油口 P_1 流入时，油液经阀芯上的轴向三角槽节流口从油口 P_2 流出，旋转手柄可改变节流口通流面积大小而调节流量。当压力油从油口 P_2 流入时，在油压作用力作用下，阀芯下移，压力油从油口 P_1 流出，起单向阀作用。

② 调速阀。

a. 调速阀的作用。调速阀用于控制液压系统中液体的流量，实现对液压系统的速度控制。

b. 调速阀的工作原理（图5-2-27）。调速阀是由定差减压阀与节流阀串联而成的组合阀。

液压泵的出口（即调速阀的进口）压力 p_1 由溢流阀调整基本不变，而调速阀的出口压力 p_3 则由液压缸负载 F 决定。液压油先经减压阀产生一次压力降，将压力降到 p_2，然后液压油经通道 e、f 作用到减压阀的 d 腔和 c 腔；节流阀的出口压力 p_3 又经反馈通道 a 作用到减压阀的上腔 b，当减压阀的阀芯在弹簧力 F_s、液压油压力 p_2 和 p_3 作用下处于某一平衡位置时（忽略摩擦力和液动力等），则有：

$$p_2A_1+p_2A_2=p_3A+F_s$$

故

$$p_2-p_3=\Delta p=F_s/A$$

因为弹簧刚度较低，且工作过程中减压阀阀芯位移很小，可以认为 F_s 基本保持不变。

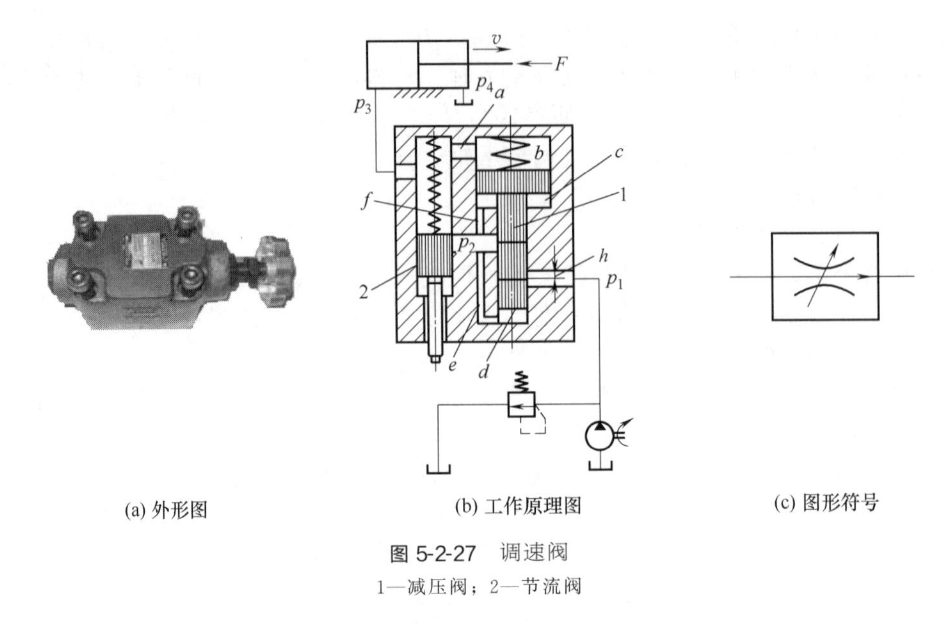

图 5-2-27 调速阀

1—减压阀；2—节流阀

故节流阀两端压力差 p_2-p_3 也基本保持不变，这就保证了通过节流阀的流量基本稳定。

5.2.4 辅助元件

5.2.4.1 油箱

（1）油箱作用

油箱在液压系统中的功用是储存油液、散发油液中的热量、沉淀污物并逸出油液中的气体。

（2）油箱的容量

油箱的容量必须保证：液压设备停止工作时，系统中的全部油液流回油箱时不会溢出，而且还有一定的储备空间，即油箱液面不超过油箱高度的80%。

5.2.4.2 过滤器

（1）过滤器的作用

清除油液中的杂质，使油液保持清洁。

（2）过滤器的分类

按过滤精度可分为四级：粗过滤器（$d\geqslant0.1$mm）、普通过滤器（$d\geqslant0.01$mm）、精过滤器（$d\geqslant0.001$mm）和特精过滤器（$d\geqslant0.0001$mm）。

按材质来分可分为网式、线隙式、烧结式、纸芯式和磁性过滤器等多种类型，如图5-2-28所示。

网式

线隙式

纸芯式

图 5-2-28 过滤器的类型

5.2.4.3 油管和接头

(1) 油管的种类及应用场合(表 5-2-4)

表 5-2-4 油管的种类及应用场合

种类		特点及应用场合
硬管	钢管	能承受高压,油液不易氧化,价格低廉,但装配弯形较困难。常用的有 10 号、15 号冷拔无缝钢管,主要用于中、高压系统中
	紫铜管	装配时弯形方便,且内壁光滑,摩擦阻力小,但易使油液氧化,耐压力较低,抗振能力差。一般适用于中、低压系统中
软管	尼龙管	弯形方便,价格低廉,但寿命较短,可在中、低压系统中部分替代紫铜管
	橡胶软管	由耐油橡胶夹以 1～3 层钢丝编织网或钢丝绕层做成。其特点是装配方便,能减轻液压系统的冲击、吸收振动,但制造困难,价格较贵,寿命短,一般用于有相对运动部件间的连接
	耐油塑料管	价格便宜,装配方便,但耐压力低,一般用于泄漏油管

(2) 管接头作用与常见类型(图 5-2-29)

管接头用于油管与油管、油管与液压元件间的连接。

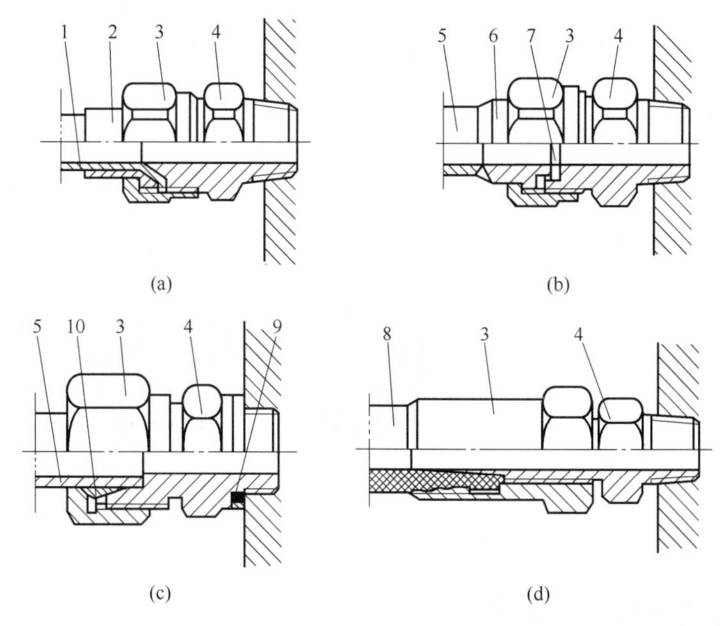

图 5-2-29 管接头

1—扩口薄管;2—管套;3—螺母;4—接头体;5—钢管;6—接管;7—密封垫;8—橡胶管;9—组合密封垫;10—夹套

5.2.4.4 蓄能器

(1) 蓄能器的作用

① 作辅助动力源;

② 系统保压或作紧急动力源;

③ 吸收系统脉动,缓和液压冲击。

(2) 蓄能器的分类(图 5-2-30、图 5-2-31)

常用的蓄能器利用气体膨胀压缩进行工作的充气式蓄能器,有活塞式和气囊式两种,也有部分弹簧式蓄能器。

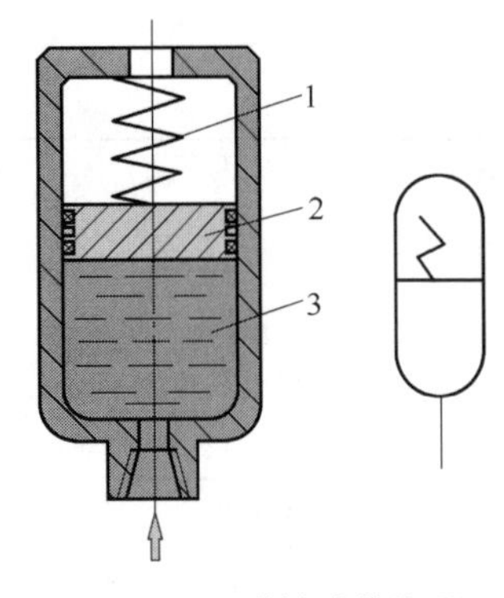

图 5-2-30 弹簧式蓄能器

1—弹簧；2—活塞；3—油液

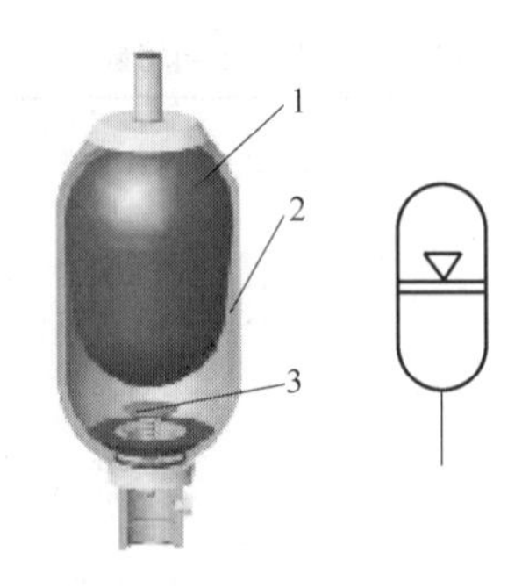

图 5-2-31 气囊式蓄能器

1—气囊；2—壳体；3—提升阀

5.2.4.5 热交换器

（1）热交换器种类的作用

液压系统的工作温度一般希望保持在 30～50℃的范围之内，最高不超过 55℃，最低不低于 15℃。如果液压系统靠自然冷却仍不能使油温控制在上述范围内时，就须安装冷却器；反之，如环境温度太低，无法使液压泵起动或正常运转时，就须安装加热器。加热器和冷却器统称为热交换器。

（2）热交换器的符号（图 5-2-32）

5.2.4.6 密封元件

密封元件的类型（图 5-2-33）：密封圈密封是液压传动系统中应用最为广泛的一种密封，密封圈有 O 形、Y 形、V 形及组合式等多种结构形式，其材料为耐油橡胶，尼龙等。

图 5-2-32 热交换器的符号

图 5-2-33 密封元件

5.3 液压基本回路分析

5.3.1 液压基本回路的分类

液压基本回路的分类如表 5-3-1 所示。

表 5-3-1 液压基本回路的分类

项目	一级分类	二级分类	作用
液压基本回路	压力控制回路	调压回路	控制液压系统整体或某一支路的压力，使其保持恒定或不超过某个数值，以防止系统过载
		减压回路	使系统中的某一部分油路具有较系统压力低的稳定压力

续表

项目	一级分类	二级分类	作　　用
液压基本回路	压力控制回路	增压回路	使系统或者局部某一支路上获得比液压泵的供油压力还高的压力回路，而系统其它部分仍然在较低的压力下工作
		卸荷回路	在不频繁启闭驱动液压泵的电动机，使液压泵在输出功率接近于零的情况下运转，其输出的流量在很低的压力下直接流回油箱，或者以最小的流量排出压力油，以减小功率损耗，降低系统发热，延长泵和电动机使用寿命的液压回路
		保压回路	当执行元件停止运动时，使系统稳定地保持一定压力的回路
		缓冲补油回路	执行元件在骤然制动或换向时，能保证系统工作的平稳性和安全
	速度控制回路	调速回路	调节执行元件的运动速度
		限速回路	避免由于载荷及自重的作用而使下降速度越来越快以至超过控制速度
		同步回路	实现两个或多个液压缸的同步运动，即不论外载荷如何都能保持相同的位移（位移同步）或相同的速度（速度同步）
		制动回路	使运动着的工作机构在任意需要的位置上停止下来，并防止在停止后因外界影响而发生漂移或窜动
	方向控制回路	换向回路	用来改变执行元件运动方向的油路，使液压缸和与之相连的运动部件在其行程终端处变换运动方向
		顺序回路	使多个液压缸按照预定顺序依次动作。这种回路常用的控制方式有压力控制和行程控制两种
		锁紧回路	工作部件能在任意位置停留，在此位置停止工作时防止在受力的情况下发生移动
		浮动回路	把执行元件的进出油路连通或同时接通油箱，借助于自重或负载的惯性力，使其处于无约束的自由浮动状态

5.3.2　液压回路的分析

这里以压力控制的顺序动作回路来分析。

此回路利用油路本身的油压变化来控制多个液压缸顺序动作。常用顺序阀和压力继电器来控制多个液压缸顺序动作，如图 5-3-1 所示。

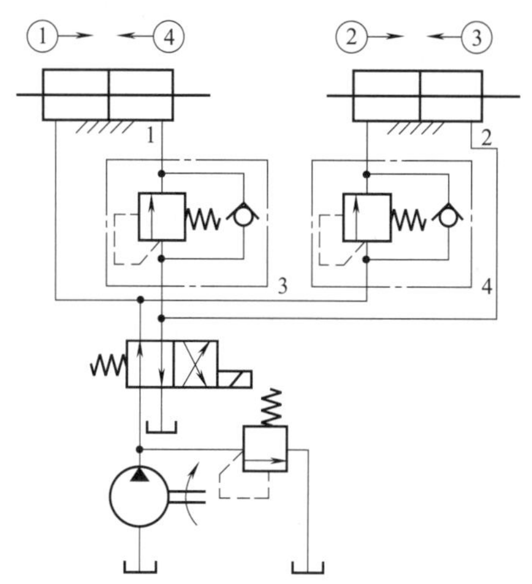

图 5-3-1　顺序阀控制的顺序动作回路

1，2—液压缸；3，4—单向顺序阀

单向顺序阀 4 用来控制两液压缸向右运动的先后次序，单向顺序阀 3 是用来控制两液压缸向左运动的先后次序。

当电磁换向阀未通电时，液压油进入液压缸 1 的左腔和阀 4 的进油口，液压缸 1 右腔中的油液经阀 3 中的单向阀流回油箱，液压缸 1 的活塞向右运动，而此时进油路压力较低，单向顺序阀 4 处于关闭状态；

当液压缸 1 的活塞向右运动到行程终点碰到死挡铁，进油路压力升高到单向顺序阀 4 的调定压力时，单向顺序阀 4 打开，液压油进入液压缸 2 的左腔，液压缸 2 的活塞向右运动；

当液压缸 2 的活塞向右运动到行程终点后，其挡铁压下相应的电气行程开关（图中未画出）而发出电信号时，电磁换向阀通电而换向，此时液压油进入液压缸 2 左腔中的油液经单向顺序阀 4 中的单向阀流回油箱，液压缸 2 的活塞向左运动；

当液压缸 2 的活塞向左到达行程终点碰到死挡铁后，进油路压力升高到单向顺序阀 3 的调定压力时，单向顺序阀 3 打开，液压缸 1 的活塞向左运动。若液压缸 1 和 2 的活塞向左运动无先后顺序要求，可省去单向顺序阀 3。

5.4 液压系统的维护

液压系统的维护主要分为日常维护和定期维护。

5.4.1 液压系统的日常维护

日常维护是指液压机械的操作人员每天在机械使用前、使用中及使用后对机械进行的例行检查。在使用中通过充分的日常维护和检查，就能够根据一些异常现象及早地发现和排除一些可能产生的故障，以做到尽量减少故障发生的目的。

日常维护的主要内容是检查泵起动前、起动后以及停止运转前的状态，通常是用眼看、耳听以及手摸等比较简单的方法进行。日常检查的具体内容如图 5-4-1 所示。

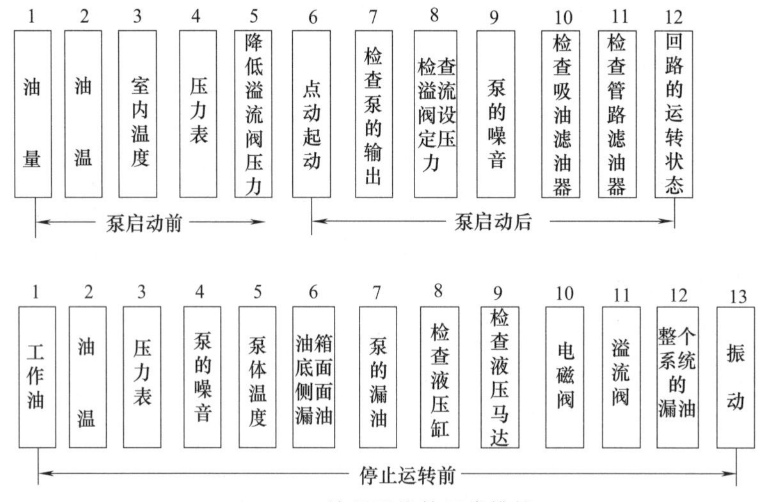

图 5-4-1　液压系统的日常维护

（1）泵起动前的检查

工作之前首先要做外观检查。外观检查主要是对油管连接情况的检查。液压工程机械上软管接头的松动往往就是机械发生故障的第一个症状，如果发现软管和管道的接头因松动而产生少量泄漏时应立即将接头旋紧。有时在油管接头的四周集积着许多污物，再加上液压系统的外观看上去比较复杂，因此少量的泄漏往往不被人们注意到，然而这种少量的泄漏现象却往往就是系统发生故障的先兆，所以对于在密封处集积的污物必须经常检查和清理。

在泵起动前要注意油箱是否注满油，油量要加至油箱上限指示标记，同时要检查油质，查看有无气泡、变色或发出恶臭等现象。油液白浊是混入空气所造成的，应查清原因及时排除；油液发黑或发臭是氧化变质的结果，必须更换。另外在起动前要使溢流阀处于卸荷位置，并检查压力表是否正常。

（2）泵起动后的检查

泵在起动时用开开停停的方法进行起动（液压泵不许突然起动连续运转），重复几次使油温上升，装置运转灵活后再进入正常运转。在起动过程中如泵无油液排出，应立即停机检修。未发现异常后，即可投入正式运行。当泵起动后，机械运行时要注意以下几个方面：

① 要经常进行噪声和振动源的检查。噪声通常来自液压泵，当液压泵吸入空气或磨损时，都会出现较大的噪声。振动则应检查有关管道、控制阀、液压缸或液压马达的状况，还应检查它们的固定螺栓和支承部位有无松动。

② 经常检查液压机械的油温情况。一般液压系统的油温在 35～60℃范围内比较合适，绝对避免油温过高。若油温异常升高，应进行检查。

③ 在使用液压机械时，若遇到液压泵排量不足、噪声过大等，均应检查过滤器是否堵塞。

在系统稳定工作时，除随时注意油量、油温、压力等问题外，还要检查执行元件、控制元件的工作情况，注意整个系统漏油和振动。系统经过使用一段时间后，如机能不良或产生异常现象，用外部调整的办法不能排除时，可进行分解修理或更换配件。

5.4.2　液压系统的定期维护

液压系统定期维护的内容包括：按日常检查的内容详细检查，对各种液压元件的检查，对过滤器的拆开清洗，对液压系统的性能检查以及对规定必须定期维修的部件应认真加以维护。定期检查一般分为 3 个月或半年两种。液压系统维护项目表如表 5-4-1 所示。

表 5-4-1　液压系统维护项目表

检查元件	检查项目	检查方法	检查周期	检查状态		维护所达到的基本要求	修理（更换）基准	备　注
				运转	停止			
液压油	油量	按油面计量	1 次/月		√	规定的油面范围之内		低温时测量
	油温	温度计或恒温装置	1 次/月	√		60℃以下		在油液中间层测量
	清洁度		1 次/月		√			
液压泵	联轴器	分解检查	1 次/年	√	√	无异响，不能松动	泵轴与驱动装置同心	
	异响	耳听或噪声计检查	1 次/3 月	√		各种泵有区别，通常 7MPa 时 75dB，14MPa 时 90dB	当噪声较大时修理或更换	与液压油混入空气、滤油器堵塞以及溢流阀振动有关
	吸油阻力	真空表（装在泵吸入管处）	1 次/月	√		正常运转时在 16.9kPa 以下	当阻力较大时检查滤油器和液压油	与液压油混入空气、滤油器堵塞以及溢流阀振动有关
	压力	压力表	1 次/3 月	√		保持规定压力	当压力剧烈变化或不能保持时要修理	注意压力表的共振
	泵壳温度	手摸	1 次/年	√			温度急剧上升时要检修	与液压油混入空气、滤油器堵塞以及溢流阀振动有关

续表

检查元件	检查项目	检查方法	检查周期	检查状态		维护所达到的基本要求	修理(更换)基准	备　注
				运转	停止			
液压泵	外泄漏	眼看手摸	1次/3月	√			更换密封件	注意密封件的老化
	混入空气	在泵轴密封处或吸入管处注油试一试	1次/3月	√	√	完全不能吸入空气		
	螺钉松动	拧紧	1次/3月		√			振动大的机械容易松动,要特别注意
吸油滤清器	杂质附着情况	取出观察	1次/3月		√	表面不能有杂质,不能有破坏部分	当附着的杂质较多时要换油	
压力表(真空表)	压力测量(真空)	用标准表测量	1次/年	√	√	误差在最小刻度的1/2以内	误差大或损坏时更换	
温度计	温度测量	用标准表测量	1次/年		√		误差大或损坏时更换	
溢流阀	压力调整	压力表,由最低压力调至最高压力	1次/3月		√	压力保持稳定,并能调整,波动小	压力变化大或不能保持时,更换内部零件	与泵和其他阀有关
流量阀	流量调整	检查设定位置,或执行元件速度	1次/年	√		按设计说明	动作不良时修理	
电磁阀	绝缘状况	用500V兆欧表测量	1次/年	√	√	与地线之间的绝缘电阻在10MΩ以上		
	工作声音	耳听	1次/日	√		不能有异响		
	电压测量	用电压表测量工作时的最低和最高电压	1次/3月	√		在额定电压的允许范围内(±15%)	电压变化时,检查电气设备	电压过高或过低,会烧坏电磁线圈
	螺钉松动	接线柱、壳体紧固螺钉松动、脱落检查	1次/3月		√	各部位均不能松动	脱落的螺钉要装上	螺钉松动也会造成线圈烧损或动作不良
	动作状况	根据压力表、温度计(线圈部分)及执行元件来检测	1次/3月	√		检查换向状况,线圈的温度在70℃以下	动作不良时,更换内部损坏零件	当超过额定流量或换向频率高时,会造成动作不良
	内泄漏	测量自液压缸口加压时,回油口处的泄漏量	1次/年			按制造厂标准	滑动表面应无划伤,配合间隙过大时应更换零件	内泄漏过大,容易产生动作不良
卸荷阀	设定值动作状况	检查设定值及动作状况	1次/3月	√		按型号来检查动作情况	根据检查情况更换零件	当流量超过额定值时,会产生动作不良

续表

检查元件	检查项目	检查方法	检查周期	检查状态		维护所达到的基本要求	修理（更换）基准	备　注
				运转	停止			
顺序阀	设定值动作状况	检查设定值及动作状况	1 次/3 月	√		按型号来检查动作情况	根据检查情况更换零件	当流量超过额定值时，会产生动作不良
减压阀	设定值动作状况	检查设定值及动作状况	1 次/3 月	√		按型号来检查动作情况	根据检查情况更换零件	当流量超过额定值时，会产生动作不良
手动换向阀	换向状况	手动换向，看执行元件动作情况	1 次/3 月	√		控制杆部分不能漏油	漏油时更换密封圈	
单向阀	内泄漏		1 次/年	√	√	应无内泄漏	漏油时修理	
压力继电器	绝缘状况	用 500V 兆欧表测量	1 次/年	√	√	与地线之间的绝缘电阻在 10MΩ 以上		
	动作状况	用压力表测量	1 次/3 月	√		检查在设定压力下的动作情况		
液压缸	动作状况	按设计要求检查动作的平稳性	1 次/3 月	√		按设计要求	动作不良（密封老化、卡死）修理	与泵、溢流阀有关
	外泄漏	眼看、手摸、听滴声	1 次/3 月	√		活塞杆处及整个外部均不能有泄漏	安装不良（不同心）引起的较多，换密封	
	内泄漏	在回油管外测内泄漏	1 次/3 月	√		根据型号及动作状态确定	若密封老化引起内泄漏，换密封	
液压马达	动作情况	眼看、压力表、转速表	1 次/3 月	√		动作要平稳	动作不良时修理	
	异响	耳听	1 次/3 月	√		不能有异响	多为定子环、叶片及弹簧破损或磨损引起，更换零件	若压力或流量超过额定值，也会产生异常声音
蓄能器	空气封入压力	用带压力表的空气封入装置测量	1 次/3 月	√		应保持所规定的压力		当液体压力为 0Pa 时，应为系统最低动作压力的 60%～70%
油箱	漏油	眼看	1 次/3 月	√	√	不能泄漏	油箱打开时，一定要检查	
	回油管螺栓松动	拧紧	1 次/年	√		不能松动		回油管松动或脱落油面上会有气泡

续表

检查元件	检查项目	检查方法	检查周期	检查状态		维护所达到的基本要求	修理（更换）基准	备　　注
				运转	停止			
油冷却器	漏水	将油箱和冷却器中的油排除干净，通水后，从排油口观察	1次/年	√		不能漏水	若油箱内混入大量水分，修理	若油中混有水分，油变白浊
配管类	漏油	眼看、手摸	1次/年	√		不能漏油（尤其管接头部分）	修理（更换密封件）	管接头接合面接合要可靠
	振动	眼看、手摸	1次/3月	√		换向时，油管不能振动	压力油产生振动时，检查液压回路	
	油管支承架	眼看、手摸	1次/年	√		各安装部位不能松动或脱落		
软管	外部损伤	眼看、手摸	1次/3月	√		不能损伤	有损伤时更换	有损伤时，可用乙烯管套在软管上
	漏油			√		不能漏油		
	扭曲			√		不能扭曲		

第6章

大型工程机械设备的工作装置

以典型机型的工作装置进行介绍。

6.1 装载机的工作装置

6.1.1 装载机工作装置的作用

装载机工作装置是用来对物料进行铲、装、卸、运工作。

6.1.2 装载机工作装置的类型及结构

装载机有轮胎式和履带式之分。轮胎式装载机的工作装置多采用反转六连杆转斗机构，它包括铲斗、动臂、连杆（或托架）、摇臂、动臂油缸及转斗油缸等组成。履带式装载机工作装置多采用正转八连杆转斗机构，它主要由铲斗、动臂、摇臂、拉杆、弯臂、转斗油缸和动臂油缸等组成，如图 6-1-1、图 6-1-2 所示。

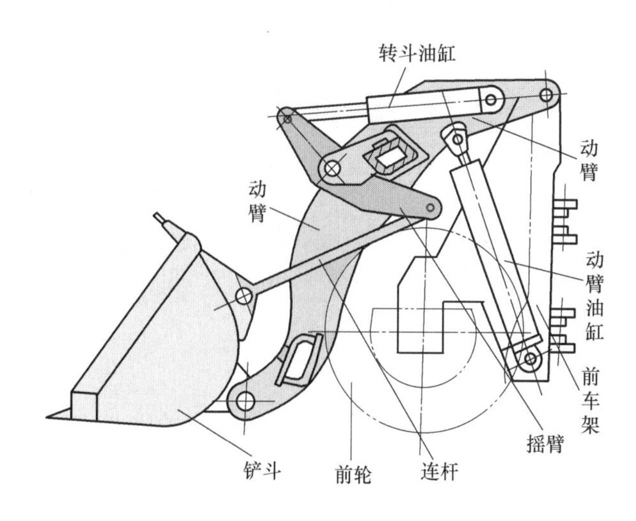

图 6-1-1　轮胎式装载机工作装置组成

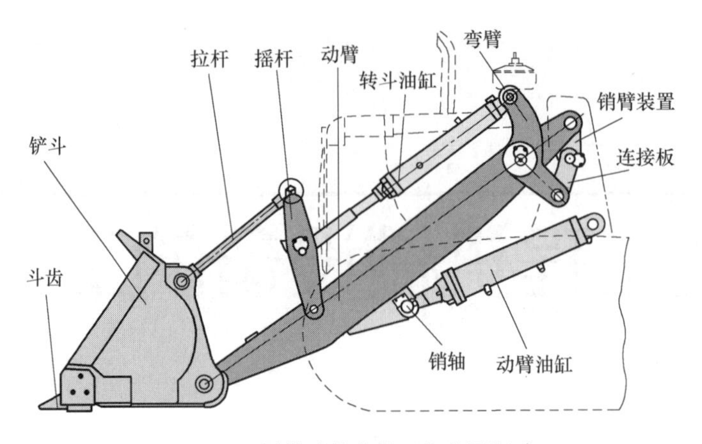

图 6-1-2 履带式装载机工作装置组成

6.1.3 ZL50 型装载机工作装置(图 6-1-3)

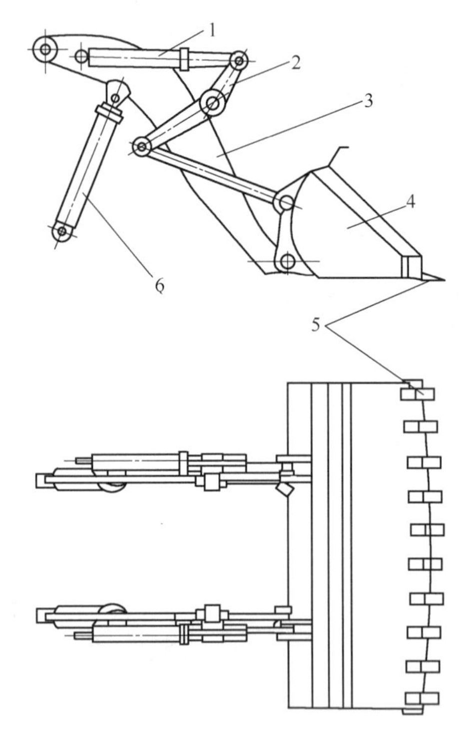

图 6-1-3 ZL50 型装载机工作装置

1—转斗油缸;2—摇臂;3—动臂;4—铲斗;5—斗齿;6—动臂油缸

6.1.3.1 铲斗

(1)铲斗的材料

铲斗斗体常用低碳、耐磨、高强度钢板焊接而成,切削刃采用耐磨的中锰合金钢材料,侧切削刃和加强角板都用高强度耐磨材料制成。

(2)铲斗的结构(图 6-1-4、图 6-1-5、图 6-1-6、图 6-1-7)

各种装载机的铲斗结构基本相似,主要由斗底、后斗壁、侧板、加强板、主刀板和斗齿组成。

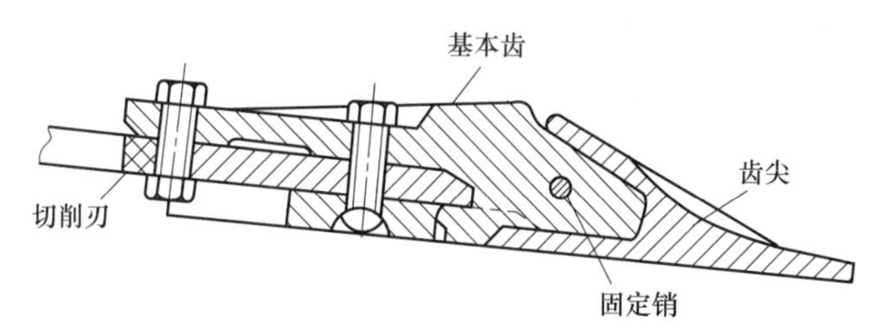

图 6-1-4　铲斗的结构（一）

图 6-1-5　铲斗的结构（二）

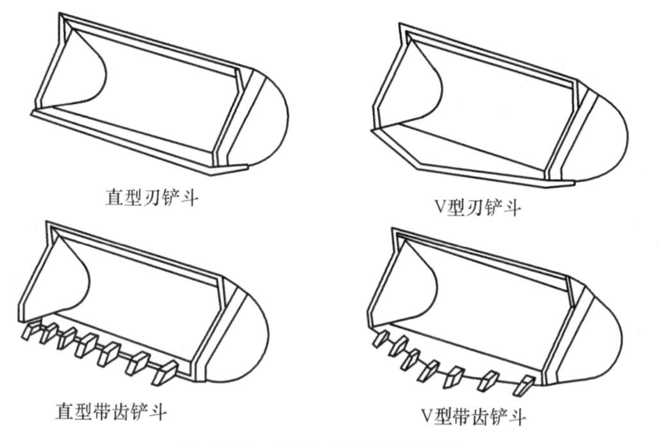

图 6-1-6　铲斗结构类型简图

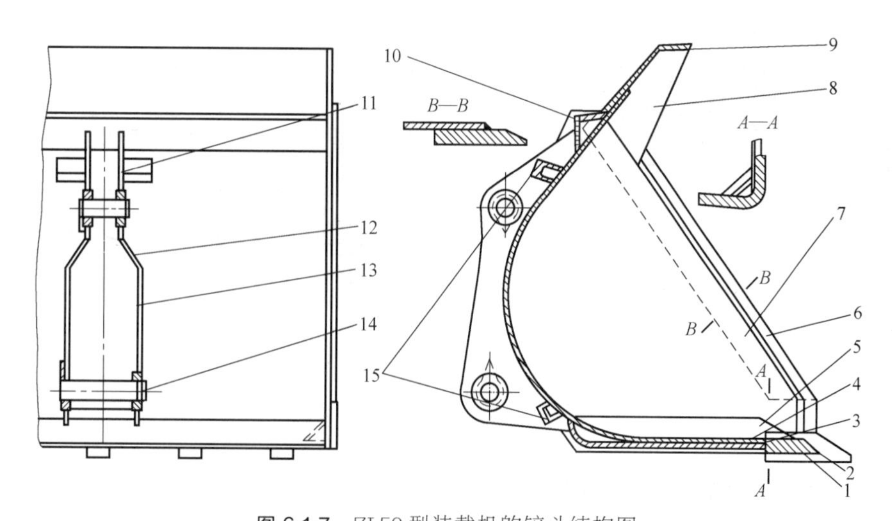

图 6-1-7　ZL50 型装载机的铲斗结构图

1—斗齿；2—主刀板；3,5,8—加强板；4—斗壁；6—侧刀板；7—侧板；9—挡板；10—角钢；11—上支承板；12—连接板；13—下支承板；14—销轴；15—限位块

斗体用低碳、耐磨、高强度钢板弯成弧形焊接而成。为了加强斗体的刚度，铲斗背面上方焊有角钢，经常与物料接触的斗底外壁焊有加强板 3，并在斗底内壁与侧板的连接处焊有加强板 5，斗底前缘和侧壁上焊有主刀板和侧刀板，其材料均为高强度耐磨材料制成。为了减小铲掘阻力和延长刀板的使用寿命，在主刀板上用螺钉装有可更换的斗齿。铲斗背面焊有上、下支承板，其上销孔分别与连杆和动臂铰接。上、下限位块用来限制铲斗上转和下转的极限位置。铲斗上方的挡板和加强板 8 用于防止铲斗高举时斗内物料散落。

6.1.3.2　动臂和连杆机构

① 动臂的用途：安装铲斗并使铲斗实现铲装、升降等动作。

② 动臂的类型：单梁式、双梁式（ZL50）和臂架式，如图 6-1-8、图 6-1-9 所示。

a. 单梁式：由钢板焊成的整体箱型断面结构，其下端铰装在座架上，上端铰装着铲斗。

b. 双梁式：动臂的两根梁是用钢板焊成的箱型断面结构，两梁之间焊有横梁，从而增强了整个结构的刚度。

c. 臂架式：上、下动臂均由厚钢板制成并分别加焊有横梁。

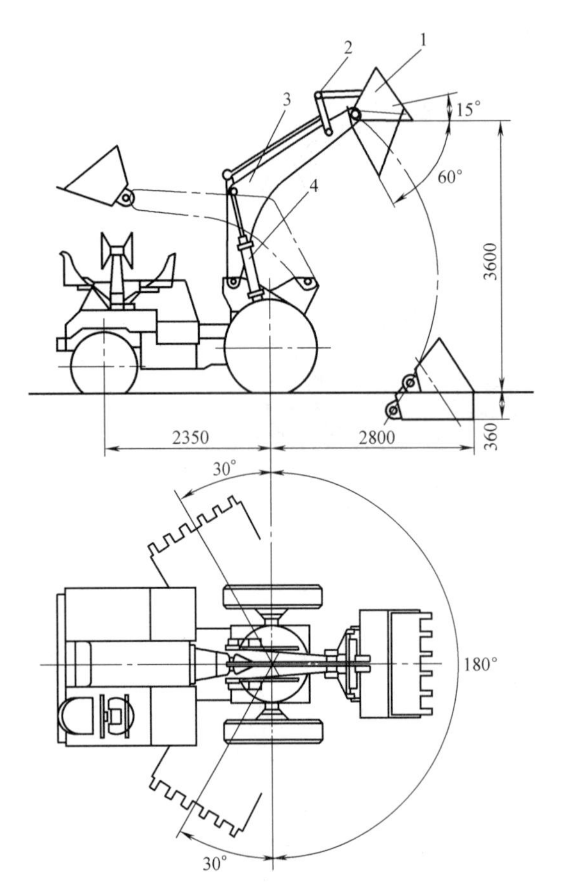

图 6-1-8　半回转式转载机的单梁式动臂

1—铲斗；2—摇臂连杆系统；3—动臂；4—油缸

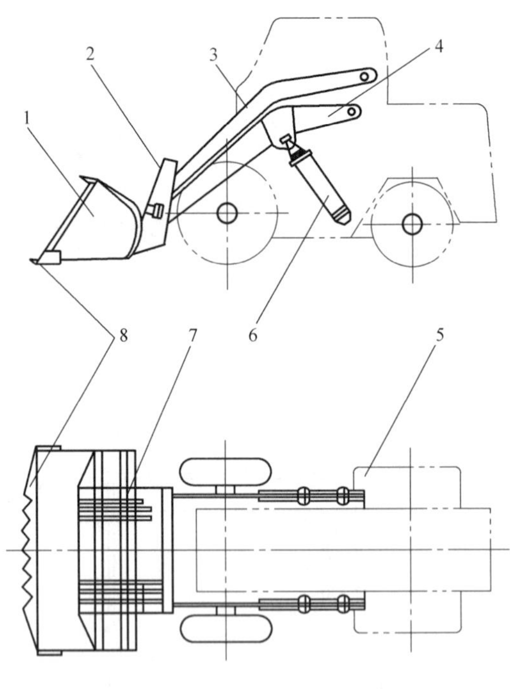

图 6-1-9　装载机的臂架式动臂

1—铲斗；2—斗架；3，4—上、下动臂；5—基础车；6—动臂油缸；7—铲斗油缸；8—斗齿

6.1.3.3　工作装置的液压操纵系统

工作装置的操纵系统都是液压式的，主要是控制动臂上升、下降、固定、浮动四个状态，转斗油缸操纵阀必须具有后倾、保持和前倾三个位置。

6.1.3.4 工作装置的液压减振系统

在工作中，为了缓和和改善装载机工作装置的振动和冲击，提高其工作平稳性，避免物料撒落，最大限度地提高生产效率，现代轮胎式装载机采用工作装置液压减振系统。

6.2 挖掘机的工作装置

6.2.1 挖掘机的工作装置的作用

挖掘机的工作装置用来直接完成挖掘任务。

6.2.2 挖掘机工作装置的类型及结构

以单斗挖掘机的工作装置进行介绍。

（1）正铲工作装置（图 6-2-1）

正铲液压挖掘机的工作装置主要包括动臂、斗柄、铲斗和动臂油缸、斗柄油缸及斗底油缸等。

正铲包括机械操纵和液压操纵。机械操纵的正铲工作装置由铲斗、斗杆、动臂、推压机构、滑轮钢索和斗底开启机构等组成。

图 6-2-1　卡特彼勒 5130 型液压正铲挖掘机

1—前斗体；2—后斗体；3—斗底油缸；4—斗柄；5—斗柄油缸；6—动臂；7—动臂油缸；8—驾驶室

（2）反铲工作装置

液压式挖掘机的反铲工作装置一般都是由动臂、斗杆和铲斗等主要结构件用铰销连接在一起的。在液压缸推力的作用下，各杆件围绕铰点摆动，从而完成挖掘、提升和卸料等动作。动臂是工作装置中的主要构件，斗柄的结构形式取决于它的结构形式。反铲动臂的结构形式一般可分为整体式（图 6-2-2）和组合式（图 6-2-3）两大类。

整体式动臂结构简单，刚度相同时结构质量比组合式动臂轻，但是替换工作装置少，通用性差。一般用于长期作业条件相似的场合。

组合式动臂可以根据施工条件随意调整作业尺寸和挖掘力，而且调整时间短。另外，它的互换工作装置多，可以满足各种作业的需要，装车运输方便。但它的成本较高，比整体式动臂重，一般用于中小型挖掘机。

铲斗的形状和大小与作业对象有很大的关系。为了满足各种工况的需要，在同一台挖掘机上可配多种结构形式的铲斗（图 6-2-4）。

（3）拉铲的工作装置（图 6-2-5）

拉铲的工作装置只有机械式挖掘机，由动臂、铲斗、钢索三部分组成。

（4）抓斗工作装置（图 6-2-6）

机械操纵的抓斗挖掘机的工作装置。

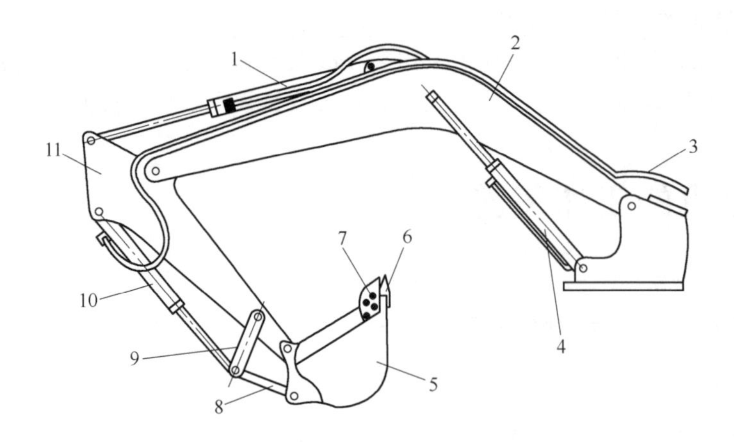

图 6-2-2 液压反铲工作装置（整体式动臂）

1，4，10—双作用油缸；2—动臂；3—油管；5—铲斗；
6—斗齿；7—侧齿；8—连杆；9—摇臂；11—斗杆

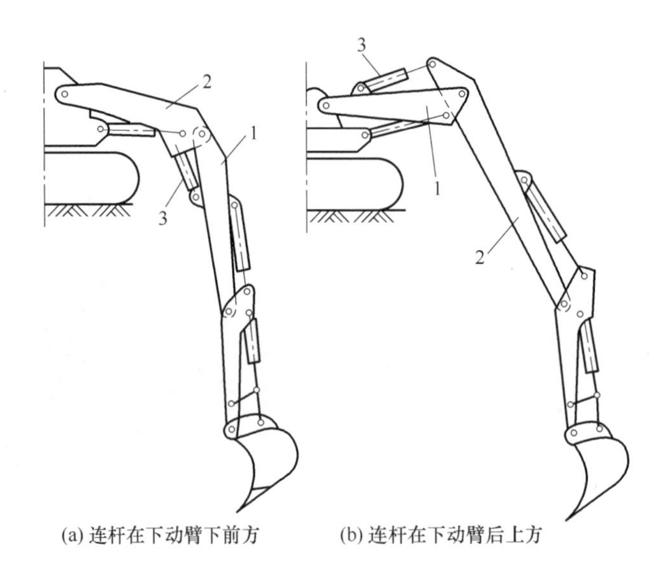

(a) 连杆在下动臂下前方 (b) 连杆在下动臂后上方

图 6-2-3 液压反铲工作装置（组合式动臂）

1—下动臂；2—上动臂；3—连杆（或油缸）

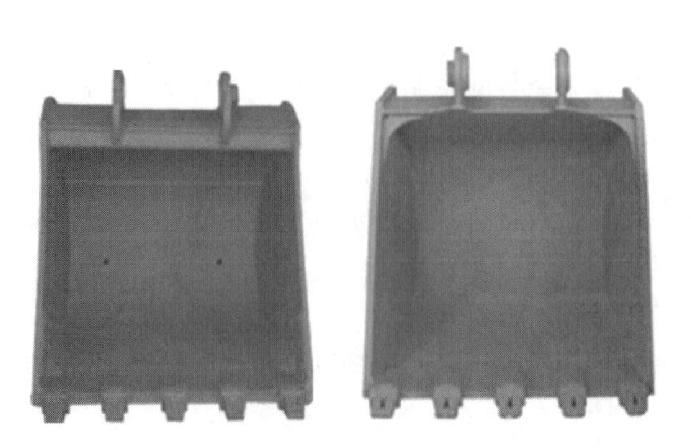

图 6-2-4 铲斗

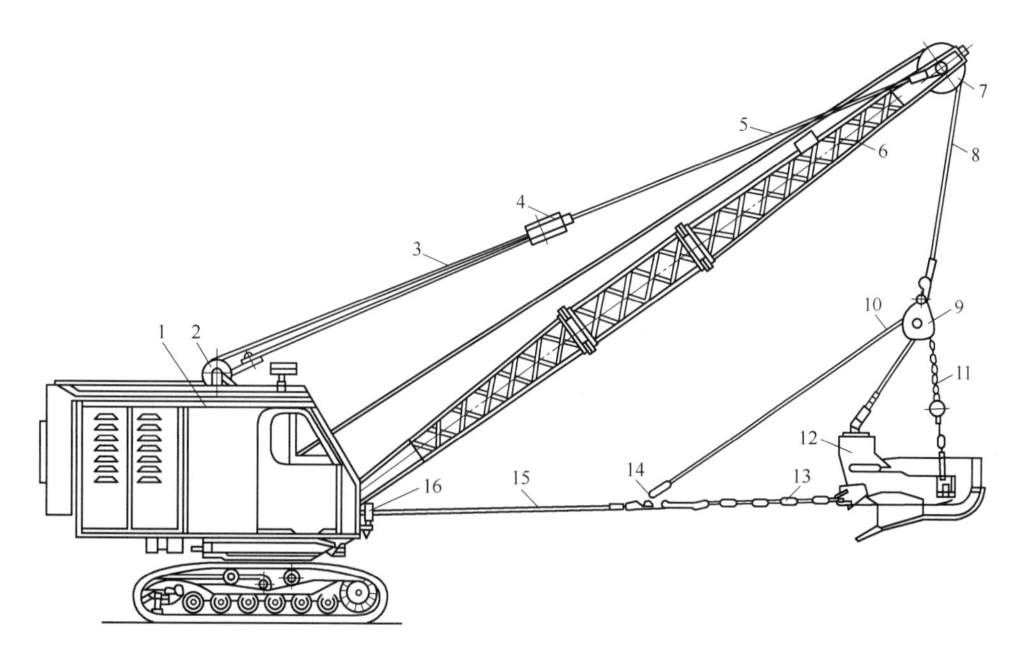

图 6-2-5　拉铲的工作装置

1—机身；2—两足支架顶滑轮；3—动臂升降钢索；4—滑轮组；5—悬挂钢索；6—动臂；7—滑轮；8—铲斗升降钢索；9—悬挂连接器；10—卸土钢索；11—升降链条；12—铲斗；13—牵引链条；14—横向连接器；15—牵引钢索；16—导向滑轮

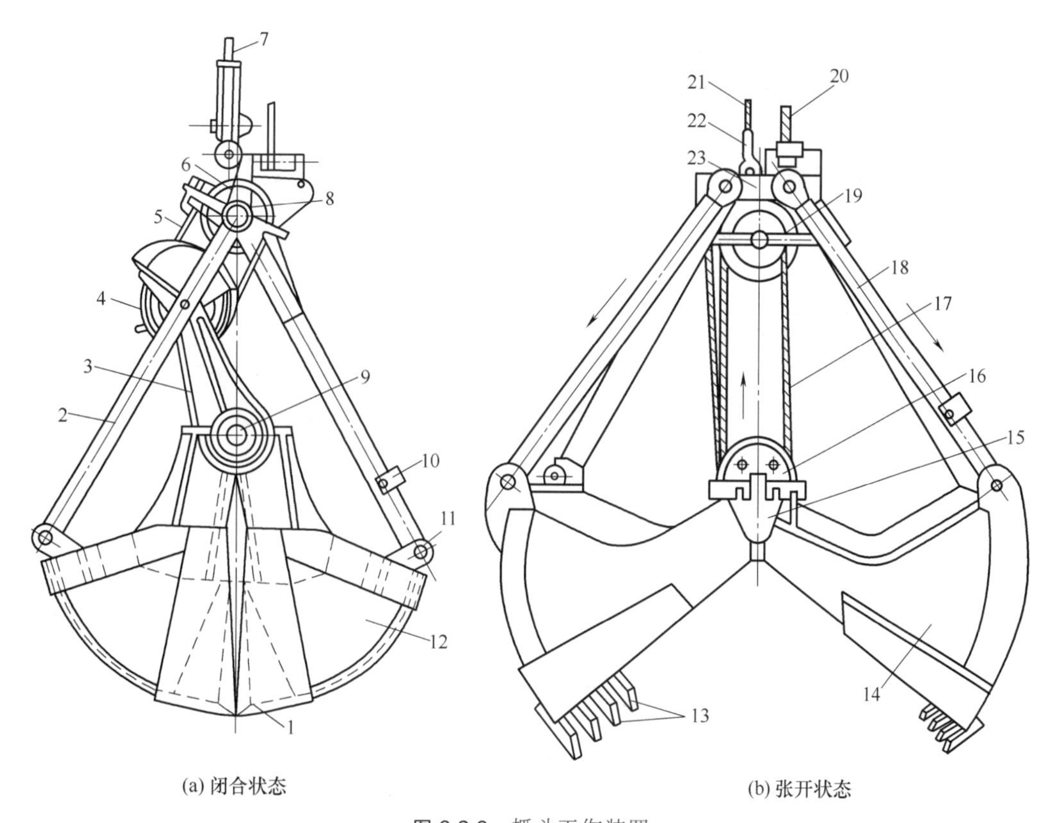

(a) 闭合状态　　(b) 张开状态

图 6-2-6　抓斗工作装置

1,13—斗齿；2,18—拉杆；3—拉臂；4,16—动滑轮组；5,17,20—关斗钢索；6,23—上铰链；7,21—铲斗升降钢索；8,19—定滑轮组；9,15—下铰链；10,22—钢索固定器；11—耳环；12,14—斗瓣

6.3 推土机的工作装置

6.3.1 推土机工作装置的作用

推土机工作装置是用来短距离推运、铲挖土砂石等物料。

6.3.2 推土机工作装置的类型及结构

推土工作装置由铲刀和推架两大部分组成。履带式推土机的铲刀有固定式和回转式两种安装型式。采用固定式铲刀的推土机称之为直铲式或正铲式推土机；回转式铲刀可在水平面内回转一定的角度（一般为 0°～ 25°），实现斜铲作业，称为回转式推土机，如果将铲刀在垂直平面内倾斜一个角度（0°～ 9°），则可实现侧铲作业，因而这种推土机有时也称为全能型推土机。

6.3.2.1 固定式推土装置

固定式推土装置的三种型式（图 6-3-1、图 6-3-2、图 6-3-3）。

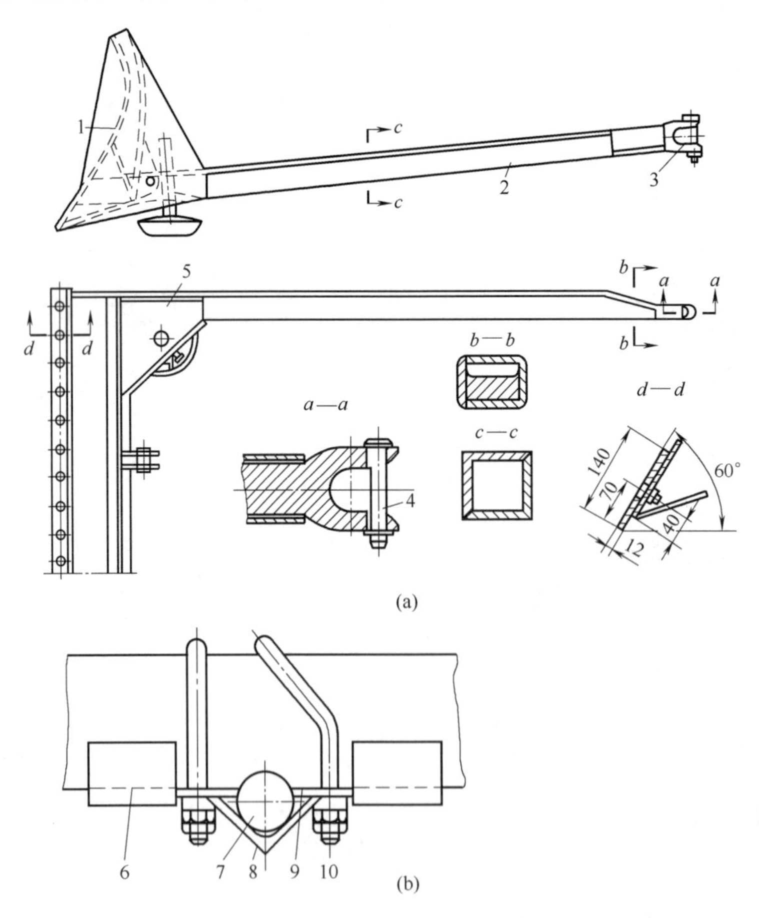

图 6-3-1　焊接式推土机

1—铲刀；2—推梁；3—叉端；4—销 ；5—角板；6—支承板；7—销轴；8—角钢；9—垫板；10—U 形螺栓

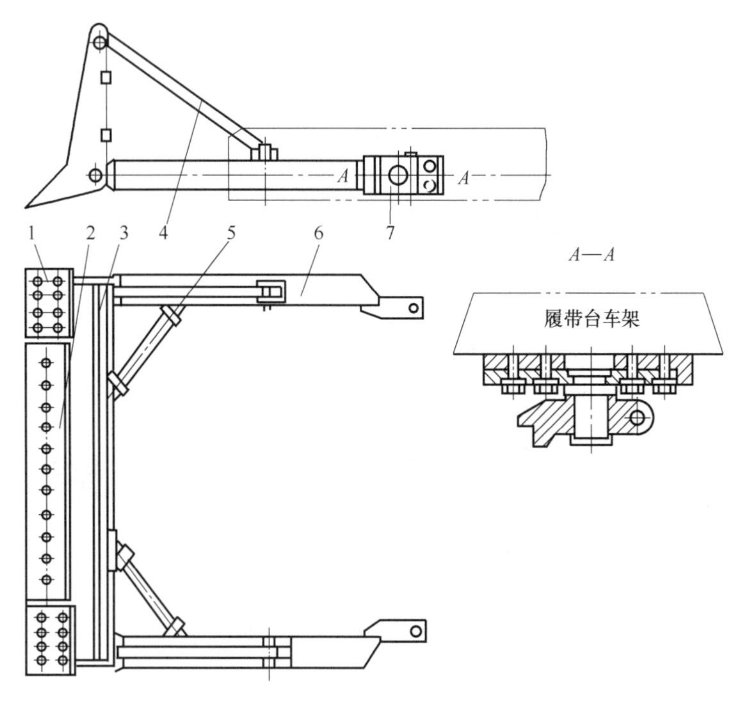

图 6-3-2　固定铰接式推土机

1—侧刀片；2—中间刀片；3—铲刀；4—斜撑；5—水平斜拉杆；6—推梁；7—支承轴合件

焊接式：铲刀与推架焊接，铲土角不可调；

圆柱铰式：铲刀与推架以圆柱铰连接，铲土角可调；

球铰式：铲刀与推架、推架台车与圆柱铰连接，斜撑杆与铲刀背面以球铰连接，斜撑杆与推架以圆柱铰连接，斜撑杆长度可改变，或一边斜撑杆以双作用油缸代替，铲土角可调，侧倾角可调。

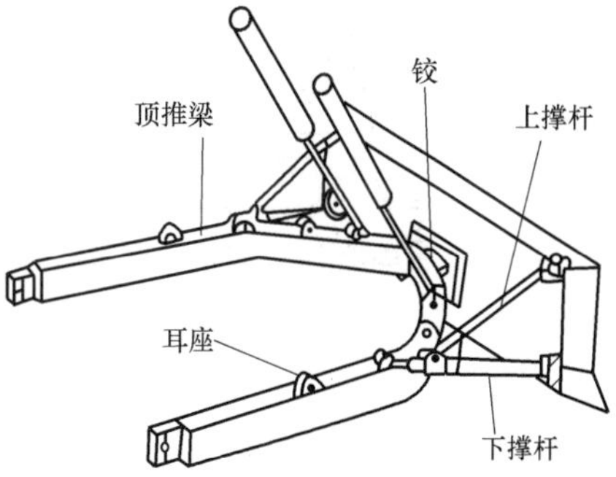

6.3.2.2　回转式推土装置

回转式推土装置在工作中铲刀的侧倾角和回转角都要发生变化，回转式推土装置如图 6-3-3、图 6-3-4、图 6-3-5 所示。

图 6-3-3　角铲

6.3.2.3　推土板的结构与型式

结构：推土板为曲面钢板并附有可卸式刀片。

型式：按断面型式分为开式、半开式、闭式，如图 6-3-6 所示。

按横向结构外形分为直线形、U 形，如图 6-3-7 所示。

小型推土机采用结构简单的开式推土板；中型推土机大多采用半开式的推土板；大型推土机作业条件恶劣，为保证足够强度和刚度，采用闭式推土板。闭式推土板为封闭的箱形结构，其背面和端面均用钢板焊接而成，用以加强推土板的刚度。

铲土、运土和回填的距离较短，可采用直线形推土板。直线形推土板属窄型推土板，宽高比较小，比切力大（即切削刃单位宽度上的顶推力大），但铲刀的积土容易从两侧流失，切土和推运距离过长会降低推土机的生产率。

运距稍长的推土作业宜采用 U 形推土板。U 形推土板具有积土、运土容量大的特点。

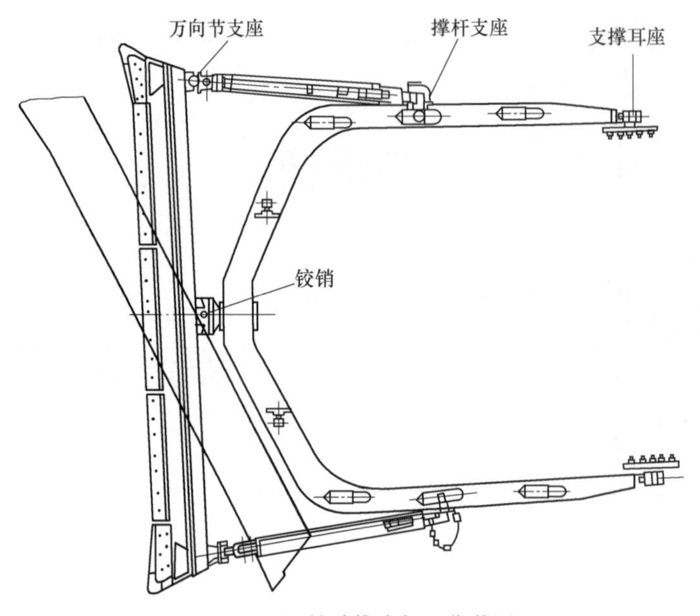

图 6-3-4 回转式推土机工作装置

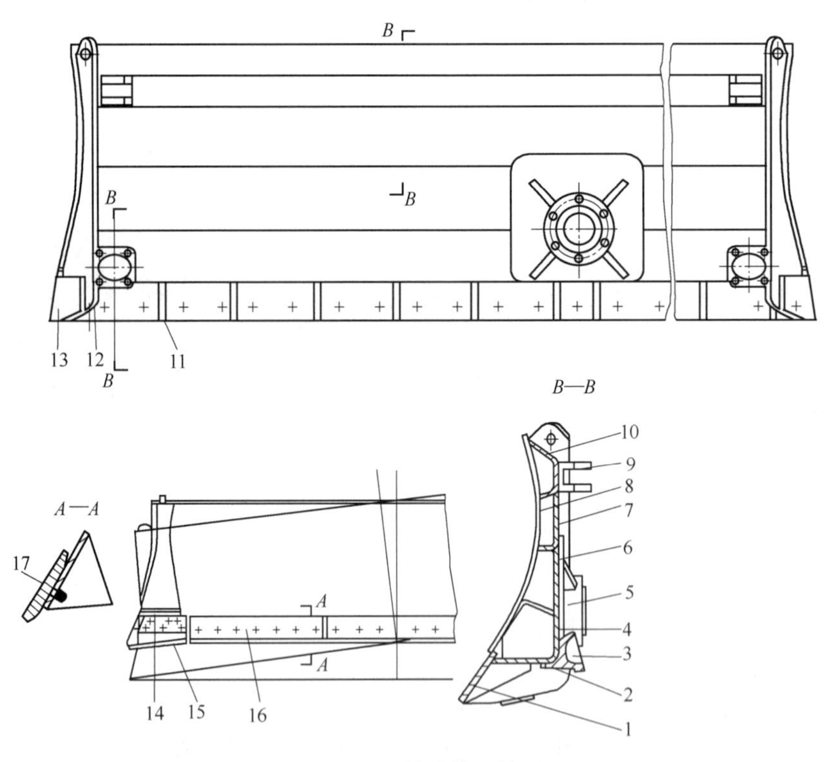

图 6-3-5 回转式推土铲刀

1—底板；2—托板；3—下支座；4—下横梁；5—球铰座；6—横板；7—角板；8—弧形板；9—上支座；10—上横梁；11—后筋板；12—侧板；13—前侧板；14—侧加强板；15—刀角；16—刀片；17—螺栓

在运土过程中，U形铲刀中部的土壤上卷起并前翻，两侧的土壤则上卷向铲刀内侧翻滚，有效地减少了土粒或物料的侧漏现象，提高了铲刀的充盈程度，因而可以提高推土机的作业效率。

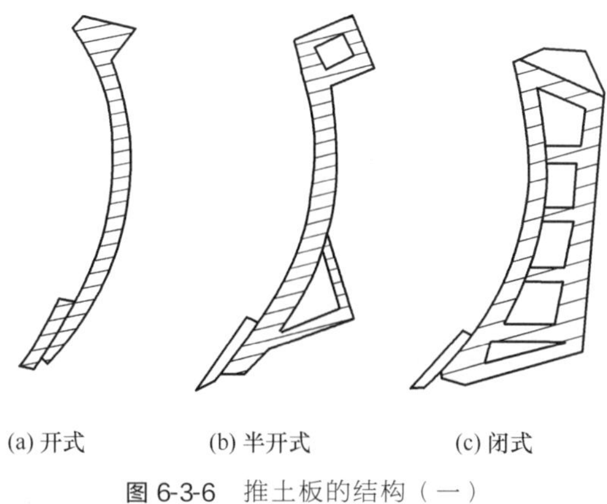

(a) 开式　　(b) 半开式　　(c) 闭式

图 6-3-6　推土板的结构（一）

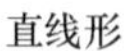

直线形　　U形

图 6-3-7　推土板的结构（二）

6.3.2.4　松土装置

松土装置结构如图 6-3-8 所示。

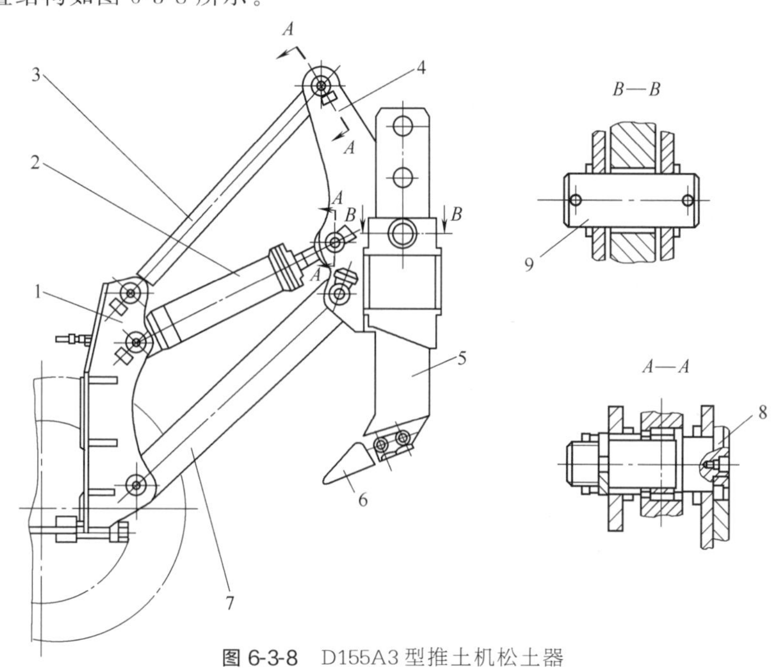

图 6-3-8　D155A3 型推土机松土器

1—支承架；2—松土器支承油缸；3—上拉杆；4—横梁；5—齿杆；6—齿尖镶块；7—下拉杆；8,9—销轴

松土齿的构造如图 6-3-9 所示。

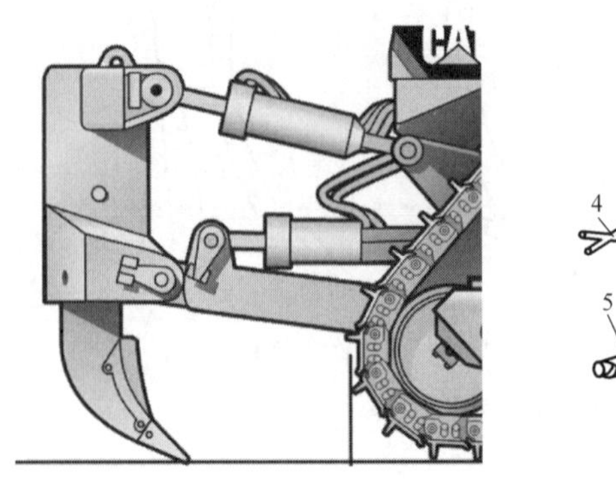

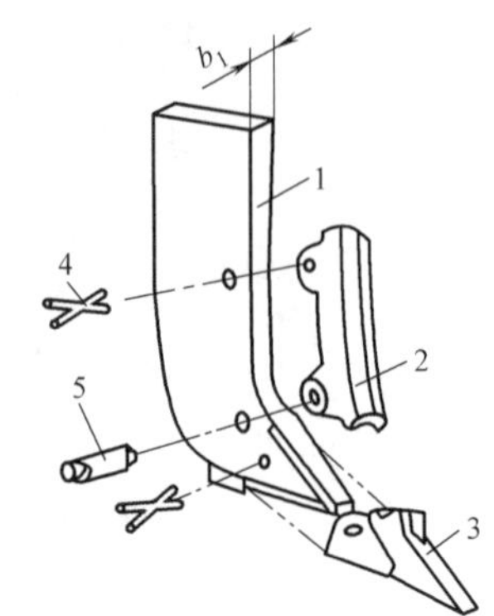

图 6-3-9 松土齿的构造
1—齿杆；2—护齿套；3—齿尖镶块；4—刚性销轴；5—弹性固定销

6.4 铲运机的工作装置

6.4.1 铲运机工作装置的作用

铲运机在行进中顺序完成铲削、装载、运输和卸铺的任务。

6.4.2 铲运机工作装置的类型及结构

(1) 转向枢架

转向枢架的作用是实现牵引车与铲运车的连接。

(2) 辕架

辕架的作用是配合转向枢架，使牵引车能够转动一定的角度。

转向枢架与辕架的连接，如图 6-4-1 所示。

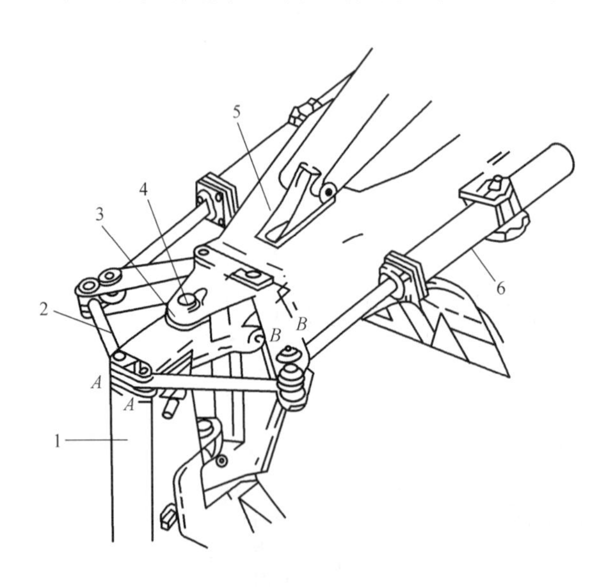

图 6-4-1 WS16S-2 型铲运机转向枢架和辕架的连接
1—转向枢架；2—连杆；3—杠杆；4—牵引车与铲斗之间的垂直铰销；5—辕架；6—左转向油缸

WS16S-2 型铲运机的转向枢架上端与辕架通过同一轴心的两个垂直销铰接，下部与牵引车之间采用一种独特的四杆机构连接。

(3) 前斗门和铲斗体

铲运斗通常由铰接在斗体前的斗门、铲斗体和卸土板（后壁）等组成，如图 6-4-2、图 6-4-3 所示。

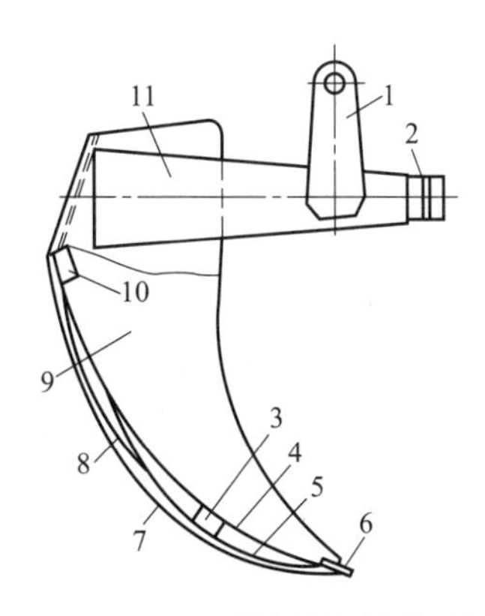

图 6-4-2　CL7 型铲运机的前斗门

1—斗门液压缸支座；2—斗门球销连接座；3,10—加强槽钢；4—前壁；5,8—加强板；6—扁钢；7—前罩板；9—侧板；11—斗门壁支座

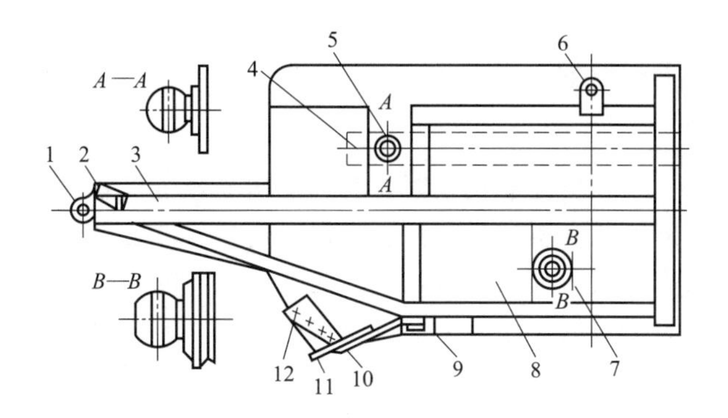

图 6-4-3　CL7 型铲运机的铲运斗

1—提斗液压缸支座；2—铲运斗横梁；3—侧梁；4—内侧导轨；5—斗门臂球销支座；6—斗门液压油缸支座；7—辕架臂杆球销；8—斗体侧壁；9—斗底；10—刀架板；11—前刀片；12—侧刀片

第7章 大型工程机械设备的使用与维护

7.1 使用与维护概述

工程机械在作业中，不仅负荷变化频繁，而且工作场合也很差，遭受自然环境的影响也比较大。随着时间的不断增长，机械零部件会磨损，连接部件会松动，表面腐蚀和材料老化的现象会加重，生产效率也会下降，有时还会因此造成机械或人身事故。所以，工程机械进行维护和正确使用是十分必要的。这样不仅可以提高机械的工作效率，增加经济收益，而且保障了安全，延长了机械的使用寿命。

7.1.1 大型工程机械设备安全操作规程

随着我国公路建设的发展，公路工程机械的保有量迅速增加。在大型公路工程的施工中，动用的机械设备很多，所以搞好施工机械的安全操作很重要。安全生产是一个综合的系统工程，不仅涉及施工的组织和技术，还涉及机械本身的安全和操作的安全，施工人员及操作人员必须遵守有关安全制度，落实有关安全生产法规，同时落实好施工安全生产组织和网络。在多机械多工种施工作业中，加强管理，正确操作和使用机械。严格按照机械的操作规程进行施工作业是操作人员必须遵守的准则，也是管理人员及技术人员要掌握的法规，也是有关管理部门分析事故的依据。

各种机械的安全操作规程，由于其作业内容和机械性能的不同，各有特征和要求，但也有相同之处。

（1）基本要求

① 操作人员必须经过培训，掌握所操作机械的性能构造、操作方法、例保知识以及操作规程，经考试合格获得操作证后，方可独立操作机械。不能操作与操作证不相符合的机械设备。

② 不能擅离工作岗位，不准将机械设备交给无本机种操作证的人员操作。

③ 在工作中必须穿戴劳动保护用品。

④ 应熟悉有关工作施工规范，服从现场施工管理人员的指挥管理，保质保量地完成工作施工任务。

⑤ 对违反机械操作规程规定的指挥调度，有权拒绝执行，任何组织和个人不得强迫操

作人员违章作业。

⑥ 严格执行工作前的检查制度、工作中的观察制度和工作后的检查维护制度。

⑦ 认真准确地填写运转纪录、交接班纪录或工作日志。

⑧ 多班作业要有交接班制度，并要交代清楚机械设备的运转情况、润滑维护情况及施工技术要求等。

⑨ 严禁酒后操作机械设备。

⑩ 驾驶室或操作室内应保持整洁，禁放易燃易爆品和其他杂物。

⑪ 机械设备夜间作业时，作业区内应有充分的照明。

⑫ 严禁机械设备带病作业或超负荷运转。

⑬ 新配备的或大修后的机械设备开始使用时，应按规定执行走合期制度，在走合期要按规定减载、减速；走合期满后要按规定进行检查维护。

⑭ 在寒冷地区、寒冷季节工作时，需要保温的机械设备，要及时配备保温用品。

⑮ 机械设备在施工现场停放时，必须选择好停放地点，关闭好驾驶室，有驻车制动装置的要拉上驻车制动，坡道上要打好掩木或石块，夜间要有专人看管。

⑯ 机械设备在维护或修理时，要特别注意安全，禁止在机械设备运转中冒险进行修理、调整作业，禁止在工作机构没有保险装置的情况下，到工作机构下面工作。

⑰ 要妥善保管长期停放或封存的机械设备，定期发动检查，确保机械设备经常处于完好状态。

⑱ 在公路或城市道路上行驶的机械、车辆，必须严格遵守交通法规和国家其他有关规定。

(2) 工作前的检查制度

① 机械设备工作场地周围有无妨碍工作的障碍物。

② 油、水、电及其他保证机械设备正常运转的条件是否完备。

③ 操纵机构和安全部件及机构是否灵活可靠。

④ 指示仪表、指示灯显示是否正常可靠。

⑤ 油温、水温是否已达到正常使用温度。

(3) 工作中的观察制度

① 指示仪表、指示灯是否异常。

② 工作机构、操纵机构有无异常。

③ 工作场地有无异常变化。

④ 工作质量是否符合工程技术要求。

(4) 工作后的检查维护制度

① 工作机构有无过热、松动或其他故障。

② 按照保修规范和使用说明书的要求进行例保作业。

③ 做好次日或下一班的准备工作。

(5) 柴油机的操作规程

① 发动前的准备工作。

a. 检查机油油面是否符合规定，不允许油面过高或过低；检查机油质量是否清洁，如不清洁或变质，应更换机油。

b. 检查燃油是否足够，油箱内有无积水。

c. 水冷柴油机要检查冷却水是否足够。

d. 使用蓄电池的要检查电解液是否足够。

e. 检查外部机械是否松动损坏。

② 起动和保温。

a. 起动时，离合器应分开。

b. 水冷柴油机禁止不加水起动（有防冻液的除外）。

c. 有预热装置的柴油机，起动前要将预热塞打开先预热 40～50s，寒冷地区寒冷季节，应重复预热 2～3 次再起动。

d. 不允许长时间起动起动机，每次起动不得超过 5s，第一次起动未成功应等 30s 到 1min 后再起动，连续一次起动仍不成功，应查找原因，不可硬性起动，以免损坏蓄电池和起动机。

e. 柴油机发动后，应怠速运转，不可猛踩加速踏板。有涡轮增压的柴油机更应注意，以防因润滑不足而损坏增压装置。

f. 柴油机发动后，要检查机油压力是否在 49～441kPa（0.5～4.5kgf/cm^2）之间。电流表是否显示已经充电，机器有无异常。

g. 禁止柴油机温度在 40℃以下即带负荷工作，柴油机正常工作温度应保持在 70～90℃之间。

7.1.2 柴油机技术维护

柴油机的正确维护和预防性的维护，是延长使用寿命和降低使用成本的关键。首先必须做好柴油机使用过程中的日报工作，根据所反映的情况，及时做好必要的调整和修理。按不同用户的特殊工作情况及使用经验，制订出不同的维护日程表。

日报表的内容一般有如下几个方面：每班工作的日期和起讫时间；常规记录所有仪表的读数；功率的使用情况；燃油、机油、冷却液有否渗漏或超耗；排气颜色和是否有异常声音；发生故障的前后情况及处理意见。

无论进行何种维护，都应有计划、有步骤地进行拆检和安装，并合理地使用工具。用力要适当，解体后的各零部件表面应保持清洁，并涂上防锈油或油脂以防止生锈；注意可拆零件的相对位置，不可拆零件的结构特点，以及装配间隙和调整方法。同时应保持柴油机及附件的清洁完整。

7.1.2.1 日常维护

日常维护的项目及程序，如表 7-1-1 所示。

表 7-1-1 柴油机日常维护

序号	维护项目	进行程序
1	检查燃油箱内的燃油	观察燃油箱存油量，根据需要添足
2	检查油底壳中机油平面	油面应达到机油标尺上的刻线标记，不足时，应加到规定量
3	检查喷油泵调速器机油平面	油面应达到机油标尺上的刻线标记，不足时应添足
4	检查“三漏”（水、油、气）情况	消除油、水管路接头等密封面的漏油、漏水现象，消除进、排气管气缸垫片处及涡轮增压器的漏气现象
5	检查柴油机各附件的安装情况	检查各附件安装的稳固程度，连接发动机的螺栓，如有松动应紧固好
6	检查各仪表	发动机工作时各仪表指示是否正常
7	检查喷油泵传动连接盘	连接螺钉是否松动，如松动应重新校正喷油提前角并拧紧连接螺钉
8	清洁柴油机及附属设备外表	用干布或浸柴油的抹布揩（擦）去机身、涡轮增压器、气缸罩外壳、空气滤清器等表面上的油渍、水和尘埃；揩净或用压缩空气吹净充电发电机、散热器、风扇等表面上的尘埃

7.1.2.2　100 工作小时技术维护

100 工作小时维护的项目及程序，见表 7-1-2。

表 7-1-2　柴油机 100 工作小时的维护

序号	维护项目	进行程序
1	检查蓄电池电压和电解液相对密度及液面高度	用比重计测量电解液相对密度，此值应为 1.28～1.30（环境温度为 20℃时），一般不应低于 1.27 同时液面应高于极板 10～15mm，不足时应加注蒸馏水
2	检查皮带的张紧度	检查皮带张紧度，调整松紧程度到规定值
3	清洗机油泵吸油粗滤网	拆开机体大窗口盖板，扳开粗滤网弹簧锁片，拆下滤网放在柴油中清洗，然后吹净
4	清洗空气滤清器	惯性油浴式空气滤清器应清洗钢丝绒滤芯，更换机油；盆（旋风）式空气滤清器应清除集尘盘上的灰尘，纸质滤芯如有破损或堵塞严重应更换
5	清洗通气管内的滤芯	将机体门盖板加油管中的滤芯取出，放在柴油或汽油中清洗吹净，浸上机油后装上
6	清洗燃油滤清器	拆下滤芯和壳体，在柴油或煤油中清洗或换芯子，同时应排除水分和沉积物
7	清洗涡轮增压器的机油滤清器及进油	将滤芯及管子放在柴油或煤油中清洗，然后吹干，以防止被灰尘和杂物沾污
8	更换油底壳中的机油	根据机油使用状况（油的脏污和黏度降低程度）每隔 200～300h 更换一次
9	注润滑脂或润滑油	对所有注油嘴及机械式转速表接头等处，加符合规定的机油
10	清洗冷却水散热器	用清洁的水通入散热器中，清除其中沉淀物质至干净为止

7.1.2.3　500 工作小时技术维护

500 工作小时维护的项目及程序，见表 7-1-3。

表 7-1-3　柴油机 500 工作小时维护

序号	维护项目	进行程序
1	检查气缸盖组件	检查气门、气门座、气门导管、气门弹簧、推杆和摇臂配合面的磨损情况，必要时进行修磨或更换
2	检查活塞连杆组件	检查活塞环、气缸套、连杆小头衬套及连杆轴瓦的磨损情况，必要时更换
3	检查曲轴组件	检查推力轴承、推力板的磨损情况，滚动主轴承内外圈是否有周向游动现象，必要时更换
4	检查传动机构和配气相位	检查配气相位，观察传动齿轮啮合面磨损情况，并进行啮合间隙的测量，必要时进行修理或更换
5	检查喷油器	检查喷油器喷雾情况，必要时将喷嘴偶件进行更新
6	检查喷油泵和调速性能	检查喷油泵柱塞偶件的密封性，必要时更换；检查调速器调速性能，如不符合规定应校泵
7	检查涡轮增压器	检查叶轮与壳体的间隙、浮动轴承、涡轮转子轴以及气封、油封等零件的磨损情况，必要时进行修理或更换

7.1.2.4　曲柄连杆机构的技术维护

（1）气缸压力的测试

① 气缸测试的作用。气缸压力标志着气缸的压缩性能。通过气缸压力的测试，可以判

断气缸与活塞组件的配合间隙和磨损情况、气缸垫的密封情况、配气机构调整的准确性以及气门关闭是否严密。

② 气缸测试的方法。测量气缸压力应在发动机走热（达 75～85℃）后进行。熄停发动机，拧出各缸喷油嘴，用专用工具将气缸压力表锥形橡皮头压装在喷油嘴孔上。用起动机带动发动机运转 3～5s，转速约 500r/min，每缸测 2～3 次，取压力表最大读数的平均值。对于不能起动的发动机，在测量气缸压力之前，用手摇柄至少摇转发动机曲轴数十圈，使气缸各活塞组件得到必要的润滑。

③ 气缸测试的标准值。气缸压力应符合发动机生产厂的标准值，标准值是指在海平面的测定值，显然，气缸压力值随海拔高度不同而变化。各缸压力差：柴油机不应超过其平均值的 8%。

(2) 进气歧管真空度的测试

① 真空度测试的作用。判断发动机气缸与活塞组件的配合间隙和磨损情况、进气系统在气门的密封性、配气机构调整的准确性。

② 真空度测试的方法。将真空表橡皮软管接于进气歧管的固定接头或真空刮水器橡皮管接头上，待发动机走热至 75～85℃并稳定在 500～600r/min 时，看真空表读数。

③ 真空度测试的数值。发动机进气歧管真空度的正常值应稳定在负压 57.33～70.66kPa 的范围内；在高原测量时，上述数值应进行修正，海拔每增高 500m，真空度约减少 4.27～5.07kPa。

(3) 连杆轴承间隙的检查与调整

① 连杆轴承间隙的检查。

a. 车上检查。卸下油底壳，用两手上下推动连杆轴承盖或用小榔头木柄推动轴承盖，测试其松旷程度。

b. 卸下发动机检查。用测试片测试轴承与轴颈的间隙。测试片可自制，通常用宽 12mm、长 25mm 的黄铜片制造，厚度略小于原发动机规定的最大允许值，四角修圆。测试时应先将测试片涂一层机油，再将它放进下片轴承衬瓦内（测试片长边沿轴承轴置），旋紧轴承盖后，拨转飞轮。若要用较大力量才能转动曲轴，则表示轴承间隙在允许限度内；若转动曲轴很轻松，则表示轴承间隙过大，应予以调整或更换新件。

检查轴向间隙，可撬动飞轮，使曲轴向后移动，用厚薄规测量。

除检查间隙外，还应检查轴瓦合金有无烧蚀或脱落、有无裂纹等现象，必要时用三角刮刀清除杂质层并修整油槽和油孔。

② 连杆轴承间隙的调整。

连杆轴承间隙一般采用等量加、减轴承盖两端的垫片数量（厚度）来进行调整。通过检查确认间隙过大时，从轴承盖的两端取下同样厚度的调整垫片 1～2 片，扣上轴承盖，按原厂规定的转矩拧紧螺母，检查间隙是否合适。若间隙过小，可在轴承盖两端加上同等数量的垫片，直至合适为止。用此法对各缸依次进行调整。

③ 连杆轴承间隙的注意事项。

a. 注意零件上的标记，连杆轴承盖不可装反。

b. 按原厂规定拧紧螺母，如螺母上的花槽与连杆螺栓上的孔未对准而无法上开口销时，切不可用加大扭力拧紧螺母的方法使其对准。正确的方法是加装适当厚度的垫圈。

c. 禁止用锉连杆轴承盖或在轴瓦底部垫纸片或金属片的方法来调整轴承间隙。

d. 换新轴瓦时，必须整副（上、下两片）同时换，不允许只换单片，以免孔径中心偏移。

e. 有的发动机连杆轴承盖处无调整垫片，当间隙过大时，应更换新轴瓦。

7.1.2.5 配气机构的技术维护

在维护时，应检查和调整气门间隙。在工作中如发现气门处响声过大，也应及时检查和调整。

① 气门间隙的检查。用厚薄规检查气门杆与摇臂（或挺杆）接触点的间隙，间隙值应符合原厂规定。

② 气门间隙的调整。气门间隙的调整应在气门完全关闭时进行。一般分两次实施，首先，将曲轴摇转至第一缸压缩行程上止点，调整一组气门的间隙；然后，摇转曲轴一周（两缸机例外，它是转半周或一周半），调整其余气门的间隙。

③ 调整的方法。调整时，先松开锁紧螺母，将符合规定厚度的厚薄规插入气门杆与摇臂之间，拧紧调整螺栓使厚薄规片被轻轻压住，再把锁紧螺母拧紧，抽出厚薄规，最后用厚薄规复查一次。

7.1.2.6 冷却系的技术维护

（1）冷却系的经常性维护

为保持发动机在最适宜的温度下可靠工作，必须对发动机冷却系进行日常维护和定期维护。经常性的维护包括以下几项：

① 选用硬度较低的河水或自来水作为冷却水，最好是清洁的沸水。不宜直接使用硬度较大的井水或山泉水，必要时可用煮沸或化学方法进行软化处理。

② 查看散热器。如发现漏水，应及时补焊修理。禁止用其他物质乱堵乱塞，以免减少散热面积影响散热效能。

③ 查看水泵壳下方的溢水口，如有水渗出，说明水封磨损，应及时检修，切不可将溢水口堵死。否则，从水泵漏出的水会进入水泵轴承，导致轴承早期损坏。

④ 视听水泵与风扇的工作情况。如发现旋转有摆动或发生异响时，应立即找出原因并及时修复，以免打坏散热器。

⑤ 运行中注意节温器工作是否正常。发动机的正常水温为75～85℃，发动机工作时如能保持这一温度范围，说明节温器工作正常。如发动机水温长时间不能上升，则节温器可能被卡住而关闭不严；如发动机冷却水很容易“开锅”而又不缺水，则节温器可能已损坏而不能开启。遇有以上情况，应更换节温器。

⑥ 当发动机因缺冷却水而过热时，应立即熄停发动机，待温度降低后再加注冷水，以防气缸体和气缸盖炸裂。揭开散热器盖时，应特别注意勿被冲出的热蒸气烫伤。

（2）风扇皮带的检查与调整

① 检查风扇皮带是否断裂或分层。发现有断裂和分层现象时，应及时更换。如风扇皮带是两根，则必须两根同时更换，不允许一新一旧混合使用。

② 检查调整风扇皮带的松紧度。以30～50N的力用拇指按下皮带，皮带的正常挠度为10～15mm。过紧会使风扇皮带、水泵轴承和发电机轴承加速磨损；过松又会引起皮带打滑影响水泵和发电机的正常工作，使发动机过热和充电率降低。皮带松紧度可通过改变发电机与调节臂的相对位置来调整。

③ 检查风扇叶片和水泵轴的紧固情况。

（3）水泵轴承的检查与维护

发动机运转时，如发现水泵轴连同风扇旋转有摆动现象或有响声，而停机后，用手扳动风扇叶片，能感到水泵轴与轴承松旷，则可判断为水泵轴承磨损，应及时更换。维护时，应对水泵轴承加注润滑脂。

（4）冷却系的冬季维护

冬季气温很低，当气温降至0℃以下，而机械在没有保温条件的场所停车时间过久，会使冷却系内的水结冰，造成散热器和发动机冻裂。因此，在冬季使用汽车时，应做好以下工作。

① 如未使用防冻液，当停车时间较长时，应将冷却系中的水放净；放水后，使发动机怠速2min，以便使残余的水分蒸发出去。

② 装有节温器的冷却系，水温低时节温器自动关闭，冷却水不经散热器循环流动，因而，散热器容易结冰冻裂。因此，使用中应注意百叶窗的调节，必要时加装保温套。

③ 在严寒地区，即使行车途中短时间停车，也可能发生散热器结冰的现象。此时，应将部分（往往是下水室或下部的水管）包上纱布，再浇以热水。

④ 在出车之前，应先预热发动机，待发动机本体温度升高到30～40℃后，再起动。

7.1.2.7 润滑系的技术性维护

（1）润滑系的经常性维护

① 检查油面高度时，应把车停在平坦的地方，并在发动机未起动之前进行。如在行车途中检查，需等发动机熄火10～15min后再进行。油面高度用机油尺检查，机油不够时，应立即添加，使油面高度达到机油尺的最上标记，但不可过高。若机油油面高度低于机油尺上的最低标记，不可起动发动机，若低于中间标记，不许出车。加机油时，必须使用清洁的盛油容器。

在检查油面高度的同时，应用手捻搓机油尺上的机油，检查机油的黏度以及有无水泡。

② 若发现机油油面升高，应立即检查原因并加以排除。机油油面升高，通常是由于燃油、水进入油底壳所致。

③ 运行中，机油压力应为0.3～0.4MPa。机油压力可通过在限压阀螺塞中心和边缘处增加垫片的办法加以调整。此项作业必须在保修厂进行，并检查调整后的机油压力。

④ 每日收车后，应旋转机油粗滤器手柄2～3转。若转动阻力过大，表明滤片阻塞或刮片破损，应及时拆洗或修理。此外，还应定期卸下放油螺塞放出沉淀物。

⑤ 保持转子式机油细滤器中转子的正常工作。转子工作正常时，在发动机熄火后2～3min内，转子由于惯性会继续旋转，这时可在发动机罩旁听见轻微的“嗡嗡”声。若无此现象，即说明转子转动不良，应及时拆下检修。转子转动不良会使机油很快变脏，影响发动机许多机件的正常工作。

（2）更换机油

更换机油应趁发动机尚热时，放出油底壳和粗细滤清器中的废机油。放净废机油后，先向发动机油底壳内加注稀机油或经过滤清的优质轻柴油，加注量相当于油底壳标准油面容量的60%～70%，然后使发动机怠速运转2～3min，或用手摇柄转动曲轴3～5min，再将洗涤油放出。最后，按季节要求加注规定牌号的新机油。

（3）机油粗滤器、细滤器的清洗

① 机油粗滤器。

a. 金属片缝隙式机油粗滤器。将滤芯取出，放在煤油或汽油中，边转动手柄边用毛刷刷金属片缝隙。若转不动，可分解成单片进行清洗，并校平有翘曲和弯折的滤片。壳体油道应清洗通畅，必要时用压缩空气吹净。滤清器壳的内腔应用沾过煤油或汽油的棉纱擦净。

b. 纸质机油粗滤器。维护时，用煤油或汽油将外壳和上盖洗净晾干，并更换新的纸滤芯；检查两个耐油胶垫圈和密封圈是否完好无损，若老化或损坏，应予以更换。

② 机油细滤器。

a. 纸板式机油细滤器。维护时，应更换新的细滤芯，也可将已用过的清洁后在用。清洗时应将滤芯分解，用钝小刀轻轻刮去沉积在蜡纸上的油泥，并用细钢丝疏通滤芯底盖油封外围的 6 个孔，然后用煤油或汽油彻底清洗干净，按原样装回。

b. 离心式机油细滤器。维护时，取出转子，打开转子罩，用木片刮去转子罩内壁上的沉淀物，并用煤油或汽油清洗转子和喷嘴，严禁用铁丝疏通喷嘴。拆装时应特别注意转子下端的推力轴承座圈不可丢失或漏装；装配转子总成时，转子罩和转子座两箭头记号应对准，锁紧螺母不能拧得过紧（不超过 30～50N·m）；压紧弹簧下面的止推垫片（光面应对着转子）不可漏装；不可使转子轴有任何变形；底座密封圈槽内不可有泥沙或其他污物。

7.1.2.8 柴油机燃供系统的维护

(1) 检查和排除进入油路中的空气

① 检查油路中是否吸入空气。稍微旋开柴油细滤器盖上的检查塞，起动发动机或操作输油泵的泵油手柄，注视检查孔，如孔内有气泡或泡沫浮出，表明油路中已吸入空气。当油路中吸入空气，发动机功率会降低，运转不稳定并有轻微的敲击声。

② 确定吸入空气的部位。通常由外部进行检查，自油箱到输油泵的一段，在发动机不运转时，有柴油渗出的地方就是吸入空气之处；自输油泵到喷油泵的一段，在发动机运转时，有柴油渗出的地方同样是吸入空气的部位。

也可用专用小油箱进行检查。将小油箱装在高于气缸盖的位置，按燃料系的连通顺序逐一接到粗滤器进油管、细滤器进油管或输油泵进油管等处，接妥后，使发动机运转 5～8min，仍在细滤器检查孔处检查有无气泡或泡沫浮出。如将小油箱接到粗滤器时吸入空气的现象未消除，而接到细滤器时却消除了吸入空气的现象，则可确定空气是从细滤器以前的管道吸入的。如此逐段检查，通过用旋紧接头和压紧衬垫等办法消除漏气。

③ 排出油路中的空气。清除漏气的地方后，应进行放气。分别在粗滤器的加油孔和细滤器的检查孔处加满柴油，然后用起动机带动发动机，直至从总出油管接头处流出清洁无气泡的柴油为止。此时喷油泵的油量控制机构应处在停止供油的位置。也可用上述专用小油箱，将其放在高于气缸盖的位置，使柴油由小油箱流入粗滤器，直至从总出油管接头处流出清洁无气泡的柴油为止。放尽空气后，应将油道灌满柴油，直至可听到回油管有柴油滴入油箱的响声为止。

(2) 喷油泵的检查与调整

按规定的使用周期进行如下作业。

① 检查调整喷油泵在规定转速时的额定喷油量，如表 7-1-4 所示。

表 7-1-4 135 基本型柴油机用 B 系列和 B 系列强化喷油泵供油量的调整

<table>
<tr><th rowspan="2">柴油机型号</th><th colspan="4">燃油系统代号</th><th colspan="2">标定工况</th><th colspan="2">怠速工况</th><th colspan="2">调速范围</th></tr>
<tr><th>喷油泵</th><th>调速器</th><th>输油泵</th><th>喷油器</th><th>转速/(r/min)</th><th>供油量/(mL/200 次)</th><th>转速/(r/min)</th><th>供油量/(mL/200 次)</th><th>供油量开始减少转速/(r/min)</th><th>停止供油转速/(r/min)</th></tr>
<tr><td>4135G</td><td>233G</td><td>444</td><td>521</td><td>761-28F</td><td>750</td><td>21.5±0.5</td><td rowspan="6">250</td><td rowspan="4">6～8</td><td rowspan="2">≥760</td><td rowspan="2">≤800</td></tr>
<tr><td>6135G</td><td>229G</td><td>436</td><td>521</td><td>761-28F</td><td>900</td><td>20±0.5</td></tr>
<tr><td>6135G-1</td><td>328G</td><td>449G</td><td>521</td><td>761-28I</td><td rowspan="4">750</td><td>23±0.5</td><td>≥910</td><td>≤1000</td></tr>
<tr><td>12V135</td><td>237G</td><td>440</td><td>514、115、515A</td><td>761-28F</td><td>20.5±0.5</td><td rowspan="3">≥760</td><td rowspan="3">≥800</td></tr>
<tr><td>4135AG</td><td>233B</td><td>444</td><td>521</td><td>761-20F</td><td>28±0.5</td><td rowspan="2">7～10</td></tr>
<tr><td>6135AG</td><td>229C</td><td>436</td><td>521</td><td>761-28F</td><td>25.5±0.5</td></tr>
</table>

续表

<table>
<tr><th rowspan="2">柴油机型号</th><th colspan="4">燃油系统代号</th><th colspan="2">标定工况</th><th colspan="2">怠速工况</th><th colspan="2">调速范围</th></tr>
<tr><th>喷油泵</th><th>调速器</th><th>输油泵</th><th>喷油器</th><th>转速/(r/min)</th><th>供油量/(mL/200次)</th><th>转速/(r/min)</th><th>供油量/(mL/200次)</th><th>供油量开始减少转速/(r/min)</th><th>停止供油转速/(r/min)</th></tr>
<tr><td>12V135AG</td><td>252B</td><td>440</td><td>514、515、515A</td><td>761-28</td><td>750</td><td>26±0.5</td><td rowspan="5">250</td><td>7～10</td><td>≥760</td><td>≥800</td></tr>
<tr><td>12V135AG-1</td><td>252C</td><td>449</td><td>514、515、515A</td><td>761-28E</td><td>900</td><td>24±0.5</td><td>6～8</td><td>≥910</td><td>≤1000</td></tr>
<tr><td>6135JZ</td><td>228G</td><td>436</td><td>521</td><td>761-28E</td><td rowspan="3">750</td><td>32±0.5</td><td>6～8</td><td rowspan="3">≥760</td><td rowspan="3">≤800</td></tr>
<tr><td>6135AGZ</td><td>228B</td><td>436</td><td>521</td><td>761-281</td><td>35±0.5</td><td>7～10</td></tr>
<tr><td>12V135JZ</td><td>252A</td><td>440</td><td>514、515、515A</td><td>761-28E</td><td>33±0.5</td><td>7～10</td></tr>
</table>

② 检查调整各缸喷油量，使其偏差不超过5%。

③ 检查调整喷油时间，使各柱塞喷油时间的间隔偏差不超过±0.5°。

④ 检查调整调速器的自动调速范围。

⑤ 加注和更换润滑油。

检查调整时，应保持现场高度洁净，禁止用手、棉纱和毛巾擦触精密偶件的精加工面。装配时，保持原配对关系不能互换。

（3）喷油提前角的调整

首先，检查喷油提前角是否适当。将喷油泵第一分泵的高压油管卸下，转动曲轴使第一缸活塞达到压缩行程上止点，此时飞轮壳检视孔上的指针所指飞轮上的刻度为零；使曲轴反转约40°，再缓慢地使曲轴顺转，第一分泵出油阀座中的曲面刚发生波动的瞬间，即喷油开始；飞轮壳检视孔的指针，此时应停在上止点前28°～30°的刻线上。若大于30°为喷油时间过早；若小于28°则为过迟。当喷油时间过早或过迟时，可将连接盘上的两个固定螺钉松开，朝某一方向缓慢转动曲轴，使连接盘转过一个所需要的角度（顺喷油泵凸轮轴转动方向转动为推迟提前角，反之为提早提前角，刻线每格为3°），然后紧固这两个固定螺钉。如此重复两次，以期达到规定的喷油提前角。

（4）喷油器的检查

按规定的周期进行如下作业。

① 在规定的压力下喷油。

② 使高压燃油通过喷油器，检查雾化作用，应形成0.25mm左右的颗粒喷雾而无滴油现象。

③ 通过分角器将燃油按一定角度喷射，检查定角喷射作用。

7.1.3 电气设备的技术维护

7.1.3.1 铅蓄电池的维护

① 经常清除蓄电池外表面的灰尘和污物。电解液溅到蓄电池表明应用抹布蘸10%浓度的苏打水或碱水擦净；电极桩和导线接线头上出现氧化物时，应先用砂纸打磨，再用抹布擦拭干净。

② 紧固蓄电池安装架，电缆接线柱与线头应紧固并涂上润滑脂。

③ 定期检查蓄电池的电解液相对密度及液面高度。一般每行驶1000km或冬季行驶10～

15天、夏季行驶5～6天，检查电解液的液面高度。橡胶外壳的蓄电池电解液液面高度应高出极板10～15mm。塑料蓄电池外壳呈半透明状，液面应在厂方表明的上下刻线之间。电解液不足应及时添加蒸馏水或“补充液”。若液面降低是由于倾倒或溅出造成，应补足相应相对密度的电解液并充电调整。

④ 经常检查蓄电池存电量，发现存电不足，立即补充充电。常用机械的蓄电池，放电程度冬季达25%，夏季达50%时应立即充电，必要时及时进行补充充电。放完电的蓄电池在24h内应及时充电。

⑤ 停驶机械的蓄电池，暂不使用时应从车上拆下储存。

⑥ 在冬季严寒时应对蓄电池采取保温措施。

⑦ 安装和搬运蓄电池时，应轻搬轻放，不可敲打或在地上拖拽。蓄电池应在车辆上应固定牢靠，以防行车过程中发生振动或移位。

7.1.3.2 硅整流发电机的使用维护

① 蓄电池必须负极搭铁，不得接反，否则蓄电池将通过整流二极管短路放电，使整流二极管立即烧坏。

② 发电机运转时，不能用刮火的方法检查发电机是否发电，应采用万用表检查，否则容易损坏调节器触点及发电机二极管。

③ 一旦发现发电机不发电或充电电流很小时，应及时找出故障并排除，不应再继续运转。

④ 整流器的6只二极管与定子绕组相连时，禁止用兆欧表或220V交流电源检查发电机绝缘情况，否则将使二极管及调节器中的电子元件被击穿而损坏。

⑤ 发动机自行熄火时，应将点火开关断开，否则蓄电池将长期经发动机励磁绕组和调节器放电，造成发电机、调节器电子元件损坏。

⑥ 发电机正常运行时，不可任意拆动各电器的连接线，以防引起电路中的瞬时过电压，损坏二极管及调节器中的电子元件或其他电子设备。

⑦ 调节器的调节电压不能过高或过低，其连线应确保连接正确、牢靠，以免损坏用电设备或造成蓄电池充电不足。

⑧ 传动带的张紧度应符合规定，否则会损坏发电机轴承或引起发电不足。

7.1.3.3 起动机的使用维护

(1) 起动机使用注意事项

① 起动时踩下离合器踏板，将变速器挂空挡。

② 起动机是按短时间大电流工作设计的，其输出功率也是最大功率。因此，使用起动机时，每次不得超过5s，两次之间应间歇15s以上，连续3次起动不成功，应查明原因，排除故障。

③ 发现起动时有打齿、冒烟现象，应及时诊断并排除故障后再起动。

④ 在低温下起动发动机时，应先预热发动机后再起动。

⑤ 使用不具备自动保护功能的起动机时，应在发动机起动后迅速松开起动开关，当发动机正常工作时，切勿随便接通起动开关。

(2) 起动机的维护

① 经常检查起动机和蓄电池以及起动控制开关间的连接是否牢固，导线的绝缘和接触是否良好。导线的选用，截面积不应太小。

② 经常维持起动机各部件的清洁。

③ 定期拆检电刷长度和电刷弹簧的弹力。

④ 定期润滑起动机的轴承。

⑤ 起动机电缆线径应为 16～95mm^2，长度尽可能短。

⑥ 起动机电枢轴线与飞轮轴线必须保持平行，同时小齿轮端面与发动机飞轮齿圈端面之间应保持 2.5～5mm 距离，否则应调整。连接螺栓不得松动。

⑦ 应尽可能使蓄电池处于充足电的状态，保证起动机正常工作时的电压和电容量，减少起动机重复工作的时间。

⑧ 定期对起动机进行全面的维护和检修。

7.1.4 工程机械的使用与维护

7.1.4.1 工程机械维护的分类

工程机械维护可分为走合维护、例行维护、定期维护、换季维护、转移前维护、停用维护和封存维护等七类。

（1）走合维护

走合维护是为了防止新机或经过大修的机械在使用初期发生严重早期磨损而进行的一种维护工作。

走合维护的重点是更换各部润滑油、润滑各部位、紧固各螺栓。

（2）例行维护

例行维护又称日常维护，是在出车前、工作中以及收车后所要求进行的维护工作，重点是清洁、检查、紧固。

（3）定期维护

在用的机械使用到规定的台班、工作小时或里程后所要求进行的维护，称为定期维护。定期维护按间隔时间长短，可分为一级维护、二级维护、三级维护。

从我国公路施工与养护单位开展维护工作的实际条件与可能出发，交通部颁布的《公路筑养路机械保修规程》中规定：对大中型机械一般应采用三级维护制。即一级维护（国产机械间隔 200 工作小时，进口机械间隔 250 工作小时）、二级维护（国产机械间隔 600 工作小时，进口机械间隔 1000 工作小时）和三级维护（国产机械间隔 1800 工作小时，进口机械间隔 2000 工作小时）；对于一些小型机械，如小型水泥混凝土搅拌机、振动器、夯实机、钢筋弯曲机和校直机等，可采用二级维护制（一级维护间隔 600 工作小时，二级维护间隔 1200 工作小时）；对关键、技术密集、稀有的进口设备，应参照厂家维护手册要求进行维护。

① 一级维护。重点是润滑、紧固、突出解决“三滤”清洁。即按规定检查和加添润滑油，检查紧固各部螺栓，清洗各滤清器。

② 二级维护。重点是检查、调整。除要进行一级维护的全部内容外，还要从外部检查发动机、离合器、变速器、传动轴、驱动桥、转向和制动机构、液压和工作装置以及各类电器元件等的工作情况，必要时进行调整，并排除所发现的故障。

二级维护主要作用在于保障机械各总成、零部件具有良好的工作性能，确保两次二级维护间隔期间，机械能正常运行。

二级维护一般要求由专职的保修人员负责进行，但操作人员须跟随参加维护。

③ 三级维护。重点是检查、调整、消除隐患，平衡各部机件的磨损程度。三级维护除要进行二级维护的全部作业内容外，还要对主要部位进行解体检查，发现隐患及时排除。但是，三级维护只按维护范围要求打开有关总成的箱盖，检查其内部零件的紧固、磨损及有关间隙情况，以发现和清除隐患为目的，并不像大修那样大幅度拆换和修理。

三级维护要求进厂由专职的保修人员负责进行。同二级维护一样，本机的操作人员也必须随机进厂配合维护，以便了解和提供有关情况。

④ 换季维护。换季维护是在用机械每年入夏或入冬前进行的一种适应性维护工作。一般在四月中旬与十月上旬进行（全国各地区可根据入夏或入冬的早晚，具体确定时间），入夏或入冬换季维护统一规定应在不超过20天内完成。换季维护的重点是燃油系统、冷却系统和起动系统等部分。如更换燃油油料、液压油，调整蓄电池电解液相对密度，采取防寒或降温措施，清洗冷却系等。

⑤ 转移前维护。这是流动性较大的施工单位常进行的一种机械维护工作。通常在一项工程完工后，机械虽未达到规定的维护周期，但为实现从一个施工点到另一施工点的顺利调运，并迅速投入新的施工生产，需对机械进行一番检查、紧固、调整等工作。

⑥ 停用维护。停用维护是指机械由于季节性等因素的影响，要暂时停用一段时间，但又不进行封存的一种整理、防护性维护。其作业内容以清洁、整齐、配套、防腐为重点。

⑦ 封存维护。封存维护是为减轻自然气候对长期封存机械的侵蚀，保持机况完好而采取的一种防护措施。通常它附有一级或二级维护工作。在封存期间要有专人保管并定期维护。起用前要做一次起用检查和维护。封存机械一般应统一放置。封存维护的作业内容需视机型、机况和实际情况而定。

7.1.4.2　工程机械在特殊条件的使用和维护

特殊条件是指走合阶段、寒冷、炎热气候条件、泥泞、沼泽或尘土飞扬区域、高原山区及腐蚀性空气环境等。机械在这些条件下使用，如果不遵循正确的使用技术，将产生严重的有形损耗，甚至损毁机械，因此，机械在特殊条件下的使用，是施工管理中不可忽视的内容。

（1）走合期使用技术

新机或经过大修的机械，必须经过一段试运转的时间，一般称之为走合期。走合的目的在于防止机械早期磨损，延长机械寿命。在走合期内，必须严格执行下列规定：

① 起动发动机时，严禁猛踩加速踏板。柴油机低温起动时，如用空气预热器预热，时间为15～20s，预热后立即起动。用起动液起动时，应先将曲轴摇转1～2转，再喷射1～2s的起动液进行起动，起动后立即停止喷射（应做好起动液的防毒工作）。

起动后，要以低速运转3～5min后，方可逐渐增高转速和增加载荷。在低速运转时，机油压力、排气管排烟应正常，各系统管路应无泄漏现象。

② 机械运转和使用中，操作应平稳，严禁骤然增加转速或载荷，防止发动机产生突爆，避免各传动机构承受急剧冲击。

③ 在发动机前两次运转达到额定温度后，应对气缸盖螺栓进行检查和紧固。

④ 发动机曲轴箱按不同季节采用优质发动机润滑油（简称机油）到走合期满后，更换发动机润滑油并清洗机油滤清器。

⑤ 走合期内，应经常注意机械各部机构的运转情况，检查各部轴承、齿轮和摩擦副的工作温度。对运转中的不正常现象应及时排除。

⑥ 起重机在走合期内，应按额定起重量50%开始，逐渐增加起重量，但不得超过额定起重量的80%。

⑦ 挖掘机在走合期的前30h内，应先挖掘较松的土壤，每次装料为斗容量的1/3；以后70h内，装料量可逐步增加，但不得超过斗容量的3/4，并适当降低操作速度。

⑧ 推土机、铲运机和装载机在走合期内。要控制刀片铲土和铲斗装料深度，减少推土、铲土量和铲斗装载量，开始从50%载荷逐渐增加，不得超过额定载荷的80%。

⑨ 汽车在走合期内，载重量应按规定标准减载20%～25%，并避免在不良的道路上过多行驶，更不得拖带挂车，行驶中应避免使发动机突然加速。

⑩ 其他内燃机械在走合期内，可参照上述规定，采取减速30%和减载荷20%～30%等方法。

⑪ 电动机械在走合期内应减少载荷20%～25%，齿轮箱按季节采用规定黏度、质量的润滑油，在走合期内，应检查润滑油的清洁情况，必要时更换润滑油。

⑫ 走合期满后，应根据走合期内运转情况对机械各部进行检查调整和润滑工作，同时查各齿轮箱润滑油清洁情况，必要时更换。新机械和装用新齿轮的齿轮箱，应更换润滑油，然后方可正式使用。

⑬ 在走合期内，任何人不得拆除发动机限速装置的铅封，待走合期满后，在机务部门技术人员监督下，方可拆除。

⑭ 执行走合期的机械，应在明显处悬挂“走合期”字样的标志牌，使有关人员能注意走合期使用规定，待走合期满后取下。

⑮ 机务部门的技术人员，应加强走合期的管理。在机械走合期前，应把走合期各项要求和注意事项向操作人员交代清楚。走合期中，应检查机械使用运转情况，详细填写机械走合期使用记录表。当走合期满后，由机务部门的技术人员对记录进行审查签章，并纳入机械设备技术档案。

（2）工程机械在低温环境下的使用与维护

① 低温对工程机械的影响。工程机械在低温环境下工作，发动机起动困难，机械的驱动力下降，机件磨损加剧，甚至会出现因冰冻而造成的损坏。

主要原因是润滑油黏度增大，蓄电池工作能力下降和燃油雾化不良。

② 采取的措施。

a. 发动机预热。就是将加热至85℃左右的水注入冷却系统，让冷却系统边加水边从排放孔放水。待流出的水温达到30～40℃时关闭放水塞，并停留10～15min，待发动机水套里的水温与气缸体的温度趋于一致时，起动发动机。

另外，也可以将曲轴箱中的机油放出来，经加热后再注入，增强润滑效果和减少曲轴运转的阻力。预热机油时一定要注意，不能在操作过程中造成新的机油污染。

b. 发动机保温

（a）在发动机机罩和散热器罩上装上棉质保温套，减少热量散发。

（b）在进、排气歧管上加装铁皮保温罩，并利用排气歧管的热量预热混合气。

c. 选用低凝点柴油

如果缺少低凝点柴油时可采用预热措施来改善高凝点柴油的雾化状况。

柴油的预热通常有以下两种方法：

（a）废气预热。就是从发动机排气管接一根管子穿过燃油箱，利用排出的气体预热柴油，但要先使用低凝点柴油起动发动机，待被加热的燃油流动后再换用高凝点的柴油，并且在停机前10～20min内改回用低凝点柴油，以免停机后油路堵塞。

（b）循环水预热。就是将循环水用管子通过燃油箱或做成夹层油箱（内层装柴油，外层装循环水）。在开机前可用开水预热（应控制柴油温度使之不超过60℃），但要保证预热装置不漏水、不漏油、不漏气。

d. 强化放电能力

（a）蓄电池充满电，保持电解液密度较高，以保证放电能力。

（b）调节发电机的调节器，适当提高发电机的充电量，使充电电路的电压比夏季高 0.6V。

(c) 如果外界环境温度过低，机械熄火后，将蓄电池从车体上拆下放置到室内保温。

e. 换用冬季油液

f. 防止冰冻

(a) 对发动机的水冷却系统保温，停机后应及时放水或加注防冻液。

(b) 采用风冷发动机的机械能避免冰冻。

(3) 工程机械在高温条件的使用和维护

① 高温对机械的影响。温度较高的工作环境会对机械造成较多的困难。比如发动机容易过热，产生爆燃，使发动机工作粗暴，功率降低。

② 采取的措施。

a. 加强冷却系统的维护。经常检查和张紧风扇的皮带，及时清洗散热器上的灰尘。

b. 高温季节要更换较稠的机油、齿轮油、液压油等。

c. 常检查电路线束。

d. 适当降低蓄电池电解液的密度。

e. 检查润滑油量、冷却水量、液压油量是否充足。

(4) 工程机械在高原地区的使用和维护

① 高原地区对机械工作的影响。高原地区海拔高，发动机充气量减少，降低了发动机的输出功率。

② 采取的措施。

a. 核对发动机的性能参数，判断是否能满足使用条件。

b. 选用带增压器的风冷柴油机。

c. 缩短对燃烧室、活塞顶、气门顶等处的除碳清洗周期。

d. 缩短冷却系统的清洗周期。

e. 加强对制动、转向等控制机构的维护。

7.2 装载机的使用与维护

装载机的使用和维护中包括发动机的技术维护、电气设备的技术维护。

7.2.1 装载机的安全操作规程

7.2.1.1 作业前的准备

① 检查轮胎的完好情况及气压是否符合规定标准。

② 检查作业场地周围有无障碍物和危险品，并将施工场地进行平整，便于装载机和汽车的出入。

③ 起动前，先将变速杆置于空挡位置，各操纵杆在固定位置，驻车制动器在停车位置，然后再起动发动机。

④ 起动后做无负荷运转 3～5min，确认一切正常后，再开始进行行驶和装载作业。

7.2.1.2 作业和行驶要求

① 除驾驶室外，机上其他地方严禁乘人。

② 装载时铲斗的装料角度不宜过大，以免增加装料阻力。

③ 装料时应中低速进行，不得以高速将铲斗插入料堆的方式进行。

④ 装载时驱动轮如有打滑现象，应微升铲斗再装料；如某些料场打滑现象严重，应使用防滑链条。

⑤ 在土质坚硬的情况下，不宜强行装料，应先使用其他机械将硬土松动后，再用装载机装料。

⑥ 向车上卸料时，必须将铲斗提升到不会触及车厢挡板的高度，严禁铲斗碰撞车厢。

⑦ 向车内卸料时，严禁将铲斗从驾驶室顶上越过。

⑧ 装载机不能在坡度较大的场地上作业。

⑨ 在装载作业中，应经常注意液力变矩器油温情况，当油温超过正常油温时，应停机降温后再继续作业。

⑩ 装载机一般应采用中速行驶，在平坦的路面上行驶时，可以短时间采用高速挡，在上坡及不平坦的道路上，应采用低速挡。

⑪ 下坡时，应采用制动减速，防止切断动力减速而发生溜车事故。

⑫ 行驶中，在不妨碍通过性能的前提下，铲斗应尽可能降低高度。

⑬ 通过桥涵时，应先注意交通标志所限定的载重吨位及行驶速度，确认可以通过时再匀速通过，在桥上应避免变速、制动和停车。

⑭ 涉水时，应在发动机正常有力、转向机构灵活可靠的情况下进行，并应先对河流的水深、流速及河床情况了解后再通过，涉水深度不得超过发动机油底壳。

⑮ 涉水后应立即停机检查，如发现因涉水造成制动失灵，则应进行连续制动，利用发热蒸发掉制动器内的水分，以尽快使制动器恢复正常。

⑯ 操作人员离开驾驶室时，必须将铲斗落地，拉紧驻车制动器。

7.2.1.3 作业后要求

① 装载机应放在平坦、安全、不妨碍交通的地方，并将铲斗落在地面。

② 停机前，发动机应怠速运转 5min，切忌突然停车熄火。

③ 按规定对装载机进行例行维护。

7.2.2 装载机的驾驶

以 ZL50 装载机的驾驶为例介绍。

7.2.2.1 驾驶准备

（1）起动前的检查

① 柴油机燃油、润滑油和冷却液是否充足。

② 油管、水管、气管、导线和各连接件是否可靠。

③ 柴油机风扇皮带和发电机皮带张紧度是否正常。

④ 蓄电池电解液液面高度是否符合规定、桩柱是否牢固、导线连接是否可靠。

⑤ 有无松动的固定件，特别是轮辋螺栓、传动轴螺栓。

⑥ 各操纵杆件是否连接良好、扳动灵活。

⑦ 轮胎气压是否正常。

⑧ 各种操纵杆是否置于空挡位置。

⑨ 拉紧驻车制动器。

⑩ 查看柴油机周围，检查柴油机罩上是否有工具或其他物品。

（2）常规起动

① 接通电源总开关，将电源钥匙插入电锁内并顺时针转动。

② 将加速踏板踩到中速供油位置。

③ 按下起动按钮，使柴油机起动。

④ 柴油机起动后立即松开起动按钮。

(3) 拖起动

拖起动是装载机起动的应急方式，只有在起动电路有故障和紧急情况下才可采用拖起动，而且装载机只有在前进时才能有效拖起动，倒车牵引时不能拖起动。ZL50 装载机不能拖起动。

拖起动（以 955A 型装载机为例）的方法如下：

① 将变矩器锁紧，拖起动手柄置于拖起动位置。

② 进退操纵杆向前推，变速杆换 3 挡，松开手制动器。

③ 将 955A 型装载机柴油机燃油泵电磁阀上的手动旋钮顺时针转到底。

④ 将加速踏板踩到中速供油位置。

⑤ 将钢丝绳挂在牵引钩上，牵引车与装载机的距离不得少于 5m，还可用机械从后面推动。

⑥ 牵引车慢慢起步，带动柴油机起动。

⑦ 装载机起动后，立即将变速杆置于空挡，将变矩器锁紧及拖起动手柄位置置于中位，并向牵引车发出信号，以示起动完毕。

⑧ 将柴油机燃油泵电磁阀上的手动旋钮逆时针旋转到原位。

(4) 起动后的检查

柴油机起动后应以低、中速预热，并在预热过程中做以下检查：

① 仪表指示是否正常。

② 照明设备、指示灯、喇叭、刮水器、制动灯、转向灯是否完好。

③ 低速和高速运转下的柴油机工作是否平稳可靠、有无异常响声。

④ 转向及各操纵杆工作是否灵活可靠。

⑤ 有无漏液、漏油和漏气现象。

(5) 熄火

松开加速踏板，使柴油机低速空转几分钟，然后将熄火拉钮拉出，使柴油机熄火。

(6) 驾驶姿势

两手分别握住梯子两边的扶手以便上下装载机，弯腰进出驾驶室，小心碰头，随手把门关上。上机后，身体对正转向盘坐下。座椅可根据需要进行上下、前后调节。两手分别转向盘轮缘左右两侧，两肘自然下垂，右脚放在加速踏板上，左脚置于制动踏板后方的地板上，目视前方，全身自然放松。

7.2.2.2 基础驾驶

(1) 起步

① 升动臂，上转铲斗，使动臂下铰点离地面 30～40mm。

② 右手握转向盘，左手将变速操纵杆置于所需挡位。

③ 打开左转向灯开关。

④ 观察周围情况，鸣喇叭。

⑤ 放松驻车制动器操纵杆。

⑥ 逐渐踩下加速踏板，使装载机平稳起步。

⑦ 关闭转向灯。

⑧ 操作要领：起步时要倾听柴油机声音，如果转速下降，加速踏板要继续踩下，提高柴油机转速，以利于起步。

（2）换挡变速

① 加挡。

a. 逐渐踩下加速踏板，使车速提高到一定程度。

b. 在迅速放松加速踏板的同时，将变速操纵杆置于高挡位置。

c. 踩下加速踏板，高挡行驶。

② 减挡。

a. 放松加速踏板，使车辆行驶速度降低。

b. 将变速操纵杆置于低挡位置，同时踩下加速踏板。

③ 操作要领。加挡前一定要冲速，放松加速踏板后，换挡动作要迅速。减挡前，除将柴油机减速外，还可用行车制动器配合减速。加、减挡时两眼应注视前方，保持正确的驾驶姿势，不得低头看变速操纵杆，同时要掌握好转向盘，不能因换挡而使装载机跑偏，以防发生事故。

（3）转向

① 打开左（右）转向灯开关。

② 两手握转向盘，根据行驶需要按照前述转向盘的操纵方法修正行驶方向。

③ 转向后关闭转向灯。

④ 操作要领：转向前，视道路情况降低行驶速度，必要时换入低速挡。在直线行驶修正行驶方向时，要少打少回，及时打及时回，切忌猛打猛回，造成装载机“画龙”行驶。转弯时要根据道路弯度快速转动方向盘，使前轮按弯道行驶。当前轮接近新方向时，即开始回轮；回轮的速度要适合弯道需要。转向灯开关使用要正确，防止只开不关。

（4）制动

制动方法可分为预见性制动和紧急制动。在行驶中操作人员应正确选用，保证行驶安全，尽量避免使用紧急制动。

（5）倒退

① 倒退时及时观察车后的情况。

② 目标选择。

③ 操作要领。倒退时应首先观察周围地形、车辆、行人，必要时下机观察，发出倒机信号，鸣喇叭警示，然后换入倒挡，按照倒机姿势，行驶速度不要过快，要稳住加速踏板，不可忽快忽慢，防止倒退过猛造成事故。倒退转弯时，欲使机尾向左转弯，转向盘也向左转动；反之，向右转动。弯急多转快转，弯缓少转慢转。要掌握“慢行驶，快转向”的操纵要领。

（6）停机

① 打开转向灯开关。

② 放松加速踏板，使装载机减速。

③ 根据停车距离踩动踏板，使装载机停在预定地点。

④ 将变速操纵杆置于空挡。

⑤ 将驻车制动器操纵杆拉到制动位置。

⑥ 降下动臂，使铲斗置于地面。

⑦ 关闭转向灯。

7.2.3　装载机的基本工作过程

单斗装载机的基本工作过程由铲装、转运、卸料和返回四个过程构成，并习惯地称之为一个工作循环，如图 7-2-1 所示。

铲装过程——斗口朝前平放地面，机械前行使斗齿插入料堆，若遇较硬土壤，则机械前行同时收斗，边收斗边升动臂到斗满时斗口朝上为止。

转运过程——斗口向上、铲斗离地 50mm 左右，驶向卸料点。若向自卸车卸料，则在到达自卸车附近时需对准车厢并调整卸料高度。根据卸料高度同时调整卸料高度和对准性。

卸料过程——向前翻斗卸料与车上。

返回过程——返回途中调整铲斗位置到铲装开始处，重复上述过程。

图 7-2-1　装载机基本工作过程

7.2.4　装载机生产作业

（1）装载作业

装载作业是装载机与自卸汽车配合来完成物料的搬运作业，即利用装载机铲装起物料后，转运到自卸车旁，把物料卸载到自卸车车厢内。装载机的装载作业方式是根据场地大小、物料堆积情况和装载机的卸料形式而确定的。因此，选择正确的铲装、转运等作业方式，可提高装载机作业的作业效率和经济效率。装载机进行铲装作业时，应使铲斗缓慢切入料堆，边提升动臂边上翻铲斗，直到装满物料。

（2）铲运作业

铲运作业是指铲斗装满物料并转运到较远的地方卸载的作业过程，通常在运距不超过 500m，用其他运输车辆不经济或不适于车辆运输时采用。

运料时的行驶速度应根据运距和路面条件决定。运距较长而地面又比较平整时，可用中速行驶，以提高作业效率。铲斗越过土坡时要低速缓行。上坡时适当踩下加速踏板。当到达坡顶、重心开始转移时，适当放松加速踏板，使装载机缓慢通过以减少颠簸振动。

（3）铲掘作业

铲掘作业是指装载机铲斗直接开挖未经疏松的土体或路面的作业过程。铲掘路面为有砂、卵石夹杂物的场地时，应先将动臂略微升起，使铲斗前倾10°～15°，然后一边前进一边下降动臂，使斗齿尖着地。这时，前轮可能浮起，但仍可继续前进，同时及时上转铲斗使物料装满。

（4）推运作业

推运作业是将铲斗前面的土堆或物料直接推运到前方的卸载点。推运时动臂下降使铲斗平贴地面，柴油机中速运转向前推进。装载机推运作业时根据阻力大小控制加速踏板，调整动臂的高度和铲斗的切入角度，低速直线行驶。

（5）刮平作业

刮平作业是指装载机后退时，利用铲斗将路面刮平的作业方法。作业时将铲斗前倾到底，使刀板或斗齿触及地面。刮平硬质地面时应将动臂操纵杆放在浮动位置。刮平软质地面时应将动臂操纵杆放在中间位置，用颤抖将地面刮平。为了进一步平整，还可以将铲斗内装上松散土壤，使铲斗稍前倾放置于地面，倒车时缓慢蛇行，边行走边铺土压实，以便对刮平后的地面再进行补土压实。

（6）牵引作业

装载机可以配置装载质量适当的拖平车进行牵引运输。运输时装载机工作装置置于运输状态，被牵引的拖平车要有良好的制动性能。此外，装载机还可以完成起重作业。

（7）接换四合一铲斗进行作业

将955A型装载机动臂两边钢管上的快换接头的堵塞拔下，四合一铲斗通过管路连接到快换接头上，用辅助操纵杆控制整体式多路阀的辅助阀杆，即可控制抓取油缸，实现斗门闭合和斗门翻开。

四合一铲斗具有装载、推土、平整、抓取四大功能。

如果换了液压镐或其他附件，方法与换装四合一铲斗相同，但需注意以下几点：

① 辅助操纵杆只有在四合一铲斗、液压镐等附加装置时方可使用。

② 将四合一铲斗换装装载机标准斗时，应反复操纵辅助操纵杆，使抓取油缸和油路里的油压降为零，方可更换。

③ 安装装载机标准斗时，应用快换接头上的堵塞堵住快换接头的油口，以防脏物进入。装四合一铲斗时，应把快换接头上的堵塞相互堵好，以防脏物进入。

7.2.5 装载机的维护

（1）装载机每10工作小时或每天的维护

① 检查发动机的油位。

② 检查冷却液液位。

③ 检查液压油油位。

④ 检查燃油油位，排除燃油预滤器及发动机上的燃油粗滤器中的水和杂质。

⑤ 围绕装载机目测检查各系统有无异常情况（比如泄漏）。目测检查发动机风扇和驱动带。

⑥ 检查灯光及仪表的工作状况。

⑦ 检查轮胎气压及损坏情况。

⑧ 检查后退报警器工作状况。

⑨ 按照机器上张贴的整机润滑图的指示向各传动轴加注润滑脂。

⑩ 向外拉动储气罐下方的手动放水阀的拉环，给储气罐排水。

(2) 装载机每 50 工作小时或每周的维护

① 装载机每 10 工作小时或每天的维护项目。

② 检查变速器油位。

③ 检查加力器油杯的油位。

④ 第一个 50 工作小时检查驻车制动器的制动蹄片与制动鼓之间的间隙，如不合适进行调整，以后每 250 工作小时检查一次。

⑤ 紧固所有传动轴的连接螺栓。

⑥ 保持蓄电池的接线柱清洁并涂上凡士林，避免酸雾对接线柱的腐蚀。

⑦ 检查各润滑点的润滑状况，按照机器上张贴的整机润滑图的指示，向各润滑点加注润滑油脂。

(3) 装载机每 100 工作小时或两周的维护

① 装载机每 50 工作小时或每天的维护项目。

② 第一个 100 工作小时更换变速器油，以后每 1000 工作小时更换变速器油。如果工作小时数不到，每年也至少要更换变速器油一次。在每次更换变速器油的同时，更换变速器油精滤器，并且清理干净变速器油底壳内的粗滤器。

③ 第一个 100 工作小时更换驱动桥（ZF 桥）齿轮油，以后每 1000 工作小时更换驱动桥齿轮油。如果工作小时数不到，每年至少更换驱动桥齿轮油一次。

④ 清扫散热器组。

⑤ 清扫发动机缸头。

⑥ 清洗柴油箱加油滤网。

⑦ 第一个 100 工作小时检查蓄能器氮气预充压力。

(4) 装载机每 250 工作小时或一个月的维护

① 装载机每 100 工作小时或每天的维护项目。

② 检查轮毂固定螺栓的拧紧力矩。

③ 检查变速器和发动机安装螺栓的拧紧力矩。

④ 检查工作装置、前后车架各受力焊缝及固定螺栓是否有裂纹及松动。

⑤ 检查前后桥油位。

⑥ 目测检查空气滤清器指示器，如果指示器的黄色活塞升到红色区域，应清洁或更换空气滤清器滤芯。

⑦ 检查发动机的进气系统。

⑧ 更换发动机和机油滤清器。

⑨ 更换发动机冷却液滤清器。

⑩ 第一个 250 工作小时清理液压系统回油过滤器滤芯。以后每 1000 工作小时更换液压系统回油过滤器滤芯。

⑪ 检查发动机驱动带、空调压缩机传动带张力及损坏情况。

⑫ 检测行车制动能力及驻车制动能力。

⑬ 第一个 250 工作小时检查蓄能器氮气预充压力。

(5) 装载机每 500 工作小时或三个月的维护

① 装载机每 250 工作小时或每天的维护项目。

② 检查防冻液浓度和冷却液添加剂浓度。

③ 更换燃油预滤器和发动机上的燃油粗滤器、精滤器。

④ 紧固前后桥与车架连接螺栓。

⑤ 检查车架铰接销的固定螺栓是否松动。

⑥ 第一个500工作小时更换驱动桥齿轮油，以后每1000工作小时更换驱动桥齿轮油。如果工作小时数不到，每年也至少要更换驱动桥齿轮油一次。

⑦ 第一个500工作小时检查蓄能器氮气预充压力。

(6) 装载机每1000工作小时或六个月的维护

① 装载机每500工作小时或每天的维护项目。

② 调整发动机气门间隙。

③ 检查发动机的张紧轮轴承和风扇轴壳。

④ 更换变速器油；更换变速器滤油器，并清理干净变速器油底壳内的过滤器。

⑤ 更换驱动桥齿轮油。

⑥ 更换液压系统回油过滤器滤芯。

⑦ 清洗燃油箱。

⑧ 拧紧所有蓄电池固定螺栓，清洁蓄电池顶部。

⑨ 第一个1000工作小时检查蓄能器氮气预充压力。

(7) 装载机每2000工作小时或每年的维护

① 装载机每1000工作小时或每天的维护项目。

② 检查发动机的减振器。

③ 更换冷却液、冷却液滤清器，清洗冷却系统。如果工作小时数不到，至少每两年更换一次冷却液。

④ 更换液压油，清洗油箱，检查吸油管。

⑤ 检查行车制动系统及驻车制动系统工作情况，必要时拆卸检查摩擦片磨损情况。

⑥ 通过测量油缸的自然沉降量，检查分配阀及工作油缸的密封性。

⑦ 检查转向系统的灵活性。

⑧ 第一个2000工作小时检查蓄能器氮气预充压力。工作小时数满2000以后，每2000工作小时检查一次。

7.3 挖掘机的使用与维护

挖掘机的使用和维护中包括发动机的技术维护、电气设备的技术维护。

7.3.1 挖掘机的安全操作规程

(1) 作业前准备

① 仔细阅读挖掘机使用说明书等有关技术资料，详细了解施工现场的任务情况，相应的安全措施。

② 检查挖掘机停机处土壤的坚实情况和平稳性，轮胎式挖掘机应加支撑并保持平稳、可靠。

③ 挖掘基坑、沟槽时，应检查路堑和沟槽边坡的稳定情况，以防止挖掘机坍塌。

④ 严禁任何人员在挖掘机作业区内停留，挖掘机操作室内禁止无关人员进入，并不准搁置妨碍操作的任何物品。

⑤ 挖掘机工作场地，应便于自卸车的出入。

⑥ 检查液压系统有无渗漏。

⑦ 轮胎式挖掘机应检查轮胎是否完好，气压是否符合规定。

⑧ 对挖掘机的发动机、传动装置、制动装置、回转装置以及仪器、仪表等进行检查，并经试运转确认正常后，方可开始工作。

（2）作业与行驶要求

① 发动机起动或操作开始前应发出信号。

② 装载作业时，应待汽车停稳后，再进行装料。

③ 卸料时，在不碰及汽车任何部位的情况下，铲斗应尽量放低，并禁止铲斗从驾驶室上越过。

④ 作业时，禁止任何人上下机械和传递物品，不准边工作边维修。

⑤ 作业时，不要随便调节发动机、调速器以及液压系统、电器系统。

⑥ 作业时，要注意选择和创造合理的工作面，严禁掏洞挖掘。

⑦ 禁止用铲斗击碎坚固物体，也不准用回转机械方式使铲斗破碎坚固物体。

⑧ 禁止将挖掘机布置在上下两个挖掘面内同时作业。在工作面内移动时，应先平整地面，并排除通道内的障碍物，如在松软地面上移动时，须在行走装置下垫方木。

⑨ 作业时，如遇较大石块或坚硬物体时，应先清除再继续作业；禁止挖掘未经爆破的五级以上岩石。

⑩ 禁止用铲斗杆或铲斗油缸顶起挖掘机。铲斗没有离开地面时，挖掘机不能做横向行驶或回转运动。

⑪ 禁止在电线等空中架设物下作业，不准将满载铲斗长时间滞留在空中。

⑫ 禁止用挖掘机动臂拖拉位于侧面的重物；禁止用液压挖掘机工作装置突然下降的方式进行挖掘。

⑬ 回转平台上部在做回转运动时，回转手柄不能做与回转方向相反的操作。

⑭ 操作人员必须随时注意各部件的运转情况，发现异常应立即停机，及时抢修。

⑮ 下铲装置处于履带行走装置对角线位置时，不得在停机面以下作业。

⑯ 液压挖掘机正常工作时，油温应在50～80℃之间，机械使用前，液压油温低于20℃时，要进行预热运转；油温达到或超过80℃时，应停机散热。

（3）作业后的要求

① 挖掘机行走时，遇电线、交叉道、管道和桥梁时，须有专人指挥；挖掘机与高压线距离不得少于5m；应尽可能避免倒退行走。

② 行走时动臂应和履带平行，回转台应止住，铲斗离地面应1m左右；下坡应用低速行驶，禁止变速和滑行。

③ 挖掘机停放位置和行走路线应与路面、沟渠、基坑等保持足够的安全距离，以免滑翻。

④ 挖掘机需在斜坡停车时，铲斗必须降落到地面，所有操纵杆置于中位，停机制动时，应在履带后面垫置楔块。

⑤ 工作结束后，应将机身转正，将铲斗放落到地面，并将所有操纵杆放到空挡位置，各部位制动器制动，关好机械门窗后，方可离开。

7.3.2　挖掘机的驾驶

7.3.2.1　驾驶准备

（1）起动前的检查

① 检查燃油是否充足，各油管接头是否有渗漏。

② 检查发动机曲轴箱的机油是否足够，质量是否符合要求。

③ 检查发动机风扇皮带张紧度是否正常。

④ 检查蓄电池电解液液面高度是否符合规定，桩柱、导线连接固定是否牢靠，加液口盖上的通气孔是否畅通。

⑤ 检查液压油箱的油液是否足够。

⑥ 检查液压泵传动箱、变速器、上下传动箱、前后桥壳和轮边减速器等是否有渗漏现象。

⑦ 检查车轮固定情况和轮胎气压是否符合要求。

⑧ 检查各部连接固定是否可靠，重点是气缸盖、排气管、前后桥、传动轴、行驶系、工作装置及液压操作系统的管路和附件等。

⑨ 检查各操纵杆应连接可靠，扳动灵活，并在规定位置（变速杆和液压泵操纵杆置于空挡位置）。

（2）起动运行

① 发动机的起动步骤和要领。

a. 接通电源总开关，将起动钥匙插入电锁内并向右转动。

b. 踏下离合器踏板。

c. 将加速踏板踏到中速位置。

d. 鸣喇叭，按下起动按钮使发动机起动；发动机起动后应立即松开按钮，并把起动钥匙转回到原来位置；如一次不能起动，可停 30s 后再进行第二次起动，但每次起动时间不得超过 15s；如连续 3 次仍不能起动，应停止起动，仔细查找原因排除故障后再起动。

e. 发动机起动后，放松离合器踏板，中速运转 3～5min，待机油温度正常、机油压力≥0.2MPa、制动气压≥0.3MPa 时，方能行驶或负荷运转。发动机预温时，转速应缓慢均匀增加，除特殊情况，不得猛增猛减转速。

② 在寒冷地区起动发动机时用预热器预热起动。

a. 向预热罐内加注柴油。

b. 向右转动起动钥匙接通电路。

c. 按下预热按钮 20～30s。

d. 再按上述起动步骤和要领进行起动。

③ 在寒冷地区起动发动机时用明火预热起动。

a. 从进气管端部取下电热塞。

b. 将捆绑好的面纱、布条等蘸上柴油点燃或点燃喷灯。

c. 按正常起动的步骤起动发动机。

d. 当发动机旋转时，将点燃的棉纱、布条或喷灯火焰对准装电热塞的开口处，使明火及热气进入进气管和气缸内。

e. 发动机起动后，将明火移开，并装上电热塞。

④ 起动后的运行检查。

a. 检查各仪表指数是否正常。

b. 发动机是否运转平稳，排烟、声响和气味有无异常。

c. 检查传动系各主要部件是否有过热、发响、松动和渗漏等现象，离合器有无打滑、冒烟现象。

d. 检查轮胎气压和车轮固定情况。

e. 检查转向性能。转向应灵敏、平稳；熄火滑行时，挖掘机应能手动液压转向。

f. 检查制动性能。制动气压应保持在 0.49～0.64MPa，制动应迅速、可靠、不跑偏，驻车制动器在平坦的沥青上以不低于 20km/h 的速度实施制动时的制动距离不大于 11m。驻车制动器应保证挖掘机在坡地（小于 20°）停车不溜车。

g. 检查工作装置及液压系统的工作情况。液压泵、液压马达、液压缸、回转接头等不得有噪声、高温和渗漏现象，旋转、升降、挖掘、卸土等操作应灵敏、可靠、无拖滞和抖动。

h. 检查照明、信号设备的工作情况。各照明灯、信号灯、仪表灯和喇叭应接线牢固，工作良好。

（3）熄火停车

① 松开加速踏板，使发动机稳定在低速下空转几分钟（除紧急情况，发动机不得在高速运转时突然熄火）。

② 扳动熄火手柄使发动机熄火。

③ 当发动机停止转动后，将熄火手柄送回原位。

④ 取下起动钥匙，切断电源总开关。

⑤ 下车检查是否存有安全隐患。

7.3.2.2　基础驾驶

（1）起步

① 迅速踏下离合器踏板。

② 左手握转向盘，右手握住变速杆推向低挡位置。

③ 鸣喇叭。

④ 放松驻车制动操纵杆。

⑤ 慢慢放松离合器踏板，待离合器开始结合时，再逐渐踏下加速踏板，同时逐渐抬起离合器踏板，使挖掘机平稳起步。当挖掘机开始行走时，应完全放松离合器踏板。

（2）直线行驶

挖掘机在直线行驶时，由于路面凹凸和倾斜等原因，使挖掘机偏离原来的行驶方向，为此必须随时注意修正挖掘机的行驶方向，才能使其直线行驶。如果车头向左（右）偏转时，应立即将转向盘向右（左）转动，等车头将要对正所需要的方向时，应逐渐回转转向盘至原来的位置。

（3）换挡

① 低速挡换高速挡。

a. 逐渐踩下加速踏板，使车速提高到一定程度。

b. 迅速踏下离合器踏板，同时放松加速踏板。

c. 将变速杆置于空挡位置。

d. 迅速放松离合器踏板，然后再迅速踏下，把变速杆放入高的挡位。

e. 放松离合器踏板，同时踩下加速踏板。

② 高速挡换低速挡。

a. 放松加速踏板，使挖掘机减速。

b. 踏下离合器踏板。

c. 将变速杆置于空挡位置。

d. 迅速放松离合器踏板，踏一下加速踏板，再踏离合器踏板，把变速杆放入低挡位。

e. 放松离合器踏板，同时适当踩下加速踏板，使挖掘机以较低的速度继续行驶。

（4）转向

① 左手握转向盘，右手打开转向灯开关。

② 两手握转向盘，根据行车需要，按照转向盘的操作方法修正行驶方向。

③ 关闭转向灯开关。

（5）制动

制动方法可分为预见性制动和紧急制动。在行驶中操作人员应正确选用，保证行驶安全。尽量避免使用紧急制动。

（6）停车

① 放松加速踏板，使挖掘机减速。

② 踏下离合器踏板。

③ 根据停车距离踏动制动踏板，使挖掘机停在指定地点。

④ 将变速杆置于空挡位置。

⑤ 将驻车制动操纵杆拉到制动位置，放松离合器踏板。

（7）倒车

倒车时挖掘机行驶、作业过程中经常遇到的工况之一，倒车操作应根据车辆操作要领和路况情况并严格遵循规范要领进行。

倒车需在挖掘机完全停驶后进行，其起步、转向和制动的操作方法与前进时相同。

7.3.3 挖掘机的工作过程

单头挖掘机是一种循环作业式机械，每一个工作循环包括挖掘、回转、卸土、返回四个过程。

（1）挖掘

进行挖土时要控制好挖斗、大臂、斗杆操纵杆等机构件之间的动作配合。

挖土时，首先应降下大臂压住挖斗，使挖斗不因挖掘反作用力升起。此时，大臂先导阀操纵杆必须在中立位置。开始挖土后，大臂的压力使挖斗深入土中，由于土壤的阻力使挖斗挖土的速度减慢并有停止的趋势，此时需稍升大臂（不放松挖斗操纵杆），当挖斗挖掘速度稍高后，立即放松大臂操纵杆，使大臂不再上升。土壤较软或挖斗切削土层太薄而不能挖满土时，应稍降大臂，增大挖掘深度。

（2）回转

转盘回转要控制好大臂与转盘回转操纵杆之间的配合。在挖土结束后，立即升大臂，挖斗离开地面时，要立即使转盘旋转，使大臂在旋转中继续升高到需要的高度。这时，操作人员要注意挖斗的离地高度和挖斗前方的障碍物，如果侧挖斗高度不能越过障碍物时，要降低旋转速度或停止转动，使大臂进一步升高后继续旋转。

（3）卸土

卸土要控制好回转操纵杆与挖斗操纵杆之间的配合。其配合过程也是在转盘旋转过程中进行的。这时，操作人员要注视挖斗的位置，待挖斗进入卸土区，立即操纵挖斗操纵杆使其卸土；当挖斗卸土约 1/2 时，开始操纵回转先导阀操纵杆，使转盘回转，可使挖斗在回转中继续卸土，直到卸完为止。工作过程中，操作人员要把注意力放在挖斗卸土上，如果在卸土区内挖斗不能卸完土，要暂停旋转，使挖斗卸完土后再继续旋转。如果挖斗已接触土堆，但挖斗内的土还未全部卸完，此时应升一下大臂再卸土，也可边升大臂边卸土。

（4）回转

在挖斗内的土料完全卸出后，在挖掘区回转的过程中也要控制好大臂与转盘回转操纵杆之间的配合。应迅速使大臂下降，待挖斗将要对正挖土区时，开始缓推旋转操纵杆，使挖斗平稳地停在挖土位置，并立即下降大臂，使挖斗无冲击地插入土壤中，开始下一循环的挖土作业。

7.3.4 挖掘机的基本作业

7.3.4.1 挖掘沟渠

（1）直线挖掘

当沟渠宽度和挖斗宽度基本相同时，可将挖掘机置于其挖掘的中心线上，从正面进行直线挖掘，当挖到所要求的宽度后，再移动挖掘机，直到全部挖完。

（2）挖掘曲线部位

挖掘沟渠曲线部分时，可使挖掘的第一直线部分超过第二直线部分中心线，然后调整挖掘方向，使挖斗与先前挖好的壕沟相衔接。这种挖掘成形的沟渠为折线形，转弯处为死角。如果需要缓角时，挖掘机则需按照半径中心线不断调整挖掘方向，这种方法效率低。

（3）挖掘结合部分

挖掘沟渠结合部位时可根据地形从两端或一端按标定线开挖，直到纵向不能继续挖掘为止，然后将挖掘机开出，再呈 90°停放在沟渠中心线上，从侧面继续挖掘，如图 7-3-1 所示。最后将挖掘机开离沟渠中心线，从后部挖掘剩余部分，如图 7-3-2 所示。

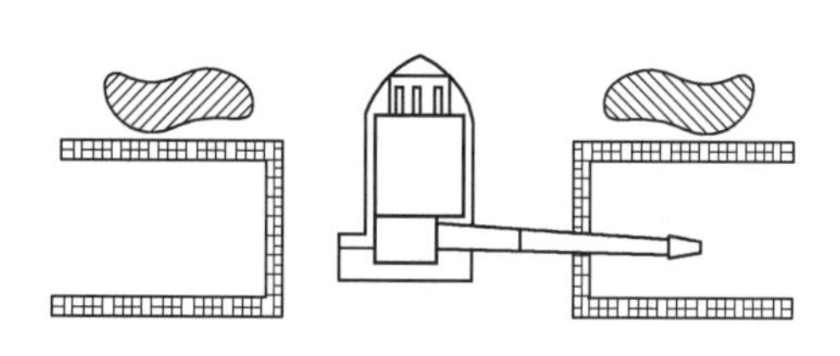

图 7-3-1　从侧面挖掘

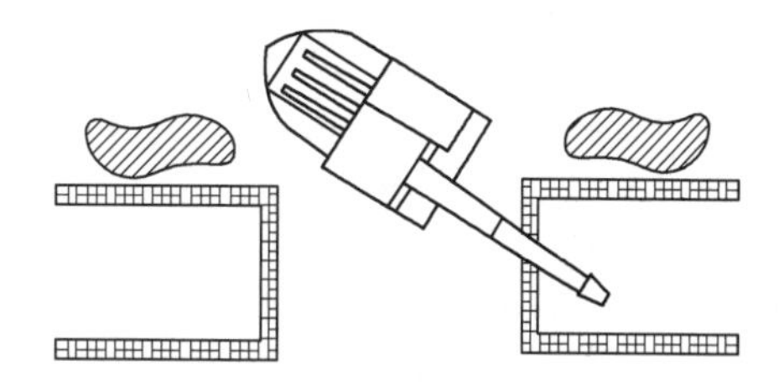

图 7-3-2　从后部挖掘

7.3.4.2 挖掘建筑地基

（1）挖掘小型地基

挖掘小型建筑地基的方式有两种，一种是端面挖掘，另一种是侧面挖掘。

① 端面挖掘。端面挖掘法是在建筑地基的一侧或两侧都可以卸土的情况下采用。主要依据地形条件，挖掘机沿建筑地基中心线一端倒进或从另一端开进作业位置，从端面开始挖掘（图 7-3-3）。断面挖掘方式主要有两种方法，一种是细挖法，另一种是粗挖法。

细挖法是采用两边挖掘，即将挖掘机用倒车的方法停在建筑地基的一侧，车架中心线位

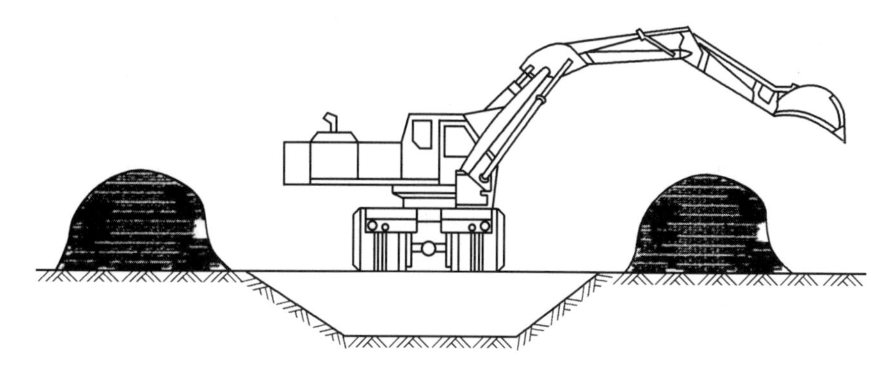

图 7-3-3　端面开挖

于建筑地基一侧标线的内侧，与标线平行，并有一定距离，能使挖斗外侧紧靠标线。

如图 7-3-4 所示，挖掘区域 1 的土壤时，以扇形面逐渐向建筑地基中心挖掘，挖出的土壤卸到靠近标线的一侧，一直挖到建筑地基所需深度为止。然后，将挖掘机调到另一侧用同样的方法挖掘 2、3 的土壤，挖完后，再调到第一次挖掘的一侧挖掘 4、5 的土壤。如此多次调车，将建筑地基挖完。

若建筑地基较窄，应按照 1—2—3—4 的顺序进行挖掘；如果建筑地基的宽度超过 6m 时，可先挖完一侧，再挖另一侧。

这种挖掘方法的特点是能将绝大部分的土壤挖出，人工稍做休整即可。但是机械移动较频繁，效率会受到影响。

粗挖法是将挖掘机停在建筑地基中间，并使车架中心线与建筑地基中心线相重合，成扇形向两边挖掘，挖出的土壤卸在建筑地基两侧或指定的位置。第一个扇形面挖完后，直线倒车，再挖第二个扇形面，但要注意与第一个扇形面相接，直到挖完为止，如图 7-3-5 所示。

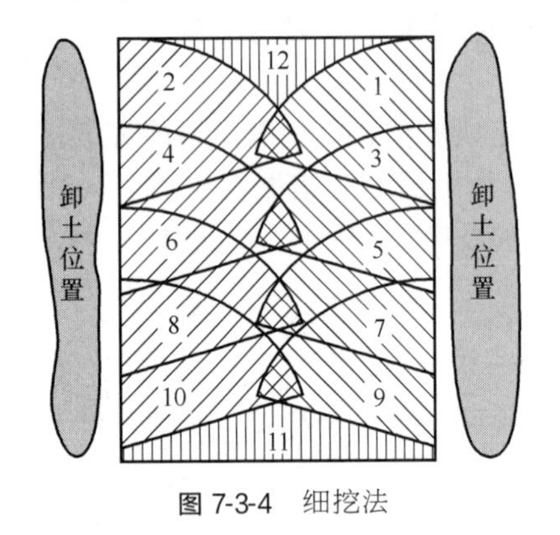

图 7-3-4　细挖法

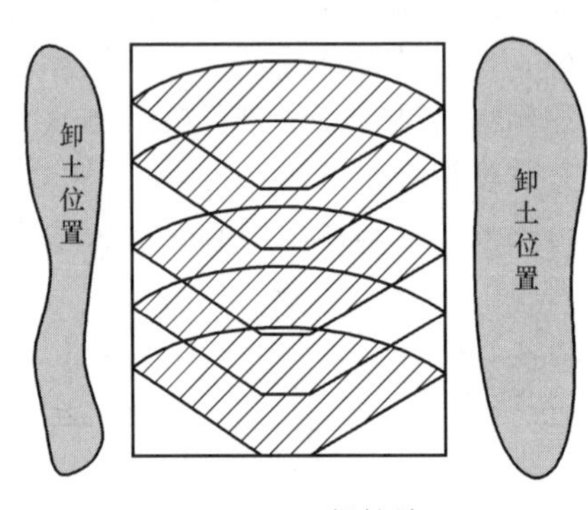

图 7-3-5　粗挖法

这种挖掘方法的特点是机械效率高，但坑内的余土量较大，需要较多的人工修整。端面挖掘法受地形条件的限制只能在一边卸土时，挖掘机可顺着建筑地基中心线靠卸土一侧运行，如图 7-3-6 所示。

② 侧面挖掘。挖掘机由建筑地基侧面开挖，可在下列情况下采用。

a. 建筑地基断面小，挖掘半径能够一次挖掘出建筑地基的断面，且只能一面卸土时采用单侧面挖掘法，如图 7-3-7 所示。

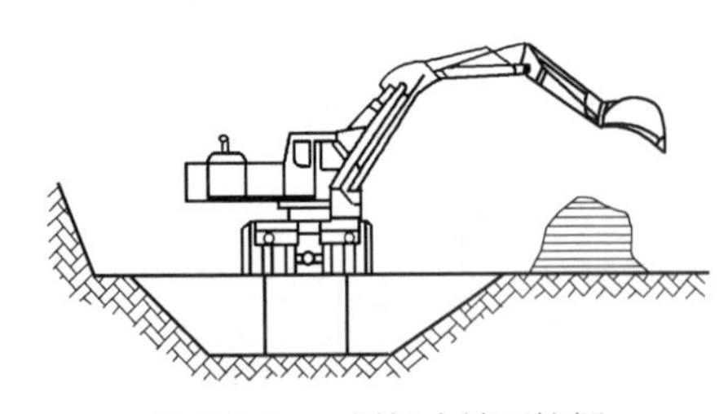
图 7-3-6　一侧卸土端面挖掘

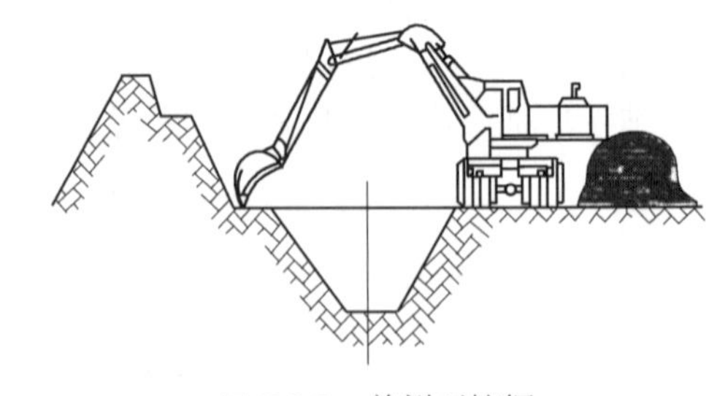
图 7-3-7　单侧面挖掘

b. 建筑基地断面较宽，超过挖掘机挖掘半径，挖掘机只能沿建筑地基的两侧开挖时采用双侧面挖掘法，如图 7-3-8 所示。

（2）挖掘中型建筑地基

中型建筑地基的挖掘可采用反铲工作装置。其方法如图 7-3-9 所示：考虑到挖掘中间第 3 段时卸土困难，可配合推土机将挖掘机卸出的土壤推出建筑地基标线以外。或配备翻斗汽

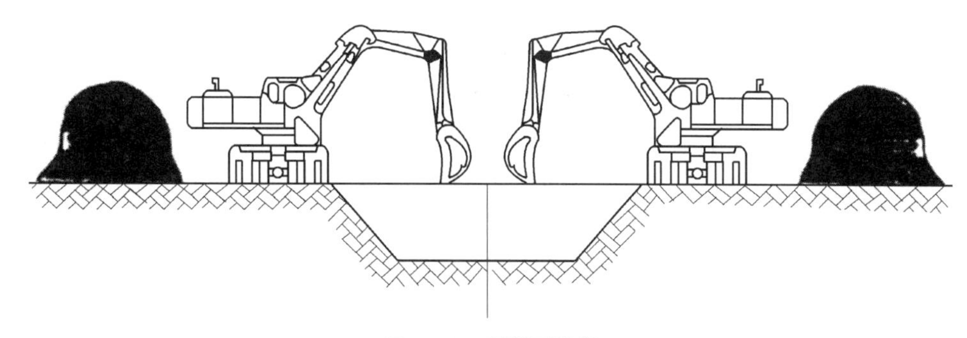

图 7-3-8　双侧面挖掘

车将土壤运出，不影响第 4 段的挖掘。

(3) 挖掘大型建筑地基

大型建筑地基的挖掘可以根据情况采用多行程方式和分层挖掘达到所需要的断面。挖掘时可以单机作业，也可以多机同时作业，不管是单机还是多机，均需要其他机械车辆配合实施。

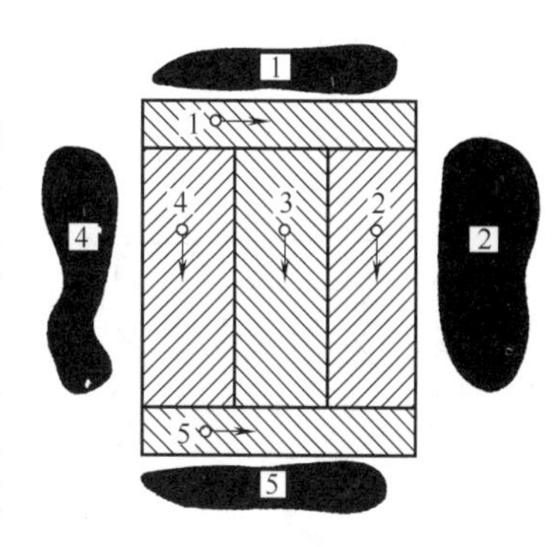

图 7-3-9　中型建筑地基的挖掘

① 多行程挖掘。多行程挖掘要求建筑地基两侧堆放土壤的位置要宽，沿建筑地基中心 1 挖掘的土壤必须由推土机或其他车辆配合运到远处，以不影响开挖 2、3 断面。挖掘作业时，挖掘机依地形条件采取沿建筑地基中心向前、向后行驶进入作业位置，挖掘出来的土壤堆放在 2、3 位置，然后由推土机推到建筑地基两侧较远处，如图 7-3-10 所示。

② 分层挖掘。当大型建筑地基过深，挖掘机一次挖掘不能达到所需深度时，可采用分层挖掘的方法达到所需深度，如图 7-3-11 所示。

分层挖掘的次数可根据大型建筑地基的深度和挖掘机的挖掘深度而定，一般可分为 1～3 层就可以满足挖掘建筑基地深度的要求。

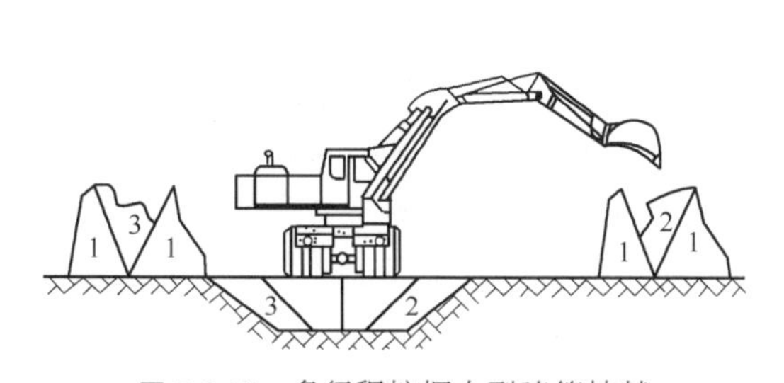

图 7-3-10　多行程挖掘大型建筑地基

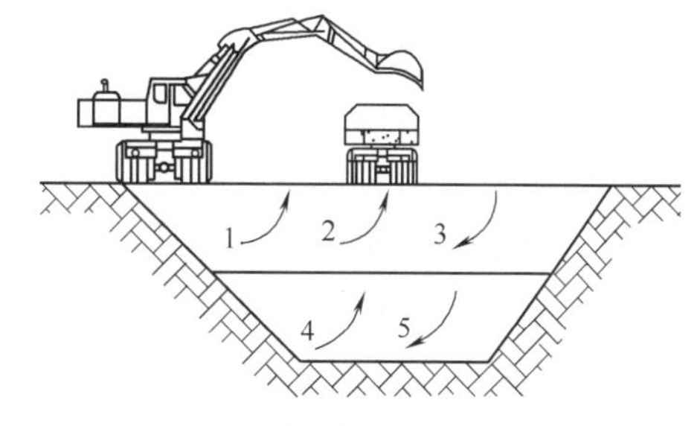

图 7-3-11　分层挖掘大型建筑地基

(4) 平整建筑地基和修刮侧坡

挖掘大型建筑地基时，为了减少人工作业量和便于机械车辆在坑内通行，要求坑底是平坦坚硬的地面，这种工程一般由推土机配合完成，如果没有推土机配合，可用挖掘机平整和压实。

① 平整和压实。平整建筑地基是一项难度较大的作业，平整的关键是大臂和斗杆的密切配合，保证挖斗能沿地面平行移动，使挖斗既能挖除高于坑地面的土壤，又不破坏较硬的地面。

压实土层时，要先收回斗杆使其垂直，并使斗底平面着地，然后下降大臂，靠自身的质量压实填土。如果填土较厚，要分层填筑分层压实，一次填土厚度一般不大于 30cm。在压实土层时切忌用冲击的方法夯实。

② 修刮建筑地基。修刮时要根据边坡的深浅和挖掘机数量来选定挖掘机的停放位置。如果用单机修刮较深的地方时，挖斗不能伸到坑底或边坡上沿，应将挖掘机停放在边坡的上边，先修刮坡的上半部分，然后移动挖掘机到坑底，在修刮坡的下半部分，并清除流落到坑内的土壤，使坑底平整。

7.3.4.3 挖掘装车

挖掘机挖掘装车时，应按照挖掘建筑地基的方法进行，其停放的位置如图 7-3-12 和图 7-3-13 所示。

挖掘装车时要合理安排挖土作业面；挖掘的土层厚度要适当；避免挖掘机与自卸车发生碰撞，注意安全。

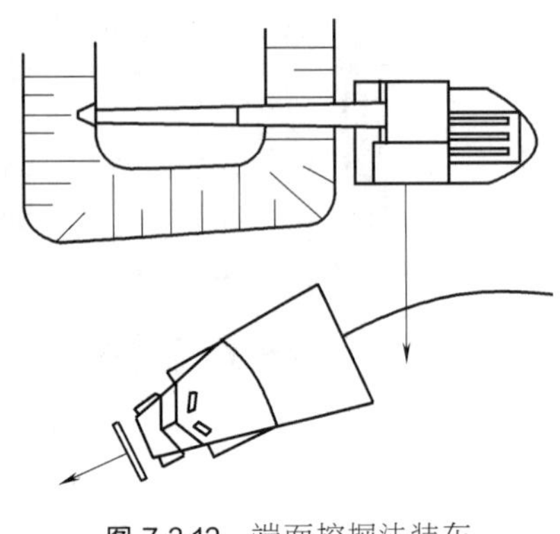

图 7-3-12 端面挖掘法装车

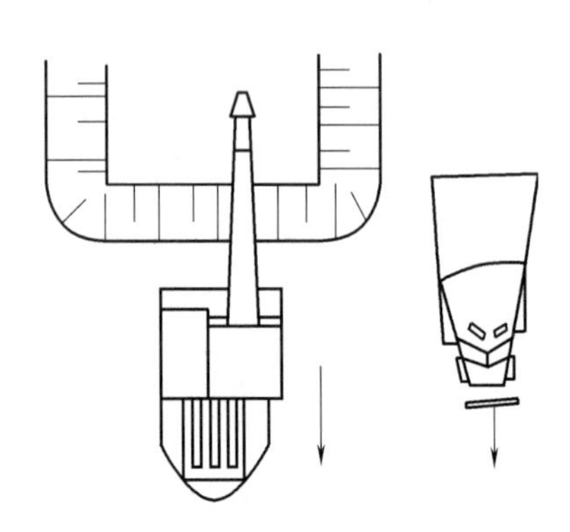

图 7-3-13 侧面挖掘装车

7.3.5 挖掘机的维护

挖掘机实行维护保养的目的是：减少机器的故障，延长机器使用寿命；缩短机器的停机时间；提高工作效率，降低作业成本。以沃尔沃挖掘机为例说明挖掘机的维护。

（1）燃油的管理

要根据不同的环境温度选用不同牌号的柴油（表 7-3-1）；柴油不能混入杂质、灰土与水，否则将使燃油泵过早磨损；劣质燃油中的石蜡与硫的含量高，会对发动机产生损害；每日作业完后燃油箱要加满燃油，防止油箱内壁产生水滴；每日作业前打开燃油箱底的放水阀放水；在发动机燃料用尽或更换滤芯后，须排尽管路中的空气。

表 7-3-1 柴油燃油牌号选择参考表

最低环境温度/℃	0	－10	－20	－30
柴油牌号	0 号	－10 号	－20 号	－35 号

（2）其他用油的管理

发动机机油、液压油、齿轮油等都属于其他用油。它们也需要管理，只有正确的管理，才能使挖掘机保证正常工作。要点如下：

① 不同牌号和不同等级的用油不能混用。

② 不同品种挖掘机用油在生产过程中添加的起化学作用的添加剂不同。

③ 保证用油清洁，防止杂物（水、粉尘、颗粒等）混入。

④ 根据环境温度和用途选用不同油的标号。环境温度高应选用黏度大的润滑油，环境温度低应选用黏度小的润滑油。

⑤ 齿轮油的黏度相对较大，以适应较大的传动负载。

⑥ 液压油的黏度相对较小，以减少液体流动阻力。

（3）润滑油脂管理

采用润滑油（脂）可以减少运动表面的磨损，防止出现噪声。润滑脂存放保管时，不能混入灰尘、砂粒、水及其他杂质；用锂基型润滑脂 G2-L1，抗磨性能好，适用重载工况；加注时，要尽量将旧油全部挤出并擦干净，防止沙土粘附。

（4）滤芯的保养

滤芯起到过滤油路或气路中杂质的作用，阻止其侵入系统内部而造成故障；各种滤芯要按照（操作保养手册）的要求定期更换；更换滤芯时，应检查是否有金属附在旧滤芯上，如发现有金属颗粒应及时诊断和采取改善措施；使用符合机器规定的纯正滤芯。伪劣滤芯的过滤能力较差，其过滤层的面积和材料质量都不符合要求，会严重影响机器的正常使用。

（5）沃尔沃挖掘机的维护前的准备工作

沃尔沃挖掘机配有《操作员手册》，以《操作员手册》的要求对挖掘机进行维护。

a. 停放。

（a）挖掘机维护时的停放位置（图 7-3-14）。

挖掘机维护时的停放位置有两种：一种是完全缩回铲斗和动臂油缸，然后降低大臂到地面［图 7-3-14（a）］；另一种是完全伸展铲斗油缸，完全缩进小臂油缸并把大臂降低到地面［图 7-3-14（b）］。

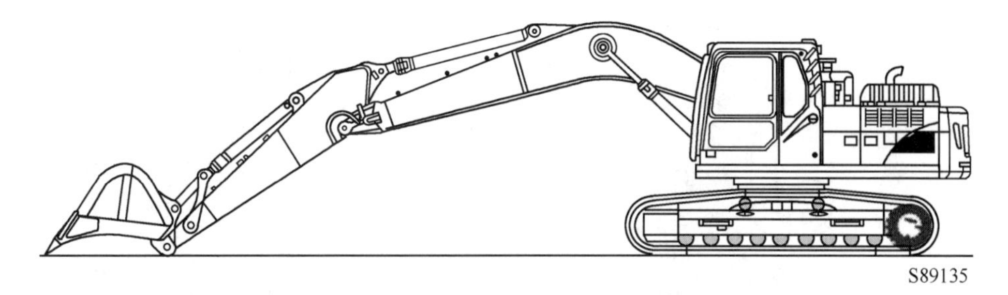

(a) 挖掘机维护时的停放位置(一)

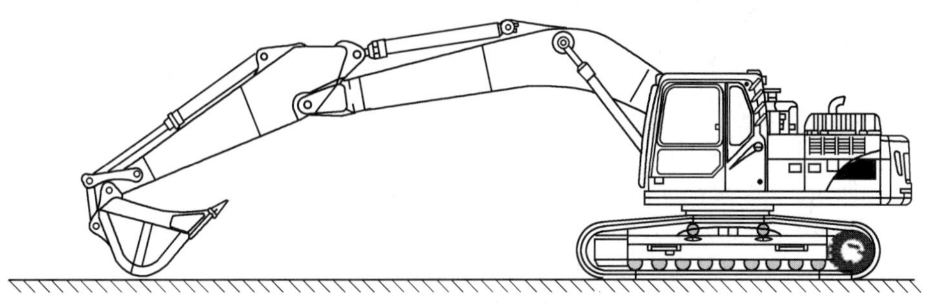

(b) 挖掘机维护时的停放位置(二)

图 7-3-14　沃尔沃挖掘机维护时的停放位置

在不同维修操作的描述中说明了一个合适的位置。如果没有说明任何特别的位置，机器应该以维修位置图 7-3-14（a）停放。

（b）停放要点。

■ 把机器停放在平坦、坚实和水平地面。

■ 将附属装置放到地面。

■ 将推土板（如果配备）放在地面上。

■ 关闭发动机，释放系统和油箱压力后，拔下点火钥匙。

■ 确保向下移动控制锁止杆以牢固锁定系统。

■ 加压的管道和容器都应该逐渐放掉压力，以免造成危险。

■ 要让机器冷却。

b. 进入/离开/登爬机器时的姿势（图 7-3-15）。

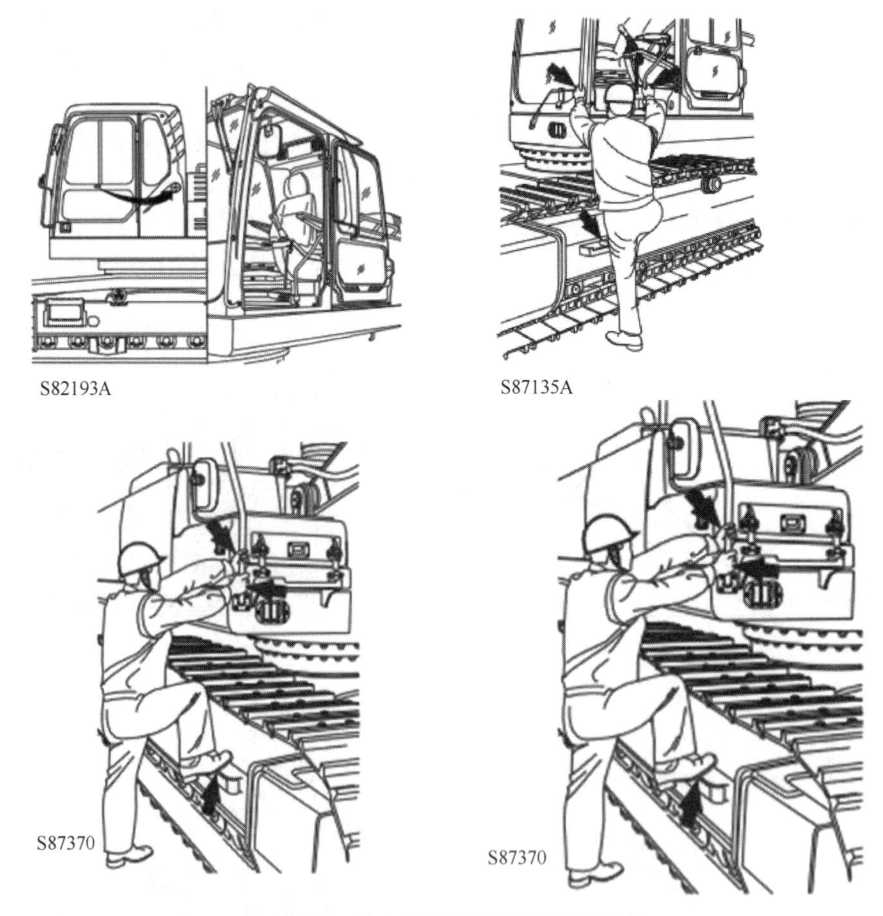

图 7-3-15　进入/离开/登爬机器时的姿势

■ 不要跳上/下机器，特别是切勿在机器移动时上下。

■ 千万不要握着操纵杆上下机器。

■ 进入、离开或登爬机器时请使用把手和台阶。

■ 使用三点式接触，即，两手和一只脚或者两只脚和一只手。

■ 总是面向机器。

■ 总是要把脚踏板、扶手和鞋子上的污泥和机油擦干净。特别要清洁车窗、后视镜和灯罩。

■ 在进入机器前，清洁靴子，将手擦干净。

■ 进入、离开和登爬机器时，不要使用驾驶室门的扶手作为支撑。

c. 防止人员受到伤害的要点。

■ 在开始维护工作前请阅读《操作员手册》。阅读并遵守标牌和贴纸上的信息和说明也很重要。

■ 不要穿戴宽松的衣物或饰物，可能会被挂住并造成伤害。

■ 一定要佩戴硬帽、护目镜、手套、保护鞋和工作必需的其它保护物件。

■ 在室内起动发动机时，要保证有足够的通风设备。

■ 发动机运转时不要站在机器前部或后部。

■ 如果维护工作要在升高的提升臂下进行，它们首先必须要固定（挂接控制杆锁并施用驻车制动，如果机器有配备的话）。

■ 在打开后门和发动机盖前先关闭发动机。

■ 发动机停止时，压力系统中有一个剩余的积聚压力。如果系统没有先释放压力而打开，高压液体会喷射出来。

■ 检查渗漏时，请使用纸或者纸板，而不是手。

■ 确保踩踏表面、扶手和防滑表面没有油污、柴油燃料、尘土和冰。切勿踩踏不应踩踏的机器表面。

■ 使用正确的工具和设备很重要，坏的工具或设备应该修理或更换。

d. 防止机器受到损坏的要点。

■ 安装或支撑机器或机器部件时，请使用具有足够提升能力的设备。

■ 应该使用《操作员手册》中所描述的提升设备、工具、工作方法、润滑剂和部件。

■ 确保没有工具或会造成伤害的其它物件被忘在机器上。

■ 开始维护工作前释放液压系统中的压力。

■ 绝对不要把减压阀设定得高于厂商建议的压力值。

■ 要用在一个有污染或以其它方式不卫生的区域的机器应该为这样的工作做好配备，维护这样的机器时适用特别安全规则。

e. 防止环境受到影响的要点。

■ 排放时，油和液体必须收集在一个合适的容器中，并采取防溅出措施。

■ 在作为废料处理之前，用过的滤清器必须排空所有液体。含有石棉或其它危险粉尘环境中工作的机器上的过滤器必须放进随新滤清器提供的袋子中。

■ 蓄电池含有对环境和健康有害的物质，因以用过的蓄电池必须按对环境有害废物处理。

■ 消耗的物品，例如用过的破布、手套和瓶子也可能被对环境有害的机油和液体污染，在这个情况下，它们必须被看成是对环境有害的废物进行处理。以上所有废料都应该交给由官方批准的废料处理公司进行处理。

f. 防火的措施。

■ 加油或燃油系统打开接触到周围空气时，机器附近不可吸烟或有明火。

■ 柴油燃料油是可燃的，不可用于清洁。使用用于清洁或去油的传统汽车护理产品。同时记住，某些溶剂会造成皮疹、对表面处理的损坏并构成火灾隐患。

■ 保持维护工作场所清洁。油和水会使地面打滑，同时结合电动设备或电动工具还很危险，所以油污的衣物是严重的火灾隐患。

■ 每天检查机器和设备，例如下部板是否没有灰尘和油污。除了减少火灾的风险，这个措施还有利于发现故障或松动的元件。

■ 清洁在禁火环境中（例如，锯木厂和垃圾场）工作的机器时要极为小心。自燃危险可以通过安装消音器防护装置的隔热件来进一步降低。

■ 灭火器保持状态以便在需要时使用。

■ 检查燃油管线、液压和制动软管以及电缆是否被擦伤，或是否因为安装不正确或被挤压而有那样被损伤的危险。这点对非保险线路尤其重要，其颜色是红色并有 R（B+）标记，线路是：

- 在蓄电池之间
- 在蓄电池和起动电动机之间
- 在交流发电机和起动电动机之间

电缆不可直接靠紧机油或燃油管线。

■ 不要在充满可燃液体的部件上进行焊接或打磨，例如油箱和液压管。在这些区域附近进行这样的工作也要特别小心，灭火器应该始终在手边。

（6）清洁机器

① 把机器停放到用于清洁的场地。

② 遵照附加在汽车保养产品内的说明书操作。

③ 水温不可超过 60℃（140℉）。

④ 如果使用高压水龙冲洗，在喷嘴和机器表面之间要保持至少 20～30cm（8～12in）的距离。压力太高或距离太短，可能引起机器损坏。要用合适方式来保护电器导线。

⑤ 使用软海绵。

⑥ 最后只可用清水冲洗全机，完成清洁工作。

⑦ 在清洗后始终要给机器重新润滑。

⑧ 必要时要补漆。

（7）漆面维护保养

① 在腐蚀环境中使用的机器比其它环境中使用的机器更容易生锈。作为一项预防措施，建议表面处理应该每六个月保养一次。

② 清洁机器。

③ 施用 Dinitrol 77B（或相应的透明蜡质防锈剂），厚度为 70～80μm。

④ 在预计机械磨损会发生的挡泥板下可以施用一层保护型底部密封 Dinitrol 447（或相应物品）。

（8）润色表面处理

① 检查是否有油漆表面损伤。

② 清洁机器。

③ 用专业方法来修补任何油漆损伤。

（9）沃尔沃挖掘机维护保养周期表

下面以沃尔沃“EC210BP 挖掘机维护保养周期表”为例来说明设备的保养过程。

⊡ **EC210BP 挖掘机维护保养周期表**

定期检查和保养项目				
保养间隔	维护保养内容	要求标准	规格或配件号	数量
每天	发动机机油油位检查	适度，如有不足须立即添加	沃尔沃特级柴机油 VDS-3	
	发动机冷却液液位检查		沃尔沃 VCS 黄色冷却液	
	液压油油位检查		沃尔沃 XD3000 液压油	

续表

定期检查和保养项目				
保养间隔	维护保养内容	要求标准	规格或配件号	数量
每天	油水分离器底部放残水			
	空气滤芯外罩壳清洁			
	履带板紧固螺栓检查	拧紧力矩 80～90kgf·m		
每 50 小时	大小臂/铲斗连接销轴的润滑	初期 100 小时内，每 10 小时或每天加注；恶劣工矿条件，每 10 小时或每天加注	沃尔沃 2 号极压锂基脂	
	油缸连接销轴的润滑			
	柴油箱底部放残水和沉积物	每天停工前应加满柴油箱，以防止油箱内冷凝水生成	柴油箱容积 350 升	
每 100 小时	履带张紧度检查和调整	根据路面土壤特性，调整履带张紧度		
每 250 小时	蓄电池电解液液位检查	电解液液位应保持在电池板以上约 10 毫米处	如果液位过低，须加注蒸馏水	
	空调预过滤器清洁	安装时注意滤芯壳体的箭头方向	VOE14503269	
	回转减速箱齿轮油油位检查	适度，如有不足须立即添加	沃尔沃重负荷齿轮油 GL-5 EP	
	行走减速齿轮油油位检查		沃尔沃重负荷齿轮油 GL-5 EP	
	回转轴承润滑脂加注	每 250 小时加注一次润滑脂，注意：如果加注太多易使油封脱落	沃尔沃 2 号极压锂基脂	
	回转内齿圈润滑脂检查	适度，如有不足须立即添加	沃尔沃 2 号极压锂基脂	17 升
每 500 小时	发动机散热翅片清洁			
	液压油冷却器翅片清洁			
	空调冷凝器翅片清洁			
	空调主过滤器清洁		VOE14506997	
	发动机皮带检查及更换	检查皮带张紧度，必要时更换	VOE15078671	1 个
	空调压缩机皮带检查及更换		VOE14881276	1 个
根据工况定期清洁	空气外滤芯清洁	始终准备一个备用滤芯，存放在防灰良好的地方	VOE11110175	1 个

常见维护保养图例，其余项目请具体参照《操作员手册》

检查液压油油位：

1. 将设备放置于平地上，暖机至液压油油温在 50℃左右；
2. 铲斗油缸完全伸出，小臂油缸完全缩回，将铲斗放至地面（如右图所示）；
3. 发动机停止运转，并将启动钥匙在 ON 位置，抬起安全手柄；
4. 前后左右操作控制手柄，释放液压系统压力；
5. 按压液压油箱呼吸器，释放油箱内压力；
6. 检查液压油油位，正常油位在测量管的中部。

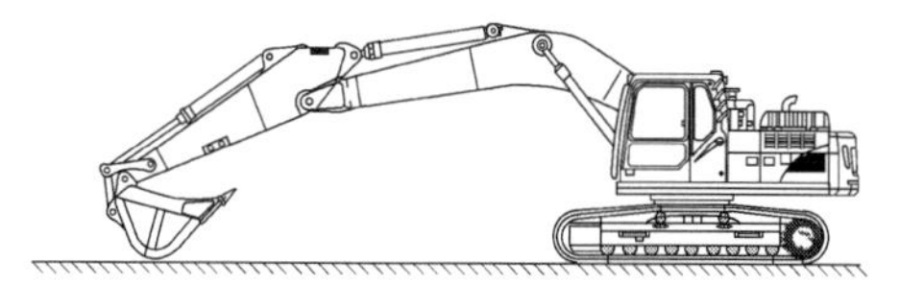

续表

履带张紧度检查：

1. 如下图所示，抬起履带，并转动履带数周，清除履带板表面的积土；
2. 测量履带架底部至履带板上表面的距离 L；
3. 根据路面土壤特性，调整履带张紧度。

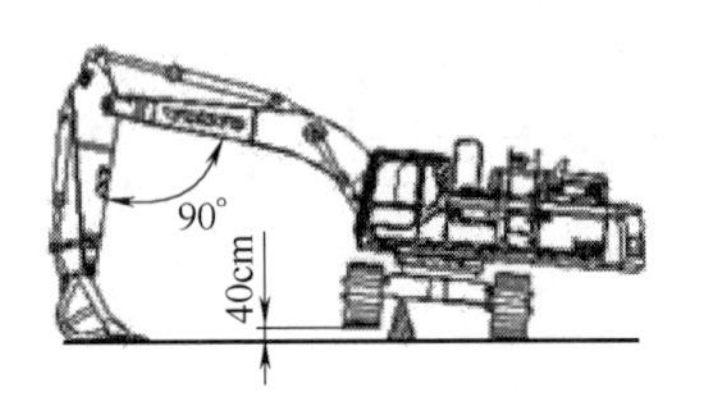

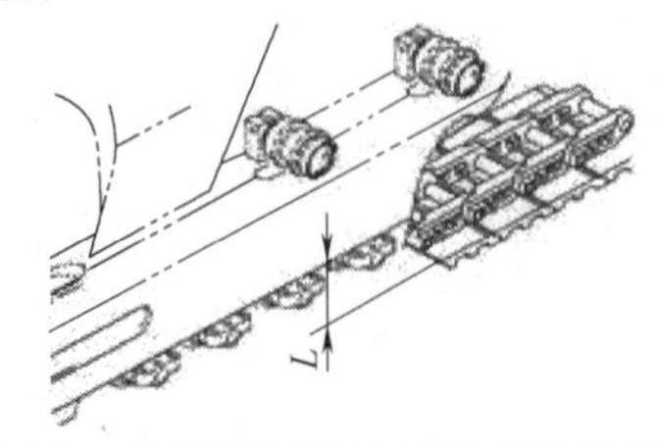

路面土壤工况	间隙 L/mm
一般土堆	320～340
岩石地面	300～320
中等土壤（如砾石、砂子、雪地等）	340～360

⊡ **EC210BP 挖掘机维护保养周期表**

定期更换滤芯及油品项目					
更换间隔	维护保养内容	磨合期初次保养时间	要求标准	规格或配件号	数量
每 250 小时	机油更换	100 小时		沃尔沃特级柴机油 VDS-3	25 升
	机油滤芯更换			VOE3831236	1 个
	柴油滤芯更换		柴油质量不符合国际标准时应该每天在油水分离器沉淀杯处放水	VOE20805349	1 个
每 500 小时	油水分离器滤芯更换			VOE11110683	1 个
	液压油泄漏滤芯更换	250 小时		VOE14524170	1 个
每 1000 小时	液压油回油滤芯更换	1000 小时	50%时间使用破碎锤时，每 500 小时换；100%使用破碎锤时每 300 小时更换	VOE14509379	1 个
	液压油先导滤芯更换	250 小时		SA1030-61460	1 个
	回转减速箱齿轮油更换	500 小时		沃尔沃重负荷齿轮油 GL-5 EP	6 升
	空调预过滤器		安装时注意滤芯壳体的箭头方向	VOE14503269	1 个
	空调主过滤器			VOE14506997	1 个
	空气外滤芯更换		外滤芯因视工况定期清洁，清洁 6 次后必须更换；如果滤芯破损，应及时更换	VOE11110175	1 个
每 2000 小时	行走减速箱齿轮油更换	500 小时		沃尔沃重负荷齿轮油 GL-5 EP	5.8 升 X2
	液压油		50%时间使用破碎锤时，每 500 小时换；100%使用破碎锤时每 300 小时更换	沃尔沃 XD3000 液压油	275 升
	液压油吸油滤芯清洗或更换			SA1141-00010	1 个
	液压油箱呼吸器滤芯更换			VOE14596399	1 个

续表

定期更换滤芯及油品项目					
更换间隔	维护保养内容	磨合期初次保养时间	要求标准	规格或配件号	数量
每 2000 小时	柴油箱呼吸器滤芯更换			VOE11172907	1 个
	空气内滤芯更换		内滤芯不能清洁，如果滤芯破损，应及时更换；外滤换 3 次时内滤必须更换	VOE11110176	1 个
每 6000 小时	冷却液更换		注意：不能和沃尔沃绿色冷却液及其它任何防冻液混合	沃尔沃 VCS 黄色冷却液	27.5 升

7.4　推土机的使用维护

推土机的使用和维护中包括发动机的技术维护、电气设备的技术维护。

7.4.1　推土机的安全操作规程

（1）作业前的准备

① 了解作业区的地势和土壤种类，测定危险点及选定最佳的施工方案。

② 如果作业区有巨块石头或大坑时，应预先清除或填平。

③ 起动前，应将所有的控制杆置于“中间”或“固定”位置。

④ 履带推土机的履带松紧要适度，且左右相同。轮胎推土机的轮胎气压必须符合要求，轮胎气压应保持一致。

⑤ 检查燃油、润滑油和冷却水及其系统，其量必须符合要求，其系统不得有泄漏。

⑥ 进行维修或加油时，发动机必须关闭，推土机铲及松土器必须放下，制动锁要在“锁”状态。

⑦ 检查电气系统、操作系统及工作装置，各部分必须处于良好的工作状态，必要时进行调整；并检查各仪表工作是否正常。

⑧ 发动机传动部分带有胶带连接的推土机，不得用其他机械推、拉起动，以免打坏锁轴。

（2）作业与行驶要求

① 除驾驶室外，机上其他地方禁止乘人；行驶中任何人不得上、下推土机。

② 行驶时，铲刀离地面的距离应为 40～50cm。

③ 严禁在运转中、在斜坡上进行紧固、维护润滑和修理推土机。

④ 上下斜坡时，先选择最合适的斜坡运行速度，应直接向上或向下行驶，不得横向或对角线行驶，下坡时，禁止空挡滑行或高速行驶；下坡时应放下推土铲与地面接触，倒退下坡；避免在斜坡上转弯掉头，轮胎式推土机不能在坡度较大的场地作业。

⑤ 在坡地工作时，若发动机熄火，应立即用三角木将推土机履带楔后，将推土离合器置于脱开位置，变速杆置于空挡位置，方能再起动发动机，以防推土机溜坡。

⑥ 工作中驾驶员需要离开机器时，必须将操纵杆置于空挡位置，将推土机铲刀放下并

将机器制动和关闭发动机，而后方可离开。

⑦ 在危险或视线受限的地方，一定要下机检视，确认能安全作业后方可继续工作，严禁推土机在倾斜的状态下度过障碍物；爬过障碍物时不得分离主离合器。

⑧ 避免突然起动、加速或停止；避免高速行驶或急转弯。

⑨ 填沟或回填土时，禁止推土机铲刀超出沟槽边缘，可用后一铲推前一铲土的方法进行填方，并换好倒车挡后，才能提升推土机铲进行倒车；在深沟、陡坡的施工现场作业时，应有人指挥，以确实保证安全。

⑩ 多台推土机在联合作业时，前后距离应大于 8m；左右距离应大于 1.5m，若工程需要并铲作业时，必须用机械性能良好，机型相同的推土机，驾驶员必须技术熟练，雾天作业时必须打开车灯。

⑪ 在垂直边坡的沟槽作业时，对于大型推土机，沟槽深度不得大于 2m；小型推土机沟槽深度不得大于 1.5m。若超过上述规定时，必须按规定放置安全装置或采取其他安全措施后，方可进行施工。

⑫ 轮胎式推土机用于除冰、除雪作业时，轮胎要加防滑链；用于清除石料作业时，要加戴轮胎保护链。

⑬ 清除高过机体的建筑物、树木或电线杆时，应根据电线杆的结构、埋入的深度和土质情况，使其周围保持一定的土堆；电压超过 380V 的高压线，其保留土堆大小应征得电业部或电业专业人士的同意。

⑭ 在爆破现场作业时，爆破前，必须把推土机开到安全的地带。推土机进入现场前，操作人员必须了解现场有无瞎炮等情况，确认安全后，方可将推土机开入现场，若发现有不安全之处，必须待处理后方可再继续施工。

⑮ 若必须要在推土铲下作业，则首先要将推土铲升到所需位置，先锁好分配器，锁住安全销，并用垫木将推土机和铲刀垫牢固后，方可进行作业。

⑯ 履带推土机长距离转移时，必须用平板车装运；装运时变速杆应处于空挡位置，制动杆、安全锁杆必须置于锁住位置，并用垫木将履带楔紧，用强度足够的铁丝将机体固定，有特殊需要做长距离行驶时，应采取防护措施，行走装置要注意加注润滑油。

⑰ 履带推土机不准在沥青路面上行驶。必须要通过时，应先铺设道木然后垂直通过，禁止转向。通过交叉路口时，应注意来往行人和车辆。

⑱ 倒车时，应特别注意石块或其他障碍物，防止碰坏油底壳。

（3）作业后的要求

① 推土机应停放在平坦、坚实安全、不妨碍交通的地方，冬季应选择发动机背风朝阳的地方，铲刀着地。

② 熄火前应将发动机怠速 5min，把变速杆置于空挡位置，把制动杆，安全锁杆置于锁住位置。

③ 按规定对推土机进行维护。

7.4.2　推土机的驾驶

以 TY160 推土机为例介绍。

7.4.2.1　驾驶准备

（1）起动前的检查

起动前检查有利于人、机安全。

① 检查漏油、漏水。在机械四周巡视一下，看是否有漏油、漏水和其他异常现象。特

别要注重高压软管接头、液压缸、终传动、支重轮、托轮浮动油封处和水箱密封情况。如发现泄漏和异常情况，应加以修复。

② 检查螺栓、螺母。检查外部连接件、紧固件、操纵连接结构等，以及易发生松动部位的螺栓、螺母的紧固程度，必要时，应予以拧紧。

③ 检查电路。电线有无损坏、短路及端子是否松动。

④ 检查冷却水位。卸下水箱盖检查水位，若不足时，应予以补充。冷却水过热时，要慢慢拧松水箱盖，使内部压力释放后再打开，以免热水喷出。

⑤ 检查燃油油位。卸下盖子后，抽出燃油标尺检查油位。每次完工后，从加油口处加满燃油。要随时检查和清理盖上的通气孔，通气孔堵塞可能影响发动机的供油。

⑥ 检查发动机油底盘的油位。机油油位应在规定位置。检查油位，要把机械停在水平地面，在发动机停止 15min 后进行。

油的型号根据环境温度和随机使用说明书上“燃油、冷却水和润滑油”表选用。

⑦ 检查转向离合器箱（包括伞齿轮箱）油位。用油尺检查，必要时从加油口补充油。如在大于 25°斜坡上作业，要把油位加到高油位处。

⑧ 检查变速器（包括液力变矩器）油位。发动机停止 5min 后，用油尺检查油位，油应位于油尺的两刻度之间。

⑨ 检查制动器踏板行程。踏板的标准行程为 95～115mm，一旦超过 115mm，应进行调整。

⑩ 检查灰尘指示灯及仪表。发动机起动后，如果灰尘指示灯亮，表示空气滤清器芯堵塞，需立即清理或更换；观察各种仪表是否正常。

（2）常规起动

① 打开燃油箱上的供油开关，必要时用手油泵排除燃油系统内的空气。

② 踩下加速踏板（踩下全行程的 1/2）。

③ 接通电源总开关，顺时针转动起动钥匙 45°，鸣喇叭，按下起动按钮；发动机起动后，立即松开按钮；每次按下时间不得超过 10s，若第一次不能起动，则需过 30s 后在进行第二次起动，如连续 3 次不能起动，应查找原因排除故障后再起动。

④ 发动机起动后，应在中速下预热运转，待冷却液温度达到 55℃、润滑油温度达到 45℃、制动气压≥0.44MPa 后才能运转。

（3）拖起动

① 挂好钢绳（钢绳长度一般不应小于 5m）。

② 接合抵挡（储气筒内应有 0.44MPa 的压缩空气）。

③ 将拖锁阀操纵杆置于拖起动位置。

④ 将进退杆向前推，变速杆换 2 挡。

⑤ 牵引车慢慢起步，即可带动发动机转动。发动机一旦起动应立即将拖锁阀操纵杆置于空挡位置，再将变速杆置于空挡，并向牵引车发出停车信号。

（4）工作中的检查

① 检查各仪表是否正常。

② 检查各照明设备的指示灯、喇叭、刮水器、制动灯和转向灯等是否完好。

③ 发动机在高速和低速运转的情况下是否有异常响声。

④ 检查转向及各操纵杆工作是否正常。

⑤ 检查行车制动、驻车制动是否工作可靠。

⑥ 检查工作装置及其操纵系统是否连接可靠、操作灵敏。

⑦ 检查有无："四漏"（漏液、漏油、漏气、漏电）现象。

（5）发动机熄火

熄火前，松开节气门，使发动机在700～1000r/min的转速下运转几分钟，再拉起熄火拉钮，以使各部分均匀冷却；熄火后应关闭电源总开关，取出起动钥匙。

7.4.2.2 基础驾驶

（1）起步

① 将铲刀升到运输位置（离地面40cm左右）。

② 观察机械周围情况，鸣喇叭。

③ 解除驻车制动。

④ 根据道路及拖载情况，选择合适挡位起步。一般运输时，3、4挡起步，其换挡过程如下：先将高低挡杆拉向后方，进退杆推向前方，变速杆向前推即是4挡起步前进，变速杆向后拉即是3挡起步前进；高低挡是否换上，手上有一定的感觉，而进退杆和变速杆换上与否可由仪表板上的变速压力表看出，即推（拉）这两个杆时，该表指针有瞬间摆动。

⑤ 平稳地踏下加速踏板，机械即可起步。

换挡起步时，发动机应怠速运行，否则易造成变速器内机件损坏，另外，起步后方可踩下加速踏板。

（2）换挡

① 根据道路及拖载情况选择合适的速度行驶。由低挡变高挡时，先踩下加速踏板，使车速提高，再放松加速踏板，同时将变速杆置于高挡位置；由高挡变低挡时，先放松加速踏板，降低车速，如车速仍高，可利用行车制动使车速降低，再将变速杆从高挡位置置于低挡位置。

② 在进行进退挡互换时，需停车进行，否则易造成变速器机件损坏。

③ 实施驻车制动时，变速器可自行脱挡，所以制动前不必将变速杆置于空挡。

④ 当3挡速度为16km/h、4挡速度为35km/h时，可将拖锁阀操纵杆向前推，使锁紧离合器接合，以提高传动效率和行驶速度。

（3）转向

① 一手握转向盘，另一手打开左（右）转向灯开关。

② 两手握转向盘，根据行车要求，按照转向盘的操作方法修正行驶方向。

③ 关闭转向灯开关。

（4）制动

① 预见性制动

a. 减速制动。发现情况后，先放松加速踏板，利用发动机低速牵制行驶速度，使推土机减速并视情况持续或间断地轻踏制动踏板使推土机进一步减低速度。

b. 停车制动。放松加速踏板，当推土机行驶速度降到一定程度时，即轻踩制动踏板，使推土机平稳地停车。

② 紧急制动

握稳转向盘，迅速放松加速踏板，用力踏下制动踏板，同时使用驻车制动以充分发挥制动器最大制动能力，使推土机立即停驶。

（5）停车

① 放松加速踏板，使推土机减速。

② 根据停车距离踩下制动踏板，使推土机停在指定地点。

③ 将变速杆置于空挡位置。

④ 将驻车制动开关扳到制动位置。

⑤ 将铲刀降于地面。

⑥ 倒车。倒车时需在推土机完全停驶后进行，其起步、转向和制动的操作方法与前进时相同。

(6) 牵引行驶

① 把拖平车牢靠地连接在推土机尾部牵引销处。

② 接通气路、电路，检查充气、制动和电路是否可靠。

③ 将工作装置置于运输位置。

④ 运行在良好路面时，可用两轮驱动；运行在复杂路面时则用四轮驱动。

⑤ 机械起步和停止时，动作要缓慢；下坡前要注意检查制动系统是否良好；在坡道较长或坡道较大上行驶时，拖平车必须有制动设备，并与主机相匹配。

7.4.3 推土机的工作过程

① 直铲推土机的基本作业：铲土—运土—卸土—返回。

铲土过程：铲刀放在切土位置，调好铲土角，低速挡行进中缓慢下降铲刀使铲刀切入土壤适当深度，前进直到铲刀前堆满土为止，如图 7-4-1 所示。

运土过程：铲刀前堆满土后行进中将铲刀提升到地面，视运距长短确定是否换挡行驶到卸土点为止，如图 7-4-2 所示。

卸土过程：卸土于一堆或稍提起铲刀继续行驶将土铺于地上，如图 7-4-3 所示。

返回过程：挂倒挡或调头行驶至铲土起点。

图 7-4-1 铲土过程

图 7-4-2 运土过程

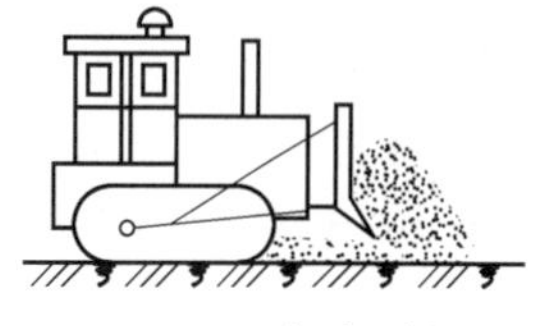

图 7-4-3 卸土过程

② 回转式推土机工作过程：

a. 当直铲时，工作过程为铲、运、卸、返回。

b. 当斜铲使用时，铲土、运土、卸土连续进行。

c. 当侧铲使用时，前置端稍高，工作过程同斜铲。

7.4.4 推土机的维护

(1) 每班维护（日保）

① 检查液压油箱油面。将机械停放在水平位置，发动机停转约 5min 后，油面应在油标检视孔规定的范围内。测量不足时，应加规定牌号的液压油至规定的油面高度。

② 检查各液压油泵、液压阀和液压油缸。液压油泵、液压阀、液压油缸应工作正常，无异响。消除渗漏现象，各液压阀应工作灵敏、可靠。

③ 检查液压油管及管接头。油管及管接头如有松动，应予紧固，排除漏油现象；液压

软管如有裂损、老化，应予以更换。

④ 检查推土铲刀角、刀片。刀角、刀片磨损严重者，应予以更换。

⑤ 检查松土器刀齿护套。松土器刀齿护套磨损严重或断裂时，应予以更换。

（2）一级维护（每200工作小时进行）

① 完成每班维护项目。

② 液压油箱。新机或经大修后的机械首次使用200工作小时应更换液压油及滤清器。

③ 液压滤清器。清洗滤清器滤芯，纸质滤芯需更换。

④ 检查推土装置各铰接处、油缸球接头、油缸支承支架等处。检查并进行润滑。各零部件磨损严重时，应予以更换。

⑤ 检查松土器。对松土器各铰接处及油缸活塞顶端铰接处进行润滑。

（3）二级维护（每600工作小时进行）

① 完成一级维护项目。

② 检查工作液压油的质量。检查油质，根据需要更换液压油。

③ 检查液压系统的密封性。如有渗漏，应予排除。

④ 检查液压油缸。油缸如有内泄漏，应拆检、清洗各零部件，更换橡胶密封件及其他损坏的零部件。

⑤ 检查各液压系统的工作情况。工作时，各液压系统应工作正常，若不能满足使用需要时，应查明原因，排除故障，如系统中有噪声或管路中有振动时，应排放空气。

（4）三级维护（每1800工作小时进行）

① 完成二级维护项目。

② 液压系统。更换液压油，清洗滤清器滤芯，滤芯若有损坏，应予以更换；检查液压阀及油缸，在额定工作压力下，液压油泵、液压阀、液压油缸应工作正常，无异响，无漏油现象。

③ 检查铲刀的工作情况。必要时根据土质及工况，对推土装置进行调整。

④ 检查工作装置各部位。焊缝如有开焊，应进行补焊；销轴、销套磨损严重时，应予以更换。刀片磨损到高度为215mm时，应予以更换或翻转使用到高度为175mm时再换新；刀角磨损超限时，应予以更换。

⑤ 检查松土器。松土器各铰接处销轴、销套磨损超限时，应予以更换；松土器齿齿端磨损至235mm，护套磨损至90mm时，应予以更换。

7.5 铲运机的使用维护

铲运机的使用和维护中包括发动机的技术维护、电气设备的技术维护。

7.5.1 铲运机的安全操作规程

① 铲装或卸铺时，禁止使用减振装置，运土和返程时使用减振式连接装置，可以提高作业效率，改善操作性，提高舒适性和安全性；可使机械部件少受冲击负荷，从而延长其寿命，减少停机时间和修理费用；可在一定程度上防止运土道路形成搓板路，节省养路时间和费用；可以在长距离运土时，容易达到并保持其较高的运行速度；某些结构件可以铸代焊，减少焊接应力以提高强度。

② 铲运机在取土和卸土时，必须直线前进。助铲时推土机应与铲运机密切配合，尽量做到等速助铲，平稳接触，助铲时不准硬推。

③ 根据工作地点地形条件及平面图，先制订铲运机作业行走路线，转弯处应尽可能少。转弯处最好是在回程中，以利于机械行驶。

④ 工作段的长度不得小于装满铲斗所必须走的长度（30m 左右）。卸土段的长度应足使铲斗到达终点前将铲斗卸空，运土距离应经济。

⑤ 应清除铲运机作业地点与道路上的金属、石块、木柴等杂物，取土和卸土间的道路需修平。铲运机在工作时，如发现土壤中有石块或障碍物，必须立即排除。

⑥ 铲斗铲土及装土时，所经路线应尽量先用向下的斜坡，这样可以减少铲装阻力，降低功率消耗。

⑦ 铲运机驾驶员必须了解且掌握铲运机性能、操作规程，明确工作地的工作条件，根据工作条件选择不同车速，以防铲运机过载。

⑧ 在铲运机工作期间禁止进行润滑、调整等维修工作。在铲运机发生事故时禁止开动使用。

⑨ 铲运机工作时不得有人穿过铲运机之间，不准站在铲运机旁或机架上工作。铲运机未熄火时，驾驶员不准离开铲运机。

⑩ 禁止在只有链环悬挂的铲斗下作业。如必须在铲斗下工作，则铲斗须用枕木或垫块支承。

⑪ 为避免铲运机倾倒或一侧轮胎受力过大，纵向坡度超过 10°或横向坡度超过 8°的地区，不允许铲运机工作。

⑫ 绝对禁止铲运机斜坡向下时后退卸土。铲运机在上坡道工作时，必须留心铲刀入土深度，不得过载作业。上下坡时应挂低速挡行驶。下坡不准空挡滑行，更不准将发动机熄火后滑行。下大坡时应将铲斗放低或拖地。在坡道上不得进行保修作业，在陡坡上严禁转弯、倒车和停车。斜坡横向作业时，须先填挖，使机身保持平衡，不得开倒车。

⑬ 禁止铲运机在积水的黏土中或多雨的天气下工作。

⑭ 铲运机驾驶员应注意软管及连接处是否完好，软管断裂时应立即停止工作。

⑮ 两机同时作用时，拖式铲运机前后距离不得少于 10m，自行式铲运机不得少于 20m。平行作业时两机间距不得少于 2m。

⑯ 自行式铲运机的差速器锁只能在直线行驶遇到泥泞路面时使用，严禁在差速器锁住时拐弯。

⑰ 铲运机在运输过程中，分配阀操纵手柄应放在中立位置，将铲斗用挂钩或链环固定，若道路较远、道路不好，还需要用钢丝绳捆扎加强保险，以防铲斗降落。

⑱ 作业后应停放在平坦地面上，并将铲斗落到地面上，液压操纵式的应将操纵杆放在中间位置。确保安全后，在进行清洁、润滑工作。

7.5.2　铲运机的驾驶

（1）铲运机开车前的准备工作

① 检查工作面的安全隐患和道路的平整情况，有问题及时处理。

② 检查液压系统油箱的油面，不能低于油标。

③ 检查各润滑点的润滑情况是否良好。

④ 检查刹车油、轮胎气压是否足够，轮辋是否松动。

⑤ 检查电缆固定处是否牢靠，接地线是否完好。

（2）铲运机开车操作

① 检查各操作手柄是否在正常位置上，确定无误后方可合上主开关。

② 接通电源后，一定要通知铲运机周围人员撤至安全地带，然后再起动铲运机。

③ 起动后检查仪表读数是否正常，各部位有无不正常的声响，制动是否可靠，液压系统是否漏油等。

④ 小心驾驶，尤其在道路狭窄地段或急转弯地段应缓慢低速行驶，严禁铲运机碰撞两旁支柱或边帮。

⑤ 在整个铲装过程中，要合理使用铲斗操纵杆和加速机构，使所有轮胎都在运行中，防止打滑或空转。

⑥ 铲运机后退时，应避免机身轴线与排出的拖曳电缆夹角小于 90℃，前进时，应保证滚筒上的剩余电缆有 3 圈以上，以防止损坏电缆或拉脱滑环装置。

⑦ 上坡或下坡时铲斗端指向坡底，在情况危险时可以放下铲斗来帮助停止铲运机。

⑧ 遇故障或包扎电缆接口时，先断开主电源，严禁带电作业。

（3）铲运机结束时注意的问题

① 将铲运机停在无松石、无滴水、无天井垮塌、无爆破作业砸坏等情况发生的安全处。

② 将各操纵杆复位，动臂放到底，铲斗下翻并接触地面。

③ 将停车闭锁放到锁定位置。

④ 断开车上电源开关及主电源开关。将铲运机停在平地上，若停在斜坡上，须用三角木或石块将车轮楔住。

⑤ 拖动铲运机在正常的拖挂或拉杆之外要加用安全链条或钢丝绳索，长距离牵引时，必须断开驱动系统。

7.5.3　铲运机的工作过程

① 铲装（图 7-5-1）。

② 装载运输：关闭斗门，提升铲斗至运输位，挂高速挡驶向卸土处。

③ 卸土：驶至卸土处，挂上低速挡，将斗体置于某一高度，按厚度要求边走边卸土。

④ 空车回驶：卸完土后，挂上高速挡驶回装土处。

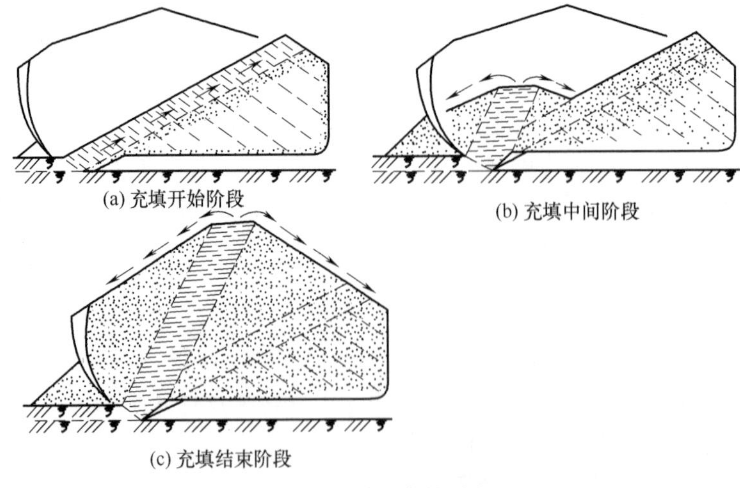

图 7-5-1　铲斗充填过程

7.5.4　铲运机的施工作业

① 平整场地；

② 填筑路堤；

③ 开挖路堑；

④ 傍山挖土（多用推土机和挖掘机进行）。

7.5.5 铲运机的维护

（1）每班维护

① 检查液压油箱油位。将铲运机置于水平地面，铲斗降下，卸土器向前，关闭发动机后检查液压油油位。如达不到范围，则需通过注油口注油检查油盖垫圈，如有损坏，应更换。每工作50h进行此项检查。

② 润滑卸土板滚轮。对滚轮润滑点加注润滑脂，每工作50h进行。

③ 润滑推拉装置轴承。对3个润滑点加注润滑脂，每工作50h进行。

（2）一级维护（每200工作小时维护）

① 完成每班维护。

② 更换液压油滤清器。将机械水平停置，将铲斗降下，卸土器向前，关闭发动机。卸下液压油箱注入口盖子时，要慢慢打开，以释放油箱中的气压。更换两个滤清器。检查密封圈的完好性，如有损坏，应更换。安装时应在密封圈上涂上一层机油。安装完毕后，起动牵引发动机后通过观察孔检查液压油油位，油位应位于两条刻度线之间，如测量不足，应添加。本项维护应在500h进行，如果液压油的指示器出现红色显示时应及时更换滤清器。

（3）二级维护（每600工作小时维护）

① 完成一级维护的内容。

② 润滑。对工作装置各润滑点应要清洁、润滑。

（4）三级维护（每1800工作小时维护）

① 完成二级维护项目。

② 更换液压油、检查清洗滤网。将机械水平停置，将铲斗降下，卸土器向前，关闭发动机，检查液压油的精确油位，液压油箱注入口盖子要慢慢打开，以释放油箱中的气压。拆下排放塞，打开排放阀，将油排出，更换液压油滤清器，关闭油箱排放阀，擦拭和安装排放塞，从注入口拆下锁定环和滤网，用不可燃溶剂清洗滤网，然后装复。检查所有吸管是否完好，灌入液压油。检查入口盖密封圈，如有损坏更换。起动发动机，低速运转，使油能注入滤清器，然后关闭发动机，观察液压油位，如不足应补足。

③ 润滑卸土器导向滚筒。从滚筒上拆下4个螺栓及盖子，从轴上拆下螺母、止动片及垫圈，卸下上部轴承锥形套，在空腔内注入黄油。安装时，当滚轮锁定后将螺母退回1/6圈即可。

7.6 工程机械驾驶注意事项

驾驶人员在操作机械时，操作人员在工作中不得擅离岗位，不得操作与操作证不相符合的机械，不得将机械设备交给无本机种操作证的人员操作；操作人员必须按照本机说明书规定，严格执行工作前的检查制度和工作中注意观察及工作后的检查保养制度；驾驶室或操作室内应保持整洁，空调驾驶室必须换鞋并用抹布经常抹拭，保持无灰尘。严禁存放易燃、易爆物品，严禁酒后操作机械，严禁机械带故障运转或超负荷运转。

挖掘机、装载机等属于特种作业机械，需要专业作业操作证才能驾驶。同时，为保证机械驾驶的安全，应注意以下操作内容。

7.6.1 车辆行驶前

① 检查车辆的油水电液。

发动机机油	□正常	□不正常
转向助力液	□正常	□不正常
发动机冷却液	□正常	□不正常
蓄电池安装是否牢靠	□是	□否
蓄电池桩头是否松动	□是	□否

② 检查轮胎气压。

车辆轮胎气压是否正常	□正常	□不正常
轮胎是否正常	□正常	□不正常

③ 检查车辆前后障碍物、初步确定行驶路线和行驶轨迹。

④ 起动发动机，检查仪表板仪表是否正常工作，听车辆有无异常噪声，看发动机温度是否达到正常。

⑤ 调整好座位、调整好后视镜等。

⑥ 将工作装置置于不影响驾驶操作的安全位置。

⑦ 各种灯光的检查。

大灯是否能正常点亮	□正常	□不正常
转向灯能否正常点亮	□正常	□不正常
制动灯能否正常点亮	□正常	□不正常
倒车灯能否正常点亮	□正常	□不正常
工作照明灯能否正常点亮	□正常	□不正常

⑧ 喇叭检查。

喇叭能否正常工作	□正常	□不正常

⑨ 系上安全带。

在操作机械前，必须要系好安全带。在使用安全带之前，一定要检查好安全带的安装有无异常，如果安全带出现破损的情况，必须要及时更换。

7.6.2 行驶中

① 注意交通标志标线、按照规范行驶。

② 按照预定的道路行驶。

③ 注意观察道路交通状况。

④ 随时观察仪表板各指示灯工作情况，听机械有无异常噪声。

工作过程中若发生异响、异味、温升过高等情况，应立即停车检查。

⑤ 合理使用信号灯。

⑥ 直线行驶。严禁超速，注意避免紧急制动、注意观察道路左右的交通状况。行驶时，驱动轮应在后方，走行速度不宜过快，行驶距离不宜过长。

⑦ 转弯行驶。部分机械驾驶员盲区较大，转弯时，应提前减速，开启转向灯，根据机械的转弯半径，提前靠边，慢速转向。

挖掘机行走转弯不应过急，如弯道过大，应分次转弯。

⑧ 坡道行驶。挖掘机上坡时，驱动轮应在后面，臂杆应在上面；挖掘机下坡时，驱动

轮应在前面，臂杆应在后面。下坡时应慢速行驶，途中不许变速。

7.6.3 停车后

① 停车位置的选择。

② 停车的规范操作。

应将机械驶离工作地区，放在安全、平坦的地方。将机身转正，使内燃机朝向阳方向，铲斗落地，并将所有操纵杆放到“空挡”位置，将所有制动器刹死，关闭发动机（冬季应将冷却水放净）。按照保养规程的规定，做好例行保养。关闭门窗并上锁后，方可离开。

夜间应有专人看管机械设备。

③ 下车检查。

a. 工作机构有无过热、松动或其他故障；

b. 参照例行保养规定进行保养作业；

c. 做好下一班的准备工作；

d. 填写好机械运转记录表。

第8章

大型工程机械设备常见故障诊断与排除

8.1 装载机常见故障诊断与排除

装载机常见故障产生的原因及排除方法如表 8-1-1 所示。

表 8-1-1 装载机常见故障产生的原因及排除方法

故障现象	产生原因	排除方法
一、铲斗及动臂均无动作	液压泵失效： 1. 泵轴折断或磨损 2. 液压泵旋转不灵或咬死 3. 滚柱轴承锈死卡住 4. 外泄漏严重 5. 固定侧板的高锡合金被严重拉伤或拉毛	检修或更换液压泵
	滤清器堵塞	清洗滤芯，并分析污物产生的原因及种类
	吸油管破裂或吸油泵的管接头损坏或松动	更换或拧紧
	油箱油液太少	加油到刻度处
	油箱通气孔堵塞	清洗通气孔，排除堵塞物
	多路阀中的主溢流阀损坏失效	检修或更换溢流阀
二、铲斗翻转力不够，即轻载时能翻转，重载时不能翻转	首先试验动臂升降，若动臂提升也无力，则故障原因是： 1. 多路阀中的主溢流阀故障 2. 液压泵因磨损，性能下降 3. 滚柱轴承锈死卡住 4. 外泄漏严重	1. 检查维修主溢流阀 2. 修理或更换液压泵 3. 重新拧紧或更换 4. 加油至刻度处
	若动臂举升正常，则故障原因是： 1. 铲斗操作阀泄漏严重 2. 铲斗控制油路上的过载阀出现故障，造成过载阀提前开启 3. 铲斗液压缸故障 4. 管路泄漏	1. 修理或更换 2. 修理或更换过载阀 3. 修理或更换液压缸 4. 拧紧接头或更换相关元件

续表

故障现象	产生原因	排除方法
三、动臂走但举升力不够，轻载时可起升，重载时不能起升或起升慢	首先检查铲斗翻转情况，若铲斗翻转无力，则故障原因是： 1. 多路阀中的主溢流阀故障 2. 液压泵因磨损，性能下降 3. 滚柱轴承锈死卡住 4. 外泄漏严重	1. 检查维修主溢流阀 2. 修理或更换液压泵 3. 重新拧紧或更换 4. 加油至刻度处
	若铲斗翻转动作正常，则故障原因是： 1. 动臂操作阀泄漏 2. 动臂液压缸故障 3. 管路漏油	1. 修理或更换控制阀 2. 检查或修理液压缸 3. 检查泄漏部分，拧紧或更换
四、铲斗翻转和动臂起升运动速度都缓慢	液压泵磨损造成的容积效率降低	修理或更换齿轮泵
	多路阀故障： 1. 主阀芯拉毛或硬物划伤 2. 主阀弹簧失效 3. 针阀及阀芯密封不严有泄漏 4. 调压弹簧失效	修理或更换多路阀
	双泵单路稳流阀故障： 1. 阀芯划伤拉毛造成卡死 2. 阀芯弹簧失效 3. 单向阀阀芯卡死，未能开启	修理或更换双泵单路稳流阀
	油箱油量少	加满至所需刻度
	油温过高	参阅“故障现象”“九”予以排除
	多路阀中的主溢流阀故障： 1. 主阀芯弹簧失效不能复位 2. 针阀及阀座密封不严 3. 主阀芯及阀座密封不严	修理或更换多路阀
五、动臂起升速度缓慢但铲斗翻转速度正常	动臂液压缸漏油	修理液压缸
	多路阀中动臂操纵阀阀芯和阀杆之间泄漏	拆开检查重新研磨或更换
	动臂起升油路过载阀有泄漏	参阅故障现象四之原因处理
六、铲斗翻转速度缓慢但动臂起升速度正常	参阅故障现象二，只需检查铲斗操纵阀和铲斗液压缸	
七、动臂液压缸不能锁紧，即操纵中位时，液压缸下沉较大	动臂液压缸有内泄漏现象	更换密封圈，检查缸体的变形量
	阀杆复位不良，未能严格到中位	检查修理多路阀，必要时予以更换
八、操纵阀操纵杆沉重或操纵不动	操纵连杆机构故障	仔细检查各连杆、铰接点的润滑、间隙情况
	操纵阀阀杆弯曲变形、拉毛或产生液压卡紧	抽出阀杆、检查表面光洁度及其几何尺寸形位公差，清洗阀杆的均压槽，酌情修理或更换
九、液压油油温过高	环境温度过高或长期连续工作	按使用说明书要求操作
	系统经常在高温下工作，溢流阀频繁打开	加强液压油散热作用
	溢流阀调定压力过高	应检查调定压力是否正常，视情况检修溢流阀检查泵体、转子体及轴承找出异常摩擦的原因，修理或更换
	液压泵体内有不正常摩擦	检查泵体、转子体及轴承，找出异常摩擦的原因，修理或更换

续表

故障现象	产生原因	排除方法
九、液压油油温过高	液压油选用不当或变质	按说明书要求选用黏度合适的液压油，并定期更换液压油
	液压油油量不足	加油至所需刻度
十、动臂缸动作不稳定有爬行现象	液压泵吸入空气或系统低压管路有漏气处	检查漏气部位，拧紧并给动臂缸排气
	动臂液压缸的杆端或缸底的连接轴销因磨损而松动	检修或更换轴销
	动臂油路上装有单向截流阀的系统，单向节流阀中单向阀不密合，节流口时堵时通	拆开清洗并修理，视情况必要时更换

8.2 挖掘机常见故障诊断与排除

挖掘机常见故障诊断与排除方法采用流程图的方法进行介绍。以日立 EX 系列挖掘机为例来说明全液压系统挖掘机液压系统的故障诊断与排除。

挖掘机常见故障如表 8-2-1 所示。

表 8-2-1 挖掘机常见故障

序号	故障	故障判断方向
1	操纵杆工作位置失效	轻微操作，使前端上升，使前端沿重力方向下落
2	控制杆回中位时失效	当锁定阀被锁住现象是否变化
3	操纵控制杆时所有运动机构不运动	1. 控制操纵杆时，泵和发动机是否变化 2. 控制缓冲杆是否释放
4	当减压阀控制杆回到中位时，运动机构仍然运动	锁定操纵杆，这种现象是否停止
5	当控制杆被操纵时，前端机构的一些油缸不运动	自动慢车是否工作
6	前端运动机构速度缓慢	是否大臂小臂运动速度都迟缓(P 模式)
7	前端机构没有挖掘力	是否所有的运动机构都不能提供挖掘力
8	回转机构不运动	锁定杆是否松开
9	回转机构没有回转力	1. 在组合回转和大臂提升操作中，回转迟缓 2. 当小臂运动到挖掘状态时回转动力减少 3. 没有回转动力 4. 侧斜提升回转不能运行 5. 单一回转操作速度迟缓
10	回转机构回转不平稳	是否只有回转不平稳
11	行走机构不运动	1. 左右行走机构失效，只能向前或向后运动 2. 左右行走马达失效，只能前后运动 3. 左右马达不能提供前后行走动力
12	行走机构没有动力	1. 仅没有前后行走动力 2. 一侧的马达失效，不能输送向前或向后的行走动力 3. 行走马达不能提供前后行走动力

续表

序号	故障	故障判断方向
13	行走方向不稳	1. 复合向前行走，行走运动不稳 2. 单独向前或向后运动时都向一个方向
14	行走速度缓慢	1. 在直线行驶中转向缓慢，掉头不正常 2. 马达高速运动转速是否下降

下面以两个故障案例来说明。

8.2.1　控制杆工作位置失效（图 8-2-1）

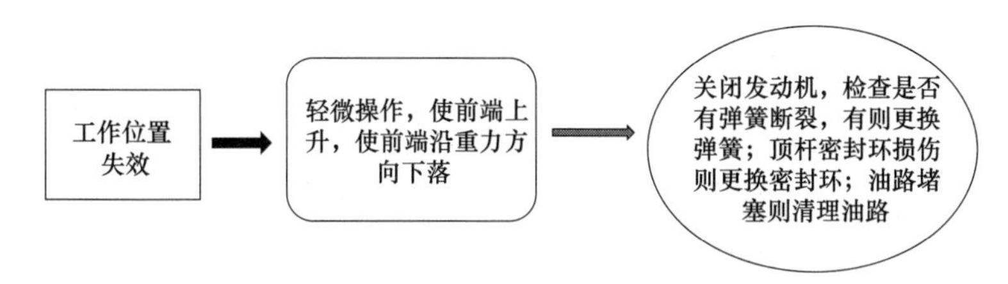

图 8-2-1　控制杆工作位置失效故障诊断与排除流程图

8.2.2　控制杆回中位时失效（图 8-2-2）

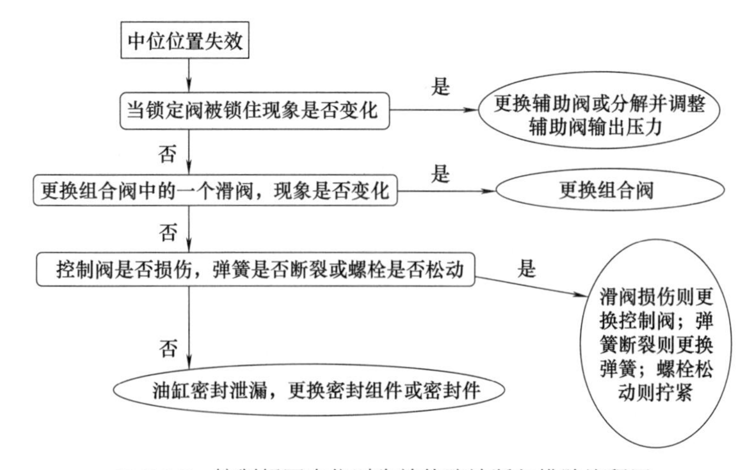

图 8-2-2　控制杆回中位时失效故障诊断与排除流程图

8.3　推土机常见故障诊断与排除

推土机常见故障诊断与排除如表 8-3-1 所示。

表 8-3-1　推土机常见故障诊断与排除

故障现象	产生原因	排除方法
1. 主离合器打滑	摩擦片间隙过大	调整间隙，如摩擦片磨损超过原厚度 1/3 时，应更换摩擦片
	离合器摩擦片沾油	清洗、更换油封

续表

故障现象	产生原因	排除方法
1. 主离合器打滑	压盘弹簧性能减弱	进行修复或更换
2. 主离合器分离不彻底或不能分离	钢片翘曲或飞轮表面不平	校正修复
	前轴承因缺油咬死	更换轴承，定期加油
	压脚调整不当或磨损严重	重新调整或更换压脚
3. 主离合器发抖	离合器套失圆太大	进行修复
	松放圈固定螺栓松动	紧固固定螺栓
4. 主离合器操纵杆沉重	调整盘调整过量	松回调整盘，重新调整
	油量不足使助力器失灵	补充油量
5. 液力变矩器过热	油冷却器堵塞	清洗或更换
	齿轮泵磨损，油循环不足	更换齿轮泵
6. 变速器挂挡困难	联锁机构调整不当	重新调整
	惯性制动失灵	调整
	惯性制动失灵	修复，严重时更换
7. 变速杆挂挡后不起步	液力变矩器和变速器的油压不上升	检查修理
	液压管路有空气或漏油	排除空气，紧固管路接头
	变速器滤清器堵塞	清洗滤清器
8. 中央传动啮合异常	齿轮啮合不正常或轴承损坏	调整齿轮间隙更换轴承轴
	大圆锥齿轮紧固螺栓松动或第二上齿轮毂磨损	紧固螺栓或旋紧第二轴前锁紧螺母后用开口销锁牢
9. 转向离合器打滑使推土机跑偏	操纵杆没有自由行程	调整后达到规定
	离合器片沾油或磨损过大	清洗或更换
10. 操纵杆拉到底不转弯	操纵杆与增力器间隙过大	调整
	主从动片翘曲，分离不开	校平或更换
11. 推土机不能急转弯	制动带沾油或磨损过度	清洗或更换
	制动带间隙或操纵杆自由行程过大	调整
12. 液压转向离合器不分离	转向油压、油量不足	清洗滤清器，补充油量
	活塞上密封损坏漏油	更换密封环
13. 制动器失灵	制动摩擦片沾油或磨损过度	清洗或更换
	踏板行程过大	调整
14. 引导轮、支重轮、托带轮漏油	浮动油封及O形圈损坏	更换
	装配不当或加油过量	重新装配适量加油
15. 驱动轮漏油	接触面磨损或有裂纹	更换或重新研磨
	装配不当或油封损坏	重新装配，更换油封
16. 引导轮、支重轮、托带轮过度磨损	三轮的中心不在一条直线上	校正中心
	台车架变形，斜撑轴磨损	校正修理，调整轴封
17. 履带经常脱出	履带太松	调整履带张力
	支重轮、引导轮的凸缘磨损	修理或更换
	三轮中心未对准	校正中心

续表

故障现象	产生原因	排除方法
18. 液压操纵系统油温过高	油量不足	添加至规定量
	滤清器滤网堵塞	清洗滤清器
	分配器阀上下弹簧装反	重新装配
19. 液压操纵系统作用慢或不起作用	油箱油量过多或过少	使油量达到规定值
	油路中吸入空气	排除空气拧紧油管接头
	油箱加油口空气堵塞	清洗通气孔及填料
20. 铲刀提升缓慢或不能提升	油箱中油量不足	用木棒轻敲回油阀盖，或取出清洗阀座后重新装回
	分配器回油阀卡住或阀的配合面上沾有污物	检查、调整压力
	安全阀漏油关闭压力过低	检查修理
	操纵阀卡住	检查、调整压力
21. 安全阀不起作用	安全阀有杂物夹住或堵塞	检查并清理
	弹簧失效或调整不当	更换或重新调整

8.4　铲运机常见故障诊断与排除

铲运机常见故障诊断与排除如表 8-4-1 所示。

表 8-4-1　铲运机常见故障诊断与排除

故障现象	产生原因	排除方法
1. 牵引力不足	发动机转速不够	调整发动机转速
	液力变矩器油液不足，密封不足	添加液力油，更换密封件
2. 液力变矩器升温太快	油量过多或过少	使油液保持规定油面
	滤油器阻塞	清洗或更换滤油器
	有机械磨损	检查原因后调整或修理
3. 主油压表摆动频繁，上升缓慢	油液不足或滤网堵塞	添加油液，清洗滤网
	密封不良，漏损多	更换密封件，清楚漏损
	油液起泡沫	更换规定牌号的油液
4. 各挡位主油压低	液压泵磨损	修理或更换
	离合器密封漏油	更换密封件
	主调压阀失灵	更换规定牌号的油液
5. 发动机熄火后，储气筒气压迅速下降	阀门密封不良或阀门损坏	检查，如损坏更换
	阀门复位弹簧压力小	可在弹簧下加垫片以增加弹簧压力
6. 转向失灵，油温升高	油量少或油路阻塞	添加到规定量，清洗滤网
	转向阀或双作用安全阀失灵	检查后调整或修理

续表

故障现象	产生原因	排除方法
7. 操纵时斗门不起或卸土不动	摩擦锥的摩擦片磨损	更换新件
	摩擦片上有油污	清洗
8. 铲斗提升不能保持所需高度	制动带有油污后磨损	清洗，必要时更换
	弹簧松弛	清洗
9. 铲斗各部动作缓慢	多路换向阀调压螺钉松动，回路压力低	调高回路压力，将调压螺钉拧紧
	工作油泵压力低	有内漏，检查更换密封件
	液压缸、多路换向阀有内漏	检查排除内漏
	油路或滤网有堵塞	清洗滤网，疏通油路
10. 卸土后，卸土板不回原位，斗门放不下	卸土板歪斜，滚轮卡死	矫正歪斜，更换滚轮
	斗门臂歪斜与斗臂卡住	消除歪斜
11. 铲斗下沉快	提升液压缸内漏	检查更换密封件
	多路换向阀内漏	修理或更换
12. 操纵不灵活	多路换向阀连接螺栓压力不够	检查后调整或更换
	操纵杆不灵活	修复
13. 铲斗下沉，不能自锁	液压元件及管路漏油严重，系统有内部漏油现象	检查排除漏油

参 考 文 献

［1］ 许炳照．工程机械柴油发动机构造与维修［M］．北京：人民交通出版社，2011．

［2］ 吴幼松，李文耀．发动机构造与维修［M］．北京：人民交通出版社，2009．

［3］ 赵捷．工程机械发动机构造与维修［M］．北京：化学工业出版社，2016．

［4］ 李震．工程机械发动机构造与维修［M］．北京：人民交通出版社股份有限公司，2017．

［5］ 沈松云．工程机械底盘构造与维修［M］．北京：人民交通出版社，2009．

［6］ 汤振周．工程机械底盘构造与维修［M］．北京：化学工业出版社，2016．

［7］ 王安新，王峰．工程机械电器设备［M］．2版．北京：人民交通出版社股份有限公司，2018．

［8］ 乔丽霞．工程机械液压传动［M］．北京：化学工业出版社，2015．

［9］ 高贵宝，代绍军．工程机械使用与维护［M］．北京：人民交通出版社股份有限公司，2014．

［10］ 高为群．公路工程机械驾驶与故障排除［M］．北京：人民交通出版社，2005．

［11］ 许安．工程机械运用技术［M］．北京：人民交通出版社，2009．

［12］ 祁贵珍，刘厚菊．现代公路施工机械［M］．北京：人民交通出版社股份有限公司，2015．